U0395835

"科创之光"书系（第一辑）

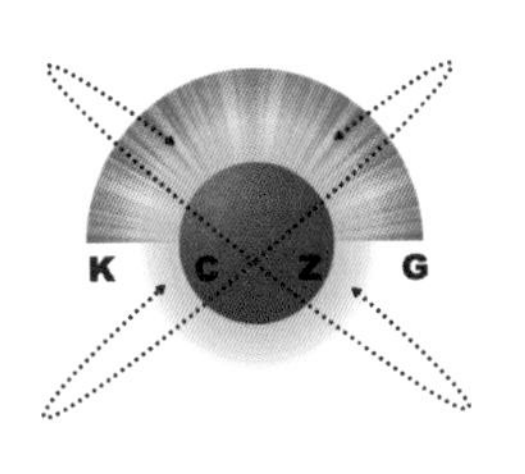

人工智能

源自·挑战·服务人类

上海科学院　上海产业技术研究院 组编
陈万米　汪　镭　徐　萍　司呈勇 主编

上 海 科 学 普 及 出 版 社

图书在版编目(CIP)数据

人工智能：源自·挑战·服务人类/陈万米等主编.
—上海：上海科学普及出版社，2018.1（2018.10重印）
（“科创之光”书系.第一辑/上海科学院，上海产业技术研究院组编）
ISBN 978-7-5427-7036-3

Ⅰ.①人… Ⅱ.①陈… Ⅲ.①人工智能 Ⅳ.
①TP18

中国版本图书馆CIP数据核字（2017）第240317号

书系策划 张建德
责任编辑 王佩英 董祥富
美术编辑 赵 斌
技术编辑 葛乃文

人工智能
——源自·挑战·服务人类

上海科学院 上海产业技术研究院 组编
陈万米 汪 镭 徐 萍 司呈勇 主编
上海科学普及出版社出版发行
（上海中山北路832号 邮政编码200070）
http://www.pspsh.com

各地新华书店经销 苏州越洋印刷有限公司印刷
开本 787×1092 1/16 印张 19 字数 255 000
2018年1月第1版 2018年10月第2次印刷

ISBN 978-7-5427-7036-3 定价：68.00元

《“科创之光”书系（第一辑）》编委会

本书编委会

主　　编：陈万米　汪　镭　徐　萍　司呈勇

参编成员：汪　洋　刘　振　贺永祥　张志松
任明宇　毛登辉　叶立俊　鲁晨奇
张永韡　肖　琴　许　丽　李祯祺
康　琦　刘晋飞　郭为安

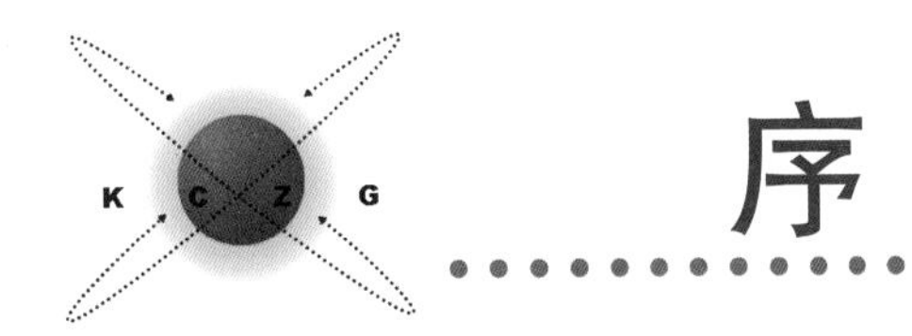

序

“苟日新，日日新，又日新。”这一简洁隽永的古语，展现了中华民族创新思想的源泉和精髓，揭示了中华民族不断追求创新的精神内涵，历久弥新。

站在21世纪新起点上的上海，肩负着深化改革、攻坚克难、不断推进社会主义现代化国际大都市建设的历史重任，承担着“加快向具有全球影响力的科技创新中心进军”的艰巨任务，比任何时候都需要创新尤其是科技创新的支撑。上海“十三五”规划纲要提出，到2020年，基本形成符合创新规律的制度环境，基本形成科技创新中心的支撑体系，基本形成“大众创业、万众创新”的发展格局。从而让“海纳百川、追求卓越、开明睿智、大气谦和”的城市精神得到全面弘扬；让尊重知识、崇尚科学、勇于创新的社会风尚进一步发扬光大。

2016年5月30日，习近平总书记在“科技三会”上的讲话指出：“科技创新、科学普及是实现创新发展的两翼，要把科学普及放在与科技创新同等重要的位置。没有全民科学素质普遍提高，就难以建立起宏大的高素质创新大军，难以实现科技成果快速转化。”习近平总书记的重要讲话精神对于推动我国科学普及事业的发展，意义十分重大。培养大众的创新意识，让科技创新的理念根植人心，普遍提高公众的科学素养，特别是培养和提高青少年科学素养，尤为重要。当前，科学技术发展日新月异，业已渗透到经济社会发展的各个领域，成为引领经济社会发展的强大引擎。同时，它又与人们的生活息息相关，极大地影响和改变着我们的生活和工作方式，体现出强烈的时代性特征。传播普及科学思想和最新科技成果是我们每一个科技人义不容辞的责任。《“科创之光”书系》的创意由此而萌发。

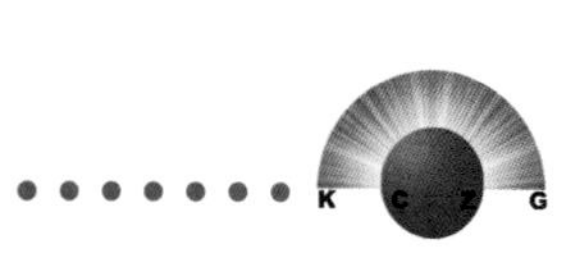

《“科创之光”书系》由上海科学院、上海产业技术研究院组织相关领域的专家学者组成作者队伍编写而成。本书系选取具有中国乃至国际最新和热点的科技项目与最新研究成果，以国际科技发展的视野，阐述相关技术、学科或项目的历史起源、发展现状和未来展望。书系注重科技前瞻性，文字内容突出科普性，以图文并茂的形式将深奥的最新科技创新成果浅显易懂地介绍给广大读者特别是青少年，引导和培养他们爱科学和探索科技新知识的兴趣，彰显科技创新给人类带来的福祉，为所有愿意探究、立志创新的读者提供有益的帮助。

愿“科创之光”照亮每一个热爱科学的人，砥砺他们奋勇攀登科学的高峰！

上海科学院院长、上海产业技术研究院院长

钮晓鸣

前 言

自1956年出现“人工智能”的这一新名词后，对于人工智能的关注度可以说从来没有像现在这样高，从政府、企业、科研院所到社会公众，无不在提及和讨论人工智能。政府层面冠以“人工智能2.0”的字样，继之前的“互联网+”到目前的“人工智能+”；企业层面，包括原来从事人工智能领域或原来与人工智能关系不大的企业都纷纷加大或转入人工智能领域；科研院所（包括高校）纷纷创办人工智能研究院（所）或创办与人工智能相关的学科或专业；社会公众更是热议AlphaGo与人类的围棋赛的热点新闻。可以预见，人工智能正逐步地渗透到社会各方面。

鉴于此，由上海科学院、上海产业技术研究院组织专家、学者编写《人工智能——源自·挑战·服务人类》一书。本书深入浅出，形象生动地把目前在人工智能领域的热点问题，包括人机对话（语音识别与自然语言理解）、机器智能感知与模式识别、机器视觉（图像信息获取与处理）、专家系统与人工神经网络、机器学习（机器得到进步的途径），大数据与云计算的结合、正在兴起的智能家居、智能城市与智能医疗以及机器人世界杯（人工智能检验平台之一）等内容，以科普的形式展现给读者，带领读者深入人工智能的内核，了解我们生活中与人工智能相关的事例，以便让读者关注人工智能的发展，或有机会可以从事与人工智能领域相关的工作与学习，共同参与并发展人工智能。

本书的编写作者如下：中国自动化学会机器人竞赛工作委员会副主任、上海大学机电工程与自动化学院高级工程师、上海大学大学生科技创新实验中心负责人、上海大学技术总监（教授级）陈万米编写人工智能的诞生过程与发展、专家系统、智能感知、机器视觉、模式识别、人工神经网络、自然语言理解、机器学习、大数据与云计算以及人工智能机器人世界杯等章节内容；上海市人工智能学会秘书长、同济大学教授汪镭编写人工智能的伦理分析；中国科学院上海生命科学信息中心研究员徐萍编写智能医疗；上海理工大学司呈勇编写智能家居、智能城市。本书由陈万米统稿。

本书的出版得到了上海科学院、上海产业技术研究院、上海科学普及出版社、上海大学相关领导的大力支持。上海大学的叶立俊参与本书的专家系统、张志松参与智能感知、刘振参与机器视觉、鲁晨奇参与模式识别、毛登辉参与人工神经网络、贺永祥参与自然语言理解、汪洋参与机器学习、任明宇参与大数据与云计算的资料收集整理与编写工作，江苏科技大学张永韡、肖琴参与智能家居、智能城市的资料收集整理与编写工作，中国科学院上海生命科学研究院／上海生命科学信息中心的许丽、李祯祺参与智能医疗的资料收集、整理与编写工作，同济大学康琦、刘晋飞、郭为安参与人工智能伦理方面的资料整理与编写工作。上海科学院的王伟琪，上海科学普及出版社的王佩英等为本书提供了宝贵的意见，在此表示诚挚的感谢。上海大学机电工程与自动化学院院长费敏锐教授、英国 Essex 大学胡豁生教授等在本书成稿过程中给予了帮助，在此一并表示感谢。

人工智能是发展中的学科，希望本书的出版能给读者提供一些有益的帮助。

编　者

2017 年 8 月

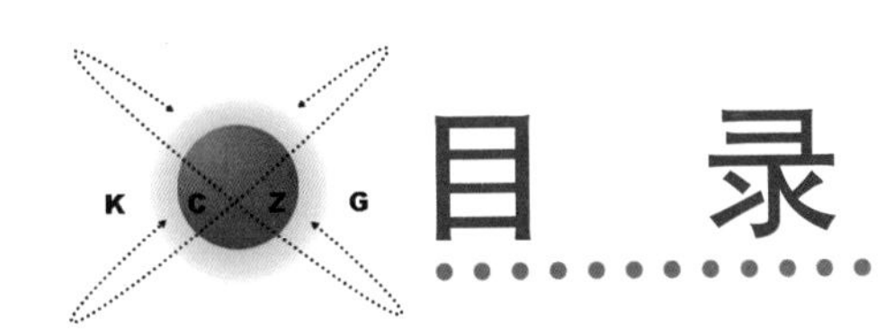

目 录

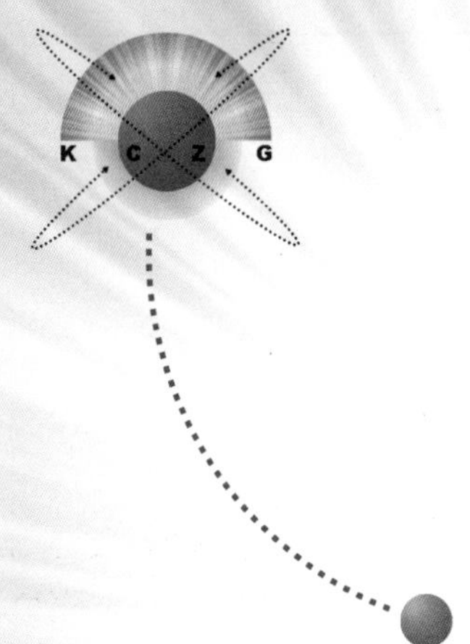

开篇
——从 AlphaGo 来到世上说起

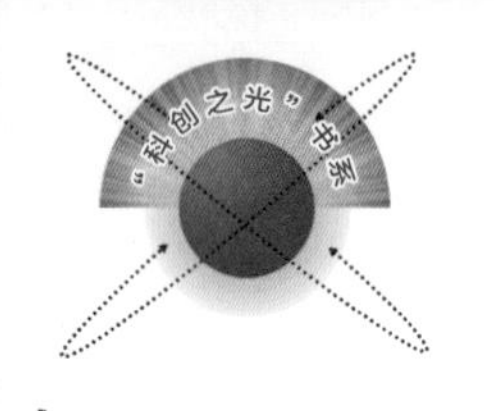

继2016年3月，AlhpaGo以4∶1击败韩国职业围棋冠军李世石后，2017年5月，世人的目光再次聚焦到浙江乌镇，AlphaGo与世界职业围棋第一高手、中国围棋选手柯洁九段的3番棋对垒落下了帷幕，AlphaGo无可争议地获得了3∶0的全胜。人们不禁要问，AlphaGo是何许人啊，这又是一场什么样的比赛？

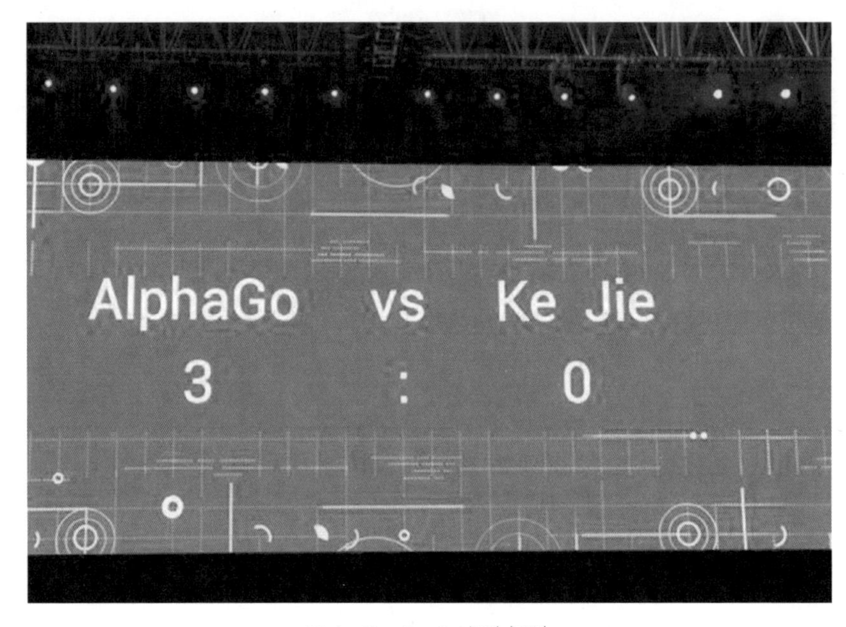

AlphaGo 3∶0战胜柯洁

首先，AlphaGo不属于人类，而是一款围棋人工智能（Artificial Intelligence，简称AI）程序，由谷歌旗下DeepMind公司的戴密斯·哈萨比斯、大卫·席尔瓦、黄士杰与他们的团队开发。AlphaGo目前是人工智能的著名代表者，这场比赛是人工智能与人类智慧的直接较量。这个较量有着诸多的特殊意义，现在让我们带着这个问题，一起走进神秘的人工智能领域。

乌镇赛事结束后，上海围棋队主教练刘世振八段点评称：AlphaGo的亮点，是在棋盘右上角的定形处理得十分完美，一举获得主动权，并导致柯洁被迫应战。柯洁表现亦有亮点：在不利的情况之下，他故意把局面引向混乱、复杂，尽量不给AlphaGo

AlphaGo 的真面目

控制局面的机会，只是到后期没有下好。“柯洁已经用尽了人类能够使用的办法，在不利的情况下，看到了他的勇气和智慧。目前从 AlphaGo 的表现看，仍没有任何弱点，它对所有的细节都处理得最好。”

何谓人工智能

继“互联网 +”写入中国政府工作报告之后，2017 年 3 月 7 日上午，“人工智能”被正式写入 2017 中国政府工作报告，这意味着在中国正式迈入了被中国政府冠以“人工智能 2.0”的时代！这是一个崭新的时代！许多相关企业纷纷投入或转入该领域。那么什么是人工智能呢？

顾名思义，人工智能就是通过人类的思想赋予机器的智慧与能力。从字面上可以进行如下的理解。

人工智能的理解可分为两部分，即“人工”和“智能”。

“人工”即人造的，人为的，如人工湖、人工降雨、人工取火、人工心脏、人工关节等。

那么何谓“智能”呢？

从感觉到记忆到思维这一过程，称为“智慧”，智慧的结果就产生了行为和语言，将行为和语言的表达过程称为“能力”，两者合称“智能”，将感觉、记忆、回忆、思维、语言、行为的整个过程称为智能过程，它是智力和能力的表现。

人工智能（Artificial Intelligence，AI），是一门由计算机科学、控制论、信息论、语言学、神经生理学、心理

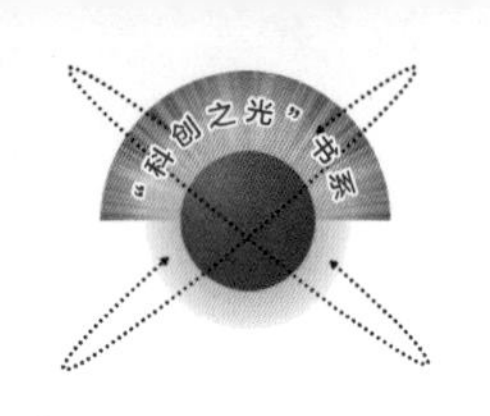

学、数学、哲学等多种学科相互渗透而发展起来的综合性的新学科。

人工智能的研究课题涵盖面很广，包括了许多不同的研究领域。在这些研究领域中，其共同的基本特点是让机器学会“思考”，成为智能机器（Intelligence Machine）。

不同的学科和科学背景的学者对人工智能有不同的理解，提出了不同的观点，并且形成了不同的学派。

（1）符号主义（Symbolicism），又称为逻辑主义（Logicism）、心理学派（Psychlogism）或计算机学派（Computerism），其原理主要为物理符号系统（即符号操作系统）假设和有限合理性原理。

符号主义认为：人工智能源于数理逻辑。数理逻辑从19世纪末起就迅速发展；到20世纪30年代开始用于描述智能行为。20世纪中叶，计算机出现后，又在计算机上实现了逻辑演绎系统。正是这些符号主义者，早在1956年首先采用“人工智能”这个术语。后来又发展了启发式算法→专家系统→知识工程理论与技术，并在20世纪80年代取得很大发展。符号主义曾长期一枝独秀，为人工智能的发展作出重要贡献，尤其是专家系统的成功开发与应用，为人工智能走向工程应用和实现理论联系实际具有特别重要的意义。在人工智能的其他学派出现之后，符号主义仍然是人工智能的主流学派。这个学派的代表有纽厄尔（Allen Newell）、西蒙（Simon）和尼尔逊（Nilsson）等。

（2）联结主义（Connectionism），又称为仿生学派（Bionicsism）或生理学派（Physiologism），其原理主要为神经网络及神经网络间的连接机制与学习算法。

联结主义认为：人工智能源于仿生学，特别是人脑模型的研究。它的代表性成果是1943年由生理学家麦卡洛克（McCulloch）和数理逻辑学家皮茨（Pitts）创立的脑模型，即MP模型。20世纪60～70年代，联结主义，尤其是对以感知机（perceptron）为代表的脑模型的研究曾出现过热潮，由于当时的理论模型、生物原型和技术条件的限制，脑模型研究在20世纪70年代后期至80年代初期陷入低潮。直到霍普菲尔德（Hopfield）教授在1982年和1984年发表两篇重要论文，提出用硬件模拟神经网络后，联结主义又重新活跃。1986年鲁梅尔哈特（Rumelhart）等人提出多层网络中的反向传播（BP）算法。此后，联结主义势头大振，从模型到算法，从理论分析到工程实现，为神经网络计算机走向市场打下了基础。现在，对神经网络的研究热情有增无减。

（3）行为主义（Actionism），又称进化主义（Evolutionism）或控制论学派（Cyberneticsism），其原理为控制论及感知-动作型控制系统。

行为主义认为：人工智能源于控制论。控制论思想早在20世纪40～50年代就成为时代思潮的重要部分，影响了早期的人工智能工作者。到20世纪60～70年代，控制论系统的研究取得一定进展，播下智能控制和智能机器人的种子，并在20世纪80年代诞生了智能控制和智能机器人系统。行为主义是近年来才以人工智能新学派的面孔出现的，引起许多人的兴趣与研究。

不同人工智能学派对人工智能的研究方法问题也有着不同的看法。这些问题涉及范围有：人工智能是否一定采用模拟人的智能的方法？若要模拟又该如何模拟？对结构模拟和行为模拟、感知思维和行为、对认知与学习以及逻辑思维和形象思维等问题是否应分离研究？是否有必要建立人工智能的统一理论系统？若有，又应以什么方法为基础？等等。

如何在技术上实现人工智能系统、研制智能机器和开发智能产品，即沿着什么技术路线和策略来发展人工智能，也存在有不同的派别，即不同的技术路线。不同的学派对人工智能基本理论、技术路线的看法都有着不同的见解。

我们先来了解一下何谓智能机器？

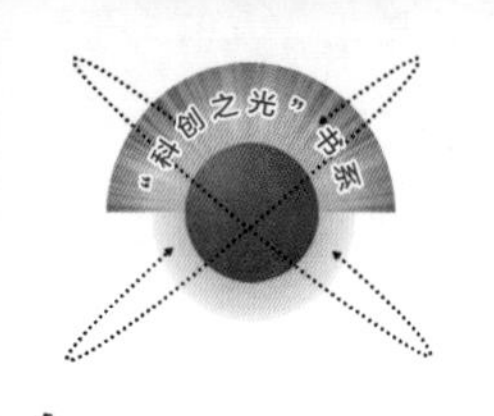

小贴士

人工智能2.0的初步定义 基于重大变化的信息新环境和发展新目标的新一代人工智能。其中，信息新环境是指互联网与移动终端的普及、传感网的渗透、大数据的涌现和网上社区的兴起，等等。新目标是指智能城市、智能经济、智能制造、智能医疗、智能家居、智能驾驶等从宏观到微观的智能化新需求。可望升级的新技术有：大数据智能、跨媒体智能、自主智能、人机混合增强智能和群体智能等。

智能机器为何物

能够在各类环境中自主或交互地执行各种拟人任务的机器称为智能机器。机器是否会“思考”（thinking），究竟“会思考”到什么程度才叫智能机器？

有人认为：如果机器能够模拟人类的智力活动，完成人用智能才能完成的任务，该机器就有智能。

目前世界上公认的，衡量机器智能程度的最好的标准是英国计算机科学家阿伦·图灵的试验。

1950年阿伦·图灵发表了《计算机器与智能》，提出了用图灵测试来确定一台计算机是否具有智能行为。在书中，他还提出了人工智能机械化的可能性和图灵机的理论模型，为现代计算机的出现奠定了理论基础，被誉为“计算机科学之父”。他是计算机逻辑的奠基者，许多人工智能的重要方法也源于他。

小贴士

图灵奖是以阿伦·图灵的名字命名的。著名的诺贝尔奖不设数学奖，而图灵奖是国际上对于计算机与数学有突出贡献的科学家的最高奖励。

图灵测试由一男（A）、一女（B）和一名询问者（C）进行：C与A、B被隔离，通过电传打字机与A、B对话。询问者只知道二人的称呼是X、Y，通过提问以及回答来判断，最终做出“X是A，Y是B”或者“X是B，Y是A”的结论。测试中，A必须尽力使C判断错误，而B的任务是帮助C。当一台机器代替了测试中的A，并且试图使得C相信它是一个人，如果机器通过了图灵测试，就认为它是“智慧”的。

阿伦·图灵认为，如果一台计算机能骗过人，使人相信它是人而不是机器，那么它就应当被称作有智能。

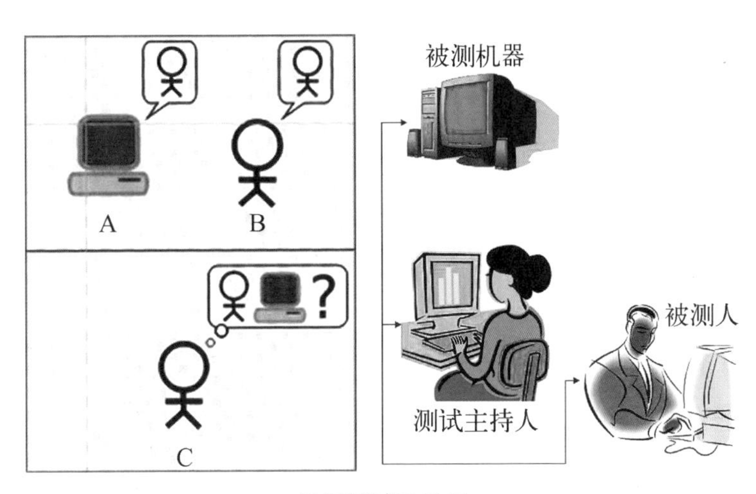

图灵测试示意图

学界对人工智能的解释

人工智能（学科）是计算机科学中涉及研究、设计和应用智能机器的一个分支。它的近期主要目标在于研究用机器来模仿和执行人脑的某些智能功能，并开发相关理论和技术。

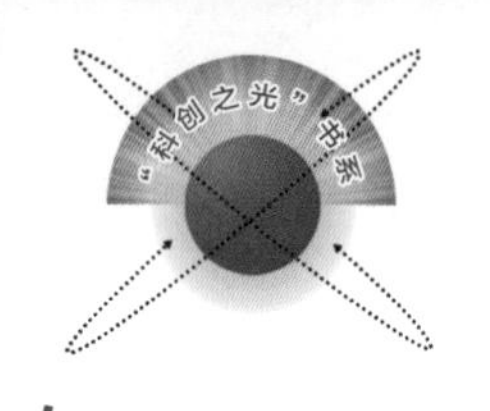

从人工智能所实现的功能来定义：

人工智能（能力）是智能机器所执行的通常与人类智能有关的功能，如判断、推理、证明、识别、感知、理解、设计、思考、规划、学习和问题求解等思维活动。

现在，人工智能专家们面临的最大挑战之一是如何构造一个系统，可以模仿人脑的行为，去思考宇宙中最复杂的问题。

对于自然学习过程、自然语言和感官知觉的研究为科学家构建智能机器提供了帮助。这种系统在解决复杂的问题时，需要具备对事物能够进行感知、学习、推理、联想、概括和发现等能力。

对人工智能机器持反观点的人认为：人类智能是一个发生、发展的过程。人类在解决各种问题时，存在非智力因素与智力因素的相互作用。机器能够模拟人类智能是极其有限的。

例如，电脑的全部计算行为仅仅是 0、1 选择。只要当人脑将人类的各种信息处理方法成功地转换为 0、1 选择之后，0、1 选择才具有了功能意义。电脑对人脑功能的模拟能力，实际上是人脑将自身的信息处理方法转换为 0、1 选择的能力。 如当乐器发出悦耳的音响时，并不是乐器在歌唱，而是乐器发出的能够周期性振动的声源具有韵律的声音。下图为女子机器人乐队在演奏曲目。

上海电气集团中央研究研制的女子机器人乐队在演奏中

从方法论上讲，根据计算机（俗称“电脑”）能够在功能意义上模拟人脑，就认为电脑具有智能，是一种拟人化移情性思维，下图为人类智能的计算机模拟关系示意图。用这种方法推销产品可以，但用这种方法定义“人工智能”概念，显然违背科学定义的基本常识。

说到此，我们对于人工智能具有了一定的了解，现在让我们一起来领略一下人工智能的起源和发展吧。

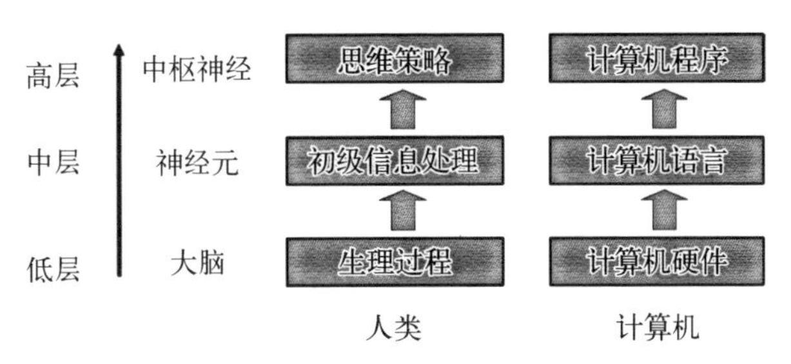

人类智能的计算机模拟关系示意图

人工智能的起源与发展

正如其他新生事物一样，人工智能也是历史发展到一定时期的必然产物。

人工智能的起源

人工智能的研究始于古希腊，亚里士多德为形式逻辑奠定了基础。形式逻辑是一切推理活动的最基本的出发点。17 世纪的巴斯卡和莱布尼茨，他们较早萌生了有智能的机器的想法。19 世纪，英国数学家布尔和德·摩尔根提出了“思维定律”，这些可谓是人工智能的开端。19 世纪 20 年代，英国科学家巴贝奇设计了第一架“计算机器”，它被认为是计算机硬件，也是人工智能

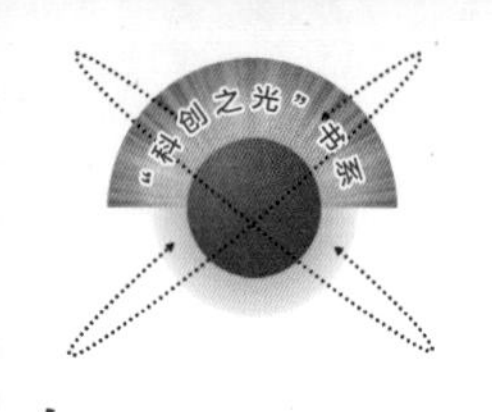

硬件的前身。

1946 年，电子计算机在美国诞生，这为机器智能创造了条件。虽然计算机为人工智能的研究提供了必要的技术基础，但直到 20 世纪 50 年代早期人们才注意到人类智能与机器之间的联系。

美国人诺伯特·维纳（Norbert Wiener）是最早研究反馈理论的之一。我们所熟知的反馈控制的例子——家喻户晓的空调，它将收集到的房间温度与人们希望的温度（或人们设定的温度）进行比较，并做出反应将加热器（或制冷器）开大或关小，从而控制房间的温度。

这项对反馈回路的研究重要性在于，维纳从理论上指出，所有的智能活动都是反馈机制的结果。而反馈机制是有可能用机器模拟的。这项发现对早期人工智能的发展影响很大。

20 世纪 50 年代初出现了符号处理，产生了搜索法。人工智能的基本方法是逻辑法与搜索法。最初的搜索主要应用于机器翻译、机器定理证明、跳棋程序等。其中机器翻译至今仍然是人工智能的主要应用领域。

达特茅斯会议

1955 年，纽厄尔（Allen Newell）和西蒙（Simon）制作出名为"逻辑专家"的程序。该程序被普遍认为是世界上的第一个人工智能程序。该程序对公众和人工智能研究领域产生了很大影响，是人工智能发展史中一个十分重要的里程碑。正是这一程序使得有人工智能之父美名的美国学者麦卡锡（John McCarthy）于 1956 年将对机器智能感兴趣的一批数学家、信息学家、心理学家、神经生理学家、计算机科学家和专家学者聚集在一起进行了长达两个月的讨论，邀请他们参加"达特茅斯（Dartmouth）人工智能夏季研究会"。下图为该次会议原址：达特茅斯楼。

达特茅斯楼

从那时起，这个领域被命名为“Artificial Intelligence”（AI），翻译成中文就是“人工智能”。虽然达特矛斯学会不是非常成功，但它确实集中了AI的创立者们，并为以后的人工智能研究奠定了基础。从那以后，研究者们发展了众多理论和原理，人工智能的概念也随之扩展。在它还不长的历史中，人工智能的发展比预想的要慢，但一直在向前迈进。

达特茅斯会议后的7年中，人工智能的研究开始快速发展。虽然这个领域还没明确定义，但会议中的一些思想已被重新考虑和使用了。

人工智能的早期发展

美国卡内基·梅隆（Carnegie Mellon）大学和麻省理工学院（MIT）开始组建人工智能研究中心。研究面临新的挑战，下一步需要建立能够更有效解决问题的系统，例如在“逻辑专家”中减

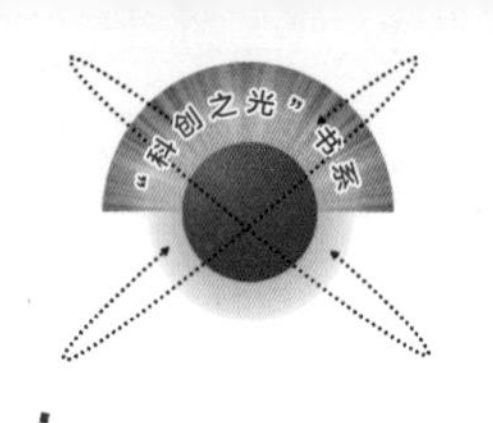

少搜索，还有就是建立可以自我学习的系统。

1957 年，一个新程序，“通用解题机”（GPS）的第一个版本进行了测试。这个程序是由制作“逻辑专家”的同一个组开发的。GPS 扩展了维纳（Wiener）的反馈原理，可以解决很多常识问题。两年以后，IBM 成立了一个 AI 研究组。赫伯特（Herbert Gelerneter）花 3 年时间制作了一个解几何定理的程序。

1958 年，麦卡锡宣布了他的新成果，即 LISP 语言，如下图所示，LISP 到今天还在用。“LISP”的意思是“表处理”（LISt Processing），它很快就为大多数人工智能开发者所采纳。

lisp 语言 LoGo

1963 年，美国麻省理工学院（MIT）从美国政府得到一笔 220 万美元的资助，用于研究机器辅助识别。这笔资助来自国防部高级研究计划署（ARPA），以保证美国在技术进步上领先于原苏联。这个计划吸引了来自全世界的计算机科学家，加快了人工智能研究的发展步伐。

以后几年出现了大量程序。其中一个著名的程序为“SHRDLU”。“SHRDLU”是“微型世界”项目的一部分，包括在微型世界（例如只有有限数量的几何形体）中的研究与编程。在 MIT 由（Marvin Minsky）领导的研究人员发现，面对小规模的对象，计算机程序可以解决空间和逻辑问题。其他如在 20 世纪 60 年代末出现的“STUDENT”可以解决代数问题，“SIR”可以理解简单的英语句子。这些程序的结果对处理语言理解和逻辑有所帮助。

20 世纪 70 年代许多新方法被用于人工智能的开发，著名的如明斯基（Minsky）的构造理论。另外大卫·马尔（David Marr）提出了机器视觉方面的新理论，例如，如何通过一幅图像的阴影、形状、颜色、边界和纹理等基本信息辨别图像。通过分析这些信息，可以推断出图象可能是什么。同时期另一项成果是PROLOGE语言，于1972年被提出。

20世纪70年代另一个进展是专家系统。专家系统可以预测在一定条件下某种解的概率。由于当时计算机已有巨大容量，专家系统有可能从数据中得出规律。专家系统的市场应用很广。十年间，专家系统被用于股市预测，帮助医生诊断疾病，以及指示矿工确定矿藏位置等。这一切都因为专家系统存储规律和信息的能力而成为可能。

人工智能的迅速发展阶段

20世纪80年代期间，人工智能发展更为迅速，并更多地进入商业领域。1986年，美国人工智能相关软硬件销售高达4.25亿美元。专家系统因其效用尤受需求。像数字电气公司这样的公司用XCON专家系统为VAX大型机编程。杜邦、通用汽车公司和波音公司也大量依赖专家系统。为满足计算机专家的需要，一些生产专家系统辅助制作软件的公司，如Teknowledge和Intellicorp成立了。为了查找和改正现有专家系统中的错误，又有另外一些专家系统被设计出来。其他一些人工智能领域也在20世纪80年代进入市场。其中一项就是机器视觉。机器视觉就是用机器代替人眼来做测量和判断。机器视觉系统是通过机器视觉产品（即图像摄取装置，分CMOS和CCD两种）将被摄取目标转换成图像信号，传送给专用的图像处理系统，得到被摄目标的形态信息，根据像素分布和亮度、颜色等信息，转变成数字化信号；图像系统对这些信号进行各种运算来抽取目标的特征，进而根据判别的结果来控制现场的设备动作。下图为机器视觉用于物件的轮廓测量中。

明斯基和大卫·马尔的成果现在用到了生产线上的相机和计算机中，进行质量控制。尽管还很简陋，这些系统已能够通过黑白区别分辨出物件形状的不同。到1985年美国有100多个公司

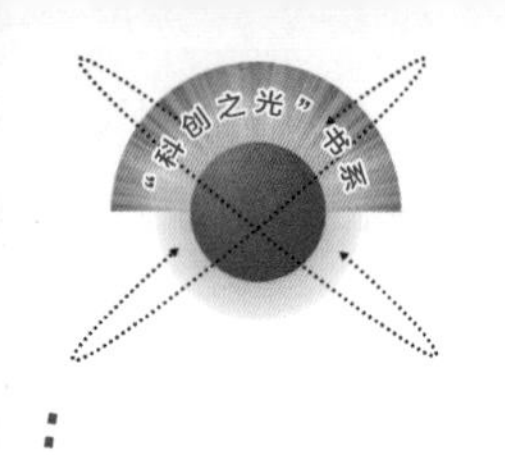

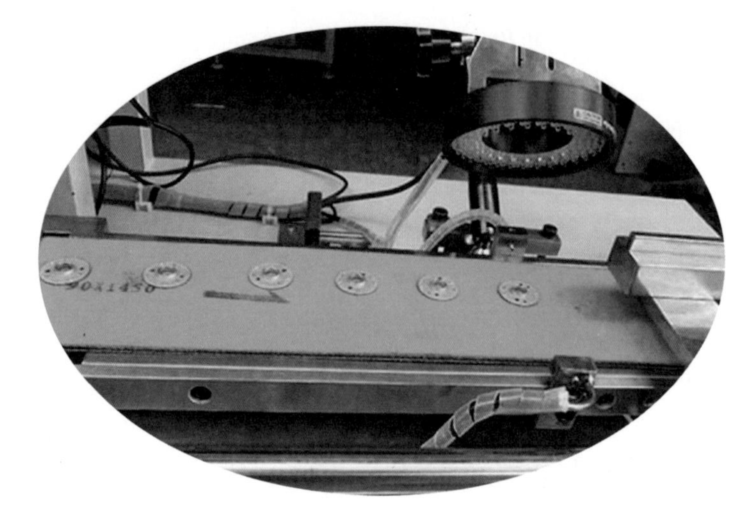

机器视觉用于轮廓测量

生产机器视觉系统，销售额共达 8 000 万美元。

1982 年，日本发起了为期 10 年的第五代计算机计划，即“知识信息处理计算机系统 KIPS”，其目的是使逻辑推理达到数值运算那么快。率先向人工智能发起进攻，它的开展形成了一股研究人工智能的热潮。令美国、欧洲大吃一惊，生怕日本人抢占了制高点。然而日本人太低估了人工智能的难度，日本的第五代计算机计划在扔了 10 亿美元之后不得不不了了之。不过，美国、欧洲和日本以及一些发展中国家仍把人工智能作为重中之重。

但 20 世纪 80 年代对人工智能工业来说也不全是好年景。1986～1987 年对人工智能系统的需求下降，业界损失了近 5 亿美元。像 Teknowledge 和 Intellicorp 两家公司共损失超过 600 万美元，大约占利润的 1/3。巨大的损失迫使许多研究领导者削减经费。另一个令人失望的是国防部高级研究计划署支持的所谓“智能卡车”。这个项目目的是研制一种能完成许多战地任务的机器人。由于项目缺陷和成功无望，Pentagon 停止了项目的经费。尽管经历了这些受挫的事件，人工智能仍在慢慢恢复发展。新的技术在日本被开发出来。

1987 年，美国召开第一次神经网络国际会议，宣告了这一新学科的诞生。此后，各国在神经网络方面的投资逐渐增加，神经网络迅速发展起来。美国首创的模糊逻辑，它可以从不确定的条件作出决策，还有神经网络，被视为实现人工智能的可能途径。下图为神经网络运算图。

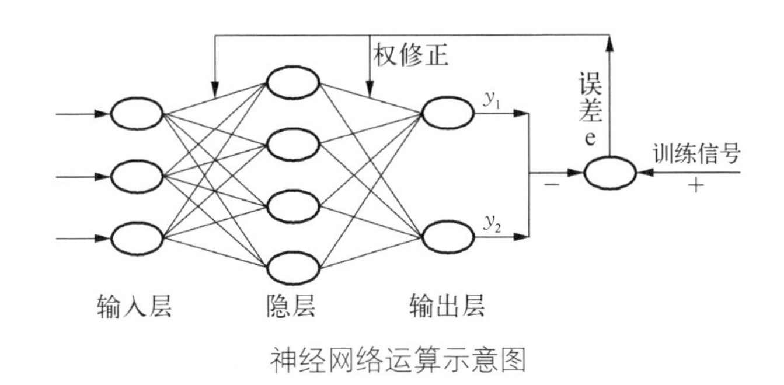

神经网络运算示意图

总之，20 世纪 80 年代人工智能被引入了市场，并显示出实用价值。当时的人确信，它将是打开通向 21 世纪之门的钥匙。

人工智能技术接受检验在“沙漠风暴”行动中，军方的智能设备经受了战争的检验。1991 年的 1 月 17 日，停泊在海湾地区的美国军舰向伊拉克防空阵地、雷达基地发射了百余枚“战斧”式巡航导弹。以美国为首的多国部队开始实施“沙漠风暴”行动，海湾战争爆发。另外，在军事上，人工智能技术被用于导弹系统和预警显示以及其他先进武器。

小贴士

沙漠风暴，指 20 世纪 90 年代初，以美国为首的驻海湾多国部队向伊拉克发动了代号为“沙漠风暴行动”的大规模空袭。从美国的各种军舰上，从沙特阿拉伯的陆地上，数以百计的作战飞机和巡航导弹飞向并袭击伊、科境内的轰炸目标。巴格达瞬间火光冲天、声震大地，这是现代战争的一个缩影。

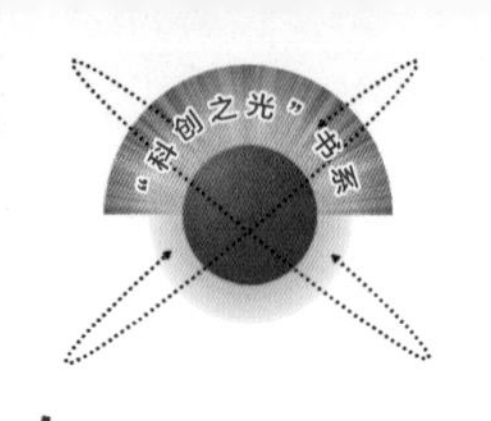

人工智能技术也进入了家庭，智能电脑的增加吸引了公众兴趣，一些面向苹果机和IBM兼容机的应用软件例如语音和文字识别已可买到。使用模糊逻辑，人工智能技术简化了摄像设备。对人工智能相关技术更大的需求促使新的进步不断出现。人工智能已经并正在改变我们的生活。

当时，科学家已在研制模糊计算机和神经网络计算机，并把希望寄托于光芯片和生物芯片上。专家认为，一个以人工智能为龙头、以各种高新技术产业为主体的“智能时代”将彻底改变人类社会。智能时代将是成熟的知识经济时代。

20世纪90年代，人工智能出现了新的研究高潮。由于网络技术，尤其是互联网技术的高速发展，人工智能也开始从单一的智能个体研究转向基于网络环境的发展的分布式人工智能研究。人工智能研究不再局限于同一目标的分布式问题求解，人工智能技术逐渐与数据库、多媒体等主流技术相结合，并融合在主流技术之中。可见人工智能正逐渐变得更为实用化、生活化，也逐渐地深入社会生活的方方面面。

1997年美国IBM公司研发的电脑深蓝（DeepBlue）打败了世界国际象棋冠军俄罗斯的盖瑞·卡斯帕罗夫。DeepBlue的计算速度达到了每秒2亿步。于此同时，美国制定了以多智能体（Agent）系统应用为重要研究内容的信息高速公路计划，基于Agent技术的软机器人（Softbot）在软件领域和网络搜索引擎中得到了充分应用，同时，美国Sandia实验室建立了国际上最庞大的“虚拟现实”实验室，拟通过数据头盔和数据手套实现更友好的人机交互，建立更好的智能用户接口。

1998年8月，英国大学的一名电子学教授凯万·沃威克（Kevin Warwick）成为世界上第一个将芯片植入体内的人。这个植入胳膊的芯片长23 mm、宽3 mm，外层裹有一层玻璃，它可以接受外界传来的信号，能探测体内信号，并能向外发射信号。它可存贮有关植入者的个人信息，在设有电子保护系统的地方，计算机可以根据体内芯片发出无线电波查明植入者的身份，决定是否放行。

21世纪初的人工智能

进入21世纪，图像处理和图像识别、声音处理和声音识别取得了较好的发展，IBM公司推出了ViaVoice声音识别软件，以使声音作为重要的信息输入媒体。国际各大计算机公司又开始将“人工智能”作为其研究内容。人们普遍认为，计算机将会向网络化、智能化、并行化方向发展。

中国的科大讯飞股份有限公司的语音技术实现了人机语音交互，使人与机器之间沟通变得像人与人沟通一样简单。语音技术主要包括语音合成和语音识别两项关键技术。让机器说话，用的是语音合成技术；让机器听懂人说话，用的是语音识别技术。此外，语音技术还包括语音编码、音色转换、口语评测、语音消噪和增强等技术，有着广阔应用空间。

人工智能研究与应用虽然取得了不少成果，但离全面推广应用还有很大的距离，还有许多问题有待解决，且需要多学科的研究专家共同合作。

2004年，日本本田公司研发出了先进的人形机器人阿西莫（Asimo）。这款机器人模仿人类的动作更精准，以达到帮助人类，特别是行动不便者的设计目的。据报道，现在的“阿西莫”不但能跑能走、上下阶梯，还会踢足球和开瓶倒茶倒水，动作十分灵巧。

近年来，中国的高校与研究机构纷纷投入家庭服务机器人、医疗服务机器人、助老服务机器人的研究之中，并取得了一些成果。下图为中央电视

科大讯飞的LOGO

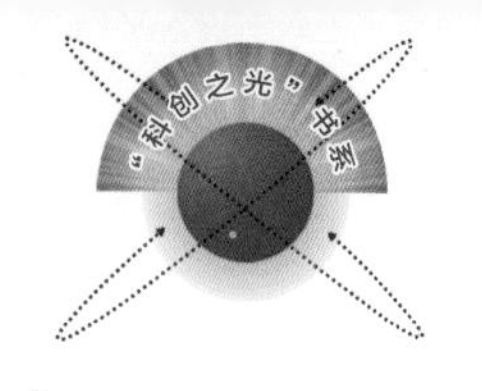

台新闻频道播出的2010年在鄂尔多斯举行的中国机器人大赛中上海大学3号机器人与记者进行日常交流的画面。

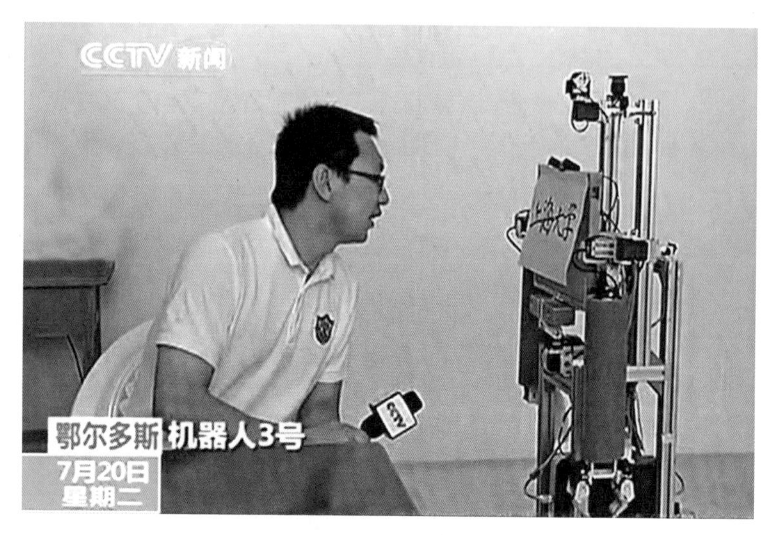

CCTV 播出机器人与记者进行日常交流的画面

2011年，IBM研制的超级机器人“沃森”在连续三天的比赛中战胜了“快问快答”节目中最优秀的两名选手。同年10月5日，苹果公司发布了内含人工智能软件Siri的IPhone4S手机。

人工智能技术正在向大型分布式人工智能及多专家协同系统、并行推理、多种专家系统开发工具，以及大型分布式人工智能开发环境和分布式环境下的多智能体协同系统等方向发展。随着加入人工智能研究行列的研究者的不断增加，人工智能领域的新思想、新技术不断地出现，人们也在不停地开拓新的领域和方向。人工智能的理论研究越来越深入，应用的范围越来越广泛，社会影响力也越来越大。人工智能的技术在美国、欧洲和日本等发达国家依然在不断地飞速发展。在AI技术领域十分活跃的IBM公司，已经为加州劳伦斯·利佛摩尔国家实验室制造了ASCIWhite电脑，号称具有人脑的千分之一的智力能力，而正在开发的更为强大的新超级电脑——“蓝色牛仔”(Blue Jean)，其研究主任保罗·霍恩称："蓝色牛仔"的智力水平将大致与人脑相当。

21世纪将在分布式人工智能与多智能主体系统、人工思维模型、知识系统（包括专家系统、知识库系统和智能决策系统）、知识发现与数据挖掘（从大量的、不完全的、模糊的、有噪声的数据中挖掘出对我们有用的知识）、遗传与演化计算（通过对生物遗传与进化理论的模拟，揭示出人的智能进化规律）、人工生命（通过构造简单的人工生命系统，如机器虫等观察其行为，探讨初级智能的奥秘）、人工智能应用（如：模糊控制、智能大厦、智能人机接口、智能机器人等）等方面有重大的突破。

未来人工智能的研究方向主要有：人工智能理论、机器学习模型和理论、不精确知识表示及其推理、常识知识及其推理、人工思维模型、智能人机接口、大数据、云计算、深度学习、多智能主体系统、知识发现与知识获取、人工智能应用等。

人工智能的未来应用举例

实例一：智能、便携式个人身体保健与监护系统。这是一个典型的可穿戴式计算机系统。除了计算机外，还包括接触式情感信号采集装置。通过测量穿戴者的呼吸、心率、血压、出汗、体温、肌肉反应、皮肤电等信号，判断出穿戴者的情感状态，为穿戴者记录状态数据，提出保健建议，或发布健康报警。该系统穿戴者可以包括食物或环境过敏者，糖尿病患者等。其情感状态具有个人属性，可根据个人情感的动态特征，使计算机能够"对症下药"，作出最适宜的反应。下图为苹果可穿戴设备。

可以预见，机器将可能与人体结合在一起，有未来学家预测，未来将微型超级计算机植入人脑也可能变成现实，那时人到

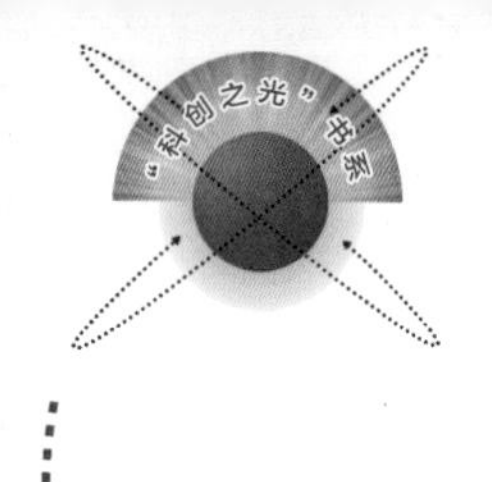

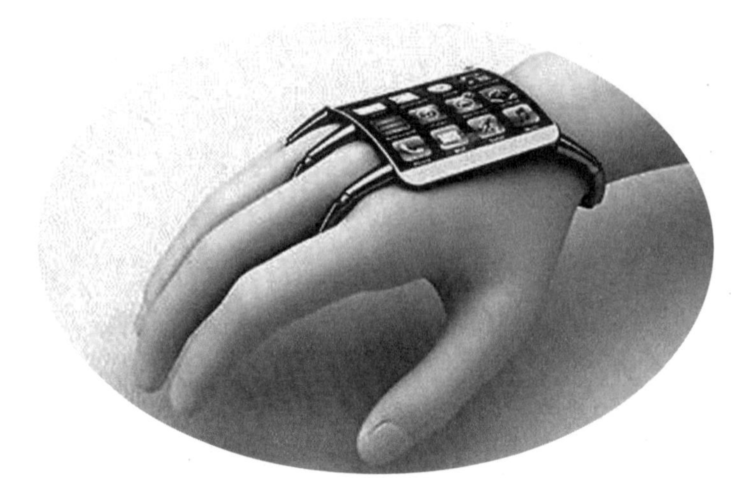

苹果可穿戴设备

底是机器，还是人，是一个非常难以回答的问题。

实例二：司机安全行车的智能监控系统。该系统可以采用非接触式情感信号采集装置，如图象与语音信号。图象信号用于监测司机面部表情的乏意（Sleeping Mood），如根据每分钟眨眼次数。而语音信号用于识别司机回答问题的语言迟钝性（Slow-Reaction Mood），如语音速度、音调变化、音量强度、嗓音质量、发音清晰度等。以司机的“主动式或被动式反应性（Activity or Reactivity）”为特定考察情感状态，可以提醒司机安全行车，如下图所示。

实例三：计算机游戏与娱乐系统。这是计算机需求情感表达功能的主要应用之一。

目前的计算机棋类机不具备如此能力。这大大降低了人们的娱乐兴趣，因为下棋者是面对了一台没有个性、没有情感的机器。未来的计算机棋类机应该可以模拟各种情感类型棋手，如进攻型或防御型棋手的情感行为。

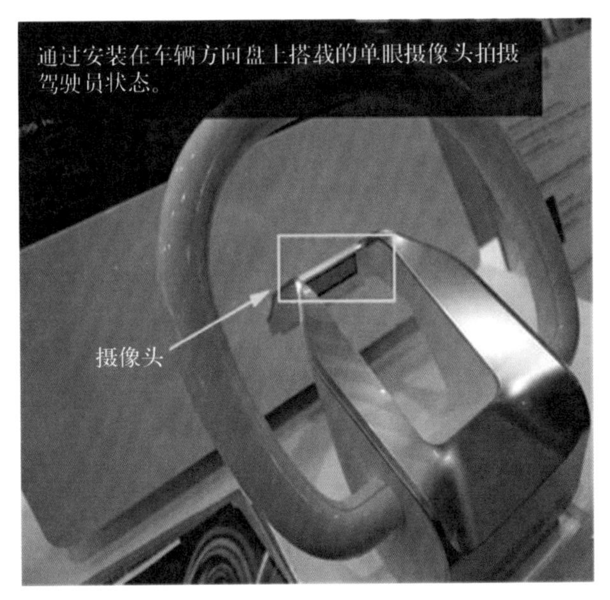

检测司机的状态

智能机器人

如果人工智能取得突破，那么应用最多的领域恐怕就是智能机器人了。

1997 年 8 月，在日本东京举行的“纪念日本机械学会创立 100 周年国际研讨会”上，著名美国未来学家阿尔文·托夫勒和人工智能方面的专家等 22 位世界知名人士和学者预测道：20 年内人同机器人自由交谈将成为可能，在发达国家 1/3 以上的重劳动将由机器人来完成。“家庭用机器人”将在 10～20 年内开始上市销售。

其中有人还预测，“凭自己的判断采取行动的机器人”将会问世，“用蛋白质等生物体组织制成的机器人”也将诞生。托夫勒等人对机器人为人类服务前景作出乐观预测的同时，对于“高智能机器人”出现可能导致有人利用其犯罪的前景表示了忧虑。

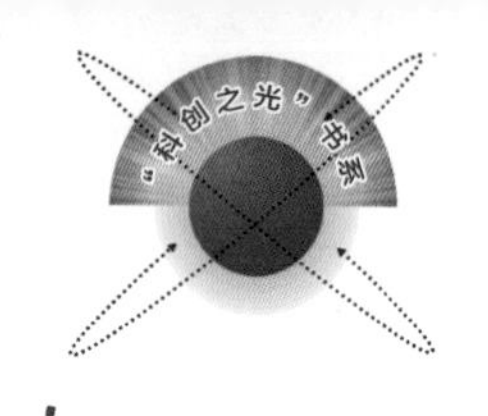

在人工智能和机器人学的历史上，1997 年是值得铭记的一个转折点。1997 年 5 月，IBM 深蓝在国际象棋比赛中击败人类世界冠军。40 年的挑战，在人工智能方面取得了一个成功的成果。1997 年 7 月 4 日，美国航天航空局的探路者号成功着陆，第一个自治机器人系统——旅行者，被部署在火星表面。和这些进步成果同样，机器人世界杯（RoboCup）比赛向能够击败人类世界杯冠军队的足球机器人发展迈出了第一步。

机器人踢足球的想法是由加拿大英属哥伦比亚大学的麦克沃思（Mackworth）教授于 1992 年首次提出的。

同时，一些日本的研究人员也在致力于以机器人踢球来推动科学技术的发展。1993 年 6 月，在东京举办了一场名为 Robot J-League 的机器人足球赛。在赛事过后不到一个月内，有许多日本以外的科研人员呼吁将这一赛事扩大为国际联合项目。于是，机器人世界杯（Robot World Cup）应运而生，简称 RoboCup。

1997 年 8 月，第一次正式的 RoboCup 比赛和会议在日本的名古屋与 IJCAI-97 联合举行举行，比赛设立机器人组和仿真组两个组别，来自美国、欧洲、日本、澳大利亚的 40 多支球队参赛，观众达 5 000 余人。

1998 年 8 月，日本东京大学工学院宣布研制出了一种能够捕捉高速运动物体的机器人，它完全有可能灵巧地抓住苍蝇。

RoboCup 国际联合会的 LOGO

Sony 的 Aibo 机器狗在比赛中

机器人世界杯赛场

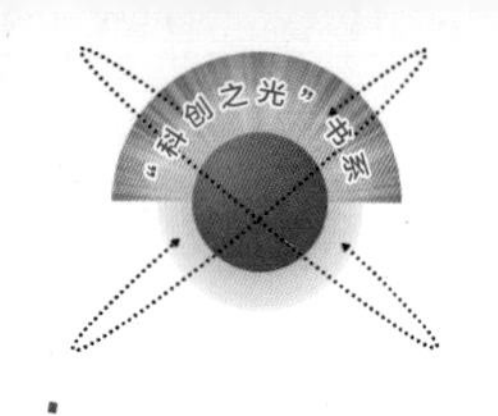

目前的工业机器人只能根据计算机程序的安排完成固定作业，对静止物体进行操作。

有些智能机器人装备了图像处理系统，但它以电视技术为基础，每秒只能处理30个画面，每个画面的处理时间很难降到33毫秒以下，因此只能操作速度缓慢的物体。

东京大学研制的新型机器人装备有一套特殊摄像机，它只有256个像素，清晰度仅为普通摄像机的千分之一。但其图像处理速度比普通摄像机高30倍以上，单个画面处理时间仅1毫秒，因而能紧密追踪高速运动的物体。

机器人内部的中央处理芯片对图像信息进行实时处理，迅速驱动机器人的手臂，使其能够捕捉到高速运动的目标。机器人的手掌和手指关节也采用了新技术，十分灵活。这项技术可使机器人灵巧到能抓住飞舞的苍蝇、接住飞过来的棒球。

更重要的是，它将可以从事更加复杂的工作，减轻工人劳动强度、降低生产成本。

日本从1998年开始着手研究开发可用于处理家务和照顾病人的人形智能机器人。这项为期5年的计划由政府出资，目的在于开发能够用于日常生活、福利事业、医疗卫生等广阔领域，并具有一定人工智能的人形机器人。

日本制造科学技术中心、本田技研工业、法兰克、川崎重工、富士通公司、松下公司、日立公司和东京大学、早稻田大学等已组成了集科研、生产和教学为一体的集团，申请承担这个“与人协调及共存型机器人系统研究开发计划”。

人工智能在中国

我国科技工作者在人工智能领域的研究近年来取得了突破性进展。

例如，在人工智能的理论方法研究方面，我国人工智能领域的奠基者之一吴文俊院士提出了机器定理证明的吴氏方法、可拓学、广义智能信息系统论、信息—知识—智能转换理论、全信息论、泛逻辑学等具有创新特色的理论和方法，为人工智能理论的发展提供了新的理论体系。

小贴士

吴文俊，1919 年 5 月 12 日生于上海，1940 年毕业于交通大学，1949 年在法国斯特拉斯堡大学获博士学位。1951 年回国，1957 年任中国科学院学部委员（院士），1984 年当选为中国数学会理事长。吴文俊在人工智能领域上作出了许多重大的贡献。2017 年 5 月 7 日 7 时 21 分，吴文俊在北京去世。

在人工智能的应用技术开发方面，开发了中医专家系统、农业专家系统、汉字识别系统、汉英识别系统、汉英机译系统等具有中国特色的人工智能应用技术和产品。

中国科学院院士、清华大学李衍达教授提出的“知识表达的情感适应模型”独创了“信息建模”的新方法，由计算机提供候选模型，由人进行情感选择，人机合作，可以在复杂情况下通过学习有效建立满意的信息模型。

我国科技工作者还阐明了“广义人工智能”、建构了广义人工智能的体系结构；创建了信息科学方法论的“智能论”和由信息提炼知识、由知识创建智能的信息转换机制；创建了泛逻辑学等。

可以预见，在我国科技工作者与世界各国科技工作者的协调努力下，人工智能的明天一定会更美好。

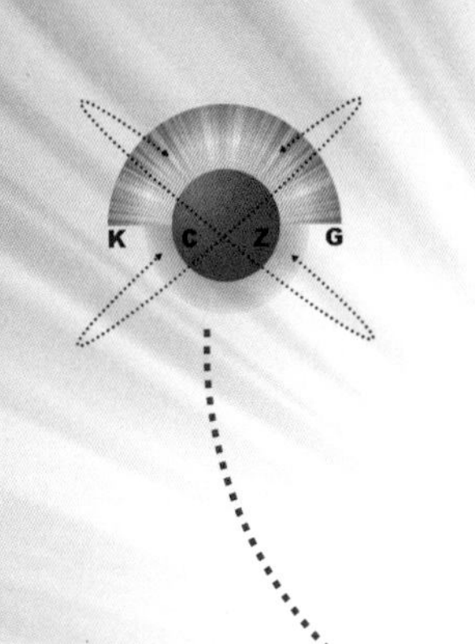

专家系统

——让机器成为知识领域内的专家

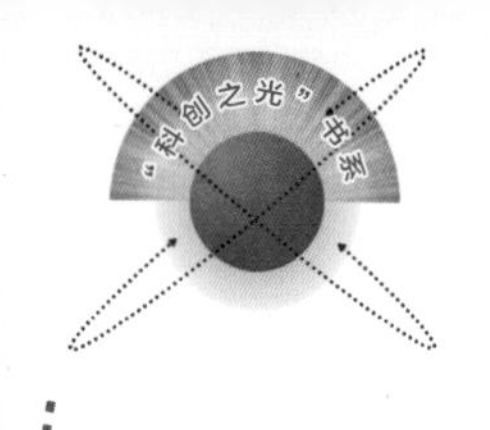

使用过 iPhone 手机的用户一定对 Siri 这个功能不陌生。它就是苹果公司研发的智能语音助手，如下图所示。有了 Siri 功能的手机或平板电脑可以瞬间变身为一台智能化的机器人，利用 Siri 这项功能，使用者可以通过声控、文字输入的方式，来搜寻周边的 KTV、电影院等生活信息，同时也可以直接调用手机上的各类 APP 实现闹铃的设置、未知目的地的导航等智能化的人机互动体验。在使用这项功能的同时，你或许会产生这样的困惑：Siri 是如何知道我周边有哪些餐厅？ Siri 又是如何帮我寻找到达目的地的最快捷的路线？ Siri 又是如何寻找到我要搜寻的文件呢？这些问题的解决肯定离不开人工智能以及云计算等前沿技术，当然也可以说，Siri 实际上就是一个小型的“专家系统（Expert System，简称 ES）”。

神奇的 Siri

再比如，银行是我们经常去办理存取款、贷款等个人或企业业务的场所，然而有时候长时间的等待和纷繁复杂的手续会让人感到厌烦。2015 年 11 月，第一台科沃斯银行机器人的诞生却开启了机器人成为银行智慧转型的重要一步。如下图所示，这款银行服务机器人有个可爱的名字叫“小龙人”，“小龙人”不仅是银

科沃斯银行助理机器人“小龙人”

行用来博人眼球的，更是向客户提供专业的业务服务的。例如，在银行的“高峰”期，“小龙人”便会主动迎向办理业务的顾客，主动提示顾客在其屏幕上选择办理的业务，而后引导顾客进行业务办理。有时候，“小龙人”还可以在与顾客交流的过程中挖掘客户的喜好和需求，并主动向其介绍银行热销理财产品、信用卡以及通过手机扫码为银行获取客户。“小龙人”的服务不仅提升了银行的工作效率，也为银行带来了潜在的价值，而这背后不得不依托于基于专家系统的强大人工智能技术。

何谓专家系统

说到这里，是不是已经为人工智能的强大功能所折服呢？其实，这些示例的背后离不开特殊的“数据库”，也称专家系统。专家系统是人工智能的一个重要分支。专家是指在某一专

业领域内具有很高的专业知识和解决问题的能力的学者。而专家系统从本质上讲是一个计算机程序系统，它不同于传统的只是解决某一类定向问题的程序，而是一个具有大量的专门知识与经验的程序系统，它可以根据某领域一个或多个专家提供的知识和经验，模拟人类专家的解决问题和做出决策的过程，对问题进行推理和判断，以便解决那些需要人类专家才能处理的复杂问题。简言之，专家系统是一种模拟人类专家解决领域问题的计算机程序系统。

下图是艾默生公司开发的 Ovation（一种分散控制系统）专家系统，这款专家系统在电力和水 / 废水处理行业得到了充分的应用，它在开发阶段凝聚了各行各业专家 40 多年的经验成果，为后期大型水电设备的自动化运行，实现最高效率、生产力和利润率提供了可能。

通常来讲，专家系统可以具备以下功能：

（1）存储问题并求解所需解决问题的知识；

（2）存储具体问题求解的初始数据和推理过程中涉及的各种信息，如中间结果、中间目标及假设等；

（3）根据当前输入的数据，利用已有的知识，按照一定的推理策略，去解决当前的问题，并且能控制和协调整个系统；

艾默生公司的专家系统 Ovation

（4）能够对推理过程、结论或系统自身行为做出必要的解释；

（5）能提供知识获取、机器学习以及知识库的修改、扩充和完善等维护手段；

（6）提供一些用户接口，即便于用户使用，又便于分析和理解用户的各种要求和请求。

专家系统的起源与发展

20世纪60年代初，出现了运用逻辑学和模拟心理活动的一些通用问题求解程序，它们可以证明定理和进行逻辑推理。但是这些通用方法无法解决大量的实际问题，很难把实际问题改造成适合于计算机解决的形式，并且对于解题所需的巨大的搜索空间也难以处理。1965年，爱德华·费根鲍姆在总结通用问题求解系统的成功与失败经验的基础上，结合化学领域的专门知识，研制了世界上第一个专家系统（DENDRAL），可以推断化学分子结构。20多年来，知识工程的研究，专家系统的理论和技术不断发展，应用渗透到几乎各个领域，包括化学、数学、物理、生物、医学、农业、气象、地质勘探、军事、工程技术、法律、商业、空间技术、自动控制、计算机设计和制造等众多领域，开发了几千个的专家系统，其中不少在功能上已达到，甚至超过同领域中人类专家的水平，并在实际应用中产生了巨大的经济效益。

专家系统的发展已经历了三个阶段，现在正向第四代过渡和发展。

第一代专家系统（如：DENDRAL、MACSYMA等）：以高度专业化、求解专门问题的能力强为特点。但在体系结构的完整性、可移植性、系统的透明性和灵活性等方面存在缺陷，求解问题的能力弱。

第二代专家系统（如：PROSPECTOR、HEARSAY等）：属

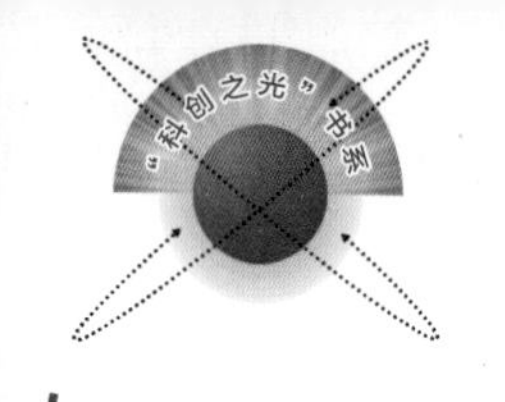

单学科专业型、应用型系统，其体系结构较完整，移植性方面也有所改善，而且在系统的人机接口、解释机制、知识获取技术、不确定推理技术、增强专家系统的知识表示和推理方法的启发性、通用性等方面都有所改进。

第三代专家系统：属多学科综合型系统，采用多种人工智能语言，综合采用各种知识表示方法和多种推理机制及控制策略，并开始运用各种知识工程语言、骨架系统及专家系统开发工具和环境来研制大型综合专家系统。

在总结前三代专家系统的设计方法和实现技术的基础上，已开始采用大型多专家协作系统、多种知识表示、综合知识库、自组织解题机制、多学科协同解题与并行推理、专家系统工具与环境、人工神经网络知识获取及学习机制等最新人工智能技术来实现具有多知识库、多主体的第四代专家系统。

自 1968 由费根鲍姆主持研制完成的第一个专家系统以来，专家系统已经在各行各业中得到了广泛的应用和推广。专门为专家系统设计的语言软件 Lisp 和 Prolog 也已诞生。尽管某些专家系统的分析判断能力超过了专家水平，并创造了大量社会财富。但是绝大多数的专家系统只能达到或接近专家水平。在专家系统

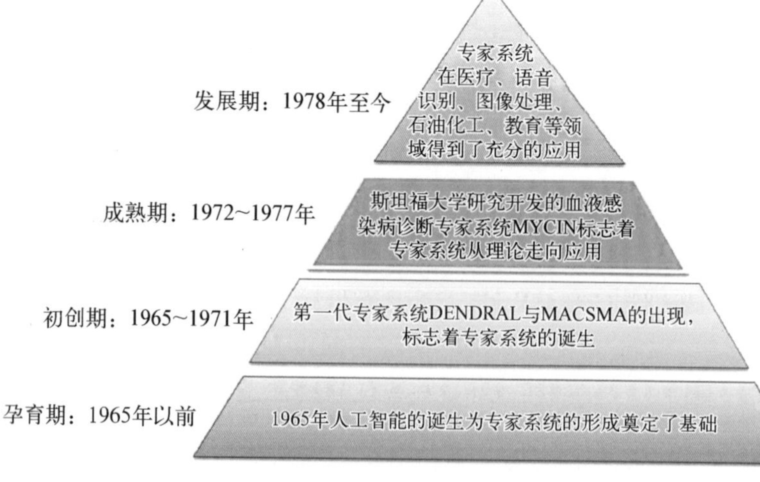

专家系统的发展历程

的研制过程中，人们越来越感到专家知识的获取和转换成计算机能够接受的形式是专家系统研究的瓶颈。

专家系统的分类

按照用途的不同，专家系统可以分为解释型、预测型、诊断型、调试型、维修型、规划型、设计型、监护型、控制型、教育型等几种类型。下面就比较常见的几类专家系统做简单的介绍。

1. 解释型专家系统

解释专家系统的任务是从所得到有关数据中，经过分析、推理，从而给出相应解释的一类专家系统。它的特点是：必须能处理不完全甚至受到干扰的信息，并能对所得到的数据给出一致且正确的解释。

2. 诊断型专家系统

诊断型专家系统能根据输入信息推出相应对象存在的故障，找出产生故障的原因并给出排除故障的方案。该类诊断型专家系统的特点是：要求掌握处理对象内部各部件的功能和相互关系，特别使能够区分一种现象和其所掩盖得另一种现象。诊断型专家系统的例子非常多，例如医疗诊断、电子器械和软件故障诊断，等等。

3. 预测型专家系统

预测型专家系统的任务是通过对过去和现在已知状况的分析，推断未来可能发生的情况。这类系统的特点通常是需要有相应模型的支持。预测型专家系统的例子有气象预报、人口预测、交通预测、经济预测等。

4. 调试型专家系统

调试型专家系统能对失灵的对象给出处理意见和处理方法，该类系统的特点是同时具有规划、设计、预报和诊断等专家系统的功能。调试专家系统可以用于新产品或新系统的调试，也可用于维修站对被修设备的调整、测量与实验。

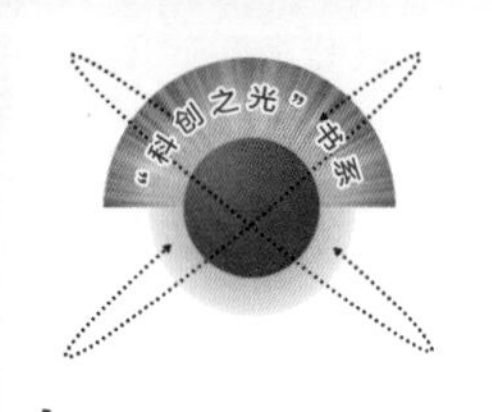

专家系统的结构

不同领域和不同类型的专家系统，其复杂程度和功能、规模都不尽相同，但其结构基本上是一致的。专家系统的基本结构如下图所示，其中箭头方向为数据流动的方向（双向箭头表示数据可进行交互）。专家系统通常由人机交互界面、知识库、推理机、解释器、综合数据库、知识获取等6个部分构成。

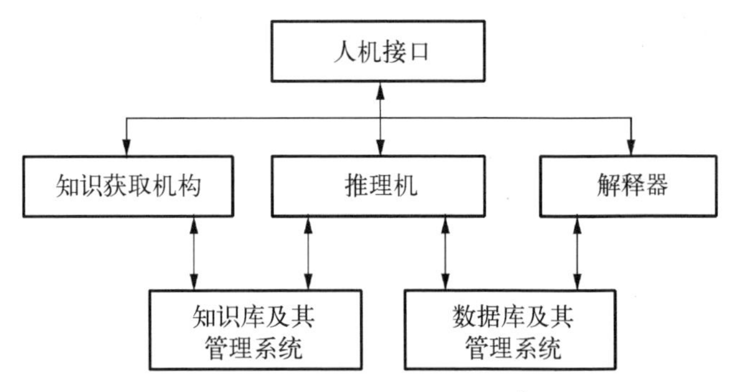

专家系统结构图

知识库

知识库作为整个专家系统的核心，类似于人的大脑，是以某种特定的形式存储于计算机中的知识的集合。它用来存放专家们提供的知识。这些知识可以包括事实、可行操作与规则等。专家系统的问题求解过程是通过知识库中的知识来模拟专家的思维方式的，因此，可以说知识库是衡量专家系统质量是否优越的关键。或者说，知识库中知识的质量和数量决定着专家系统的质量水平。用户也可以通过改变或完善知识库中的知识内容来进一步提高专家系统的性能。

在人工智能领域中，表示知识的形式有产生式、框架、语义网络等，而在专家系统中运用得较为普遍的知识是产生式规则。

如下图所示，产生式规则以”IF…THEN…”的形式出现，就像BASIC等编程语言里的条件语句一样，IF后面跟的是条件（事实），THEN后面的是结论，条件与结论均可以通过逻辑运算AND（与）、OR（或）、NOT（非）进行逻辑运算。这种产生式规则在计算中的运行过程可以理解为：当计算机系统获得一个数据且与某个“如果……”相一致时（称为匹配），则相应的“那么……”就代替了该数据，之后，计算机再继续搜寻是否存在与这个新数据匹配的“如果……”，这样一个过程含有“产生”“做出”的含义，因此获得“产生式”的名字。

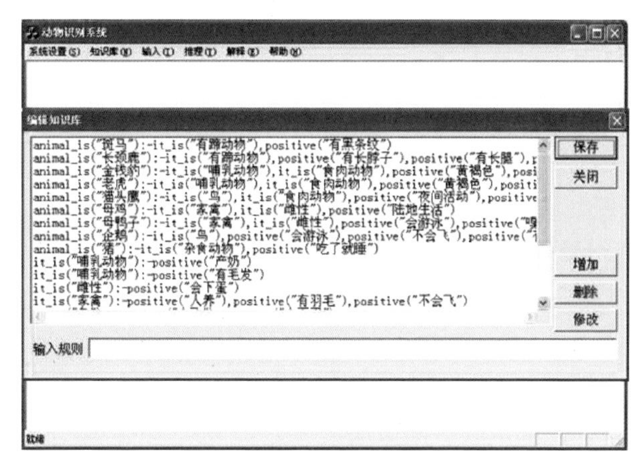

产生式规则

小贴士

计算机中的逻辑关系

计算机在做逻辑判断时，只有真假之分，非1即0。满足条件即为真（1），不满足条件则为假（0）。

假设有以下条件与结论：条件A，条件B，条件C 结论：结论D

（1）与运算：通常用符号AND将不同条件联系起来。

示例：

IF 条件A AND 条件B AND 条件C

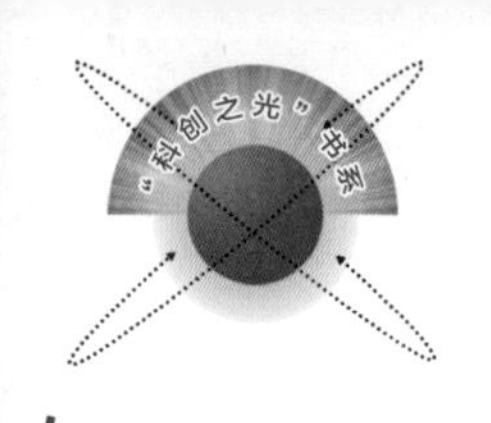

Then 结论 D

解释为：如果条件 A、条件 B 与条件 C 同时满足（即都为真=1）的情况下，结论 D 才成立。

（2）或运算：通常用符号 OR 将不同条件联系起来。

示例：

IF 条件 A OR 条件 B

Then 结论 D

解释为：如果条件 A 或条件 B 有一个满足（即有一个为真=1）的情况下，结论 D 就成立，如果两个条件都满足，则结论 D 也成立。

（2）非运算：通常将符号 NOT 置于条件前，表示条件的相反面

示例：IF NOT 条件 C　Then 结论 D

解释为：如果条件 C 不成立，则可得结论 D。

人机交互界面

人机交互界面是专家系统与领域专家知识工程师及一般用户间的界面，由一组程序及相应的硬件组成，用于实现系统与用户之间的信息交换。领域专家通过它输入知识，更新和完善知识，而一般的用户可以通过它输入想要求解的问题或求解过程进行提问。系统通过界面输出运行结果、回答用户的询问或者向用户索取进一步的事实。

综合数据库

综合数据库又称全局数据库或者总数据库。它用于存储有关领域问题的事实、数据、初始状态、推理过程及各种中间状态及求解目标等。事实上，它的功能有点类似于计算机中的存储器，数据库中的内容不是一成不变的，在求解问题的起初，它存放着用户提供的初始事实，而在推理过程中，它又存放着每一步推理

机推理得出的结果和各类有关信息，这也便于解释器回答用户提供的相关咨询。

推理机

推理机，简单的说，就是完成推理过程的程序。推理机通常是由一组用来控制、协调整个专家系统方法和策略的程序组成的，它能针对当前问题的条件或已知信息（事实），利用知识库中的知识反复匹配知识库中的规则，而后按一定的推理方法和策略进行推理（例如正向推理、逆向推理、混合推理等），求得问题的答案或证明某个假设的正确性。

下图是某大型火电厂锅炉故障诊断专家系统根据操作人员输入的故障现象，推理机根据已有的知识库进行推理后得到的故障诊断结果。

某锅炉故障诊断系统的故障诊断结果界面

解释机

一个完整的专家系统必然离不开解释机。解释机的主要作用

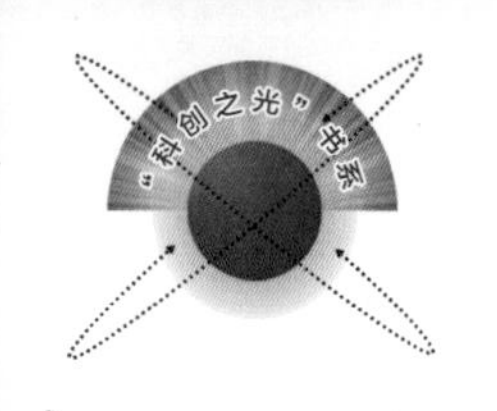

是：解释专家系统的行为和结论，即对整个推理的过程、推理的方法和策略、推理用到的知识和知识库进行解释和说明，使用户在与专家系统进行交互操作时，不仅知道要做什么，而且还知道怎么做和为什么这么做。

专家系统的工作流程，就如同患者去医院就诊，在导医的初步判断下（经验）挂了某个特定的科室去医生那里就诊，医生根据以往的经验并结合病理特征（知识库）来判断患者得了什么病以及根据得病的情况拟定针对患者的下一步治疗方案（推理机），而患者预想得知为何患了这个病（病由）时，医生便会将自己的判断过程告知患者，这就如同（解释机）。

专家系统中的推理机制

推理机作为专家系统的核心组成部分，相当于人类的大脑，扮演着非常重要的角色，下面结合具体事例介绍推理机在推理过程常用的两种方法，即：正向推理和逆向推理。

正向推理

正向推理的基本策略是：用户通过人机界面输入一批事实，推理机用这些事实，依次与知识库中的规则的前提进行匹配，若某规则的前提完全被提供的事实所满足，那么该条规则就得以运用。而该条规则的结论部分又作为新的事实存储在综合数据库中。然后，用更新过的事实再与其他规则的前提匹配，直到不再有匹配的规则为止。我们通过动物识别专家系统来理解一下这个推理方法。

假设某动物识别专家系统知识库中有以下的几条规则：

……

规则 1：IF 该动物能产乳 OR 该动物能反刍
THEN 该动物是哺乳动物

规则 2：IF 该动物能产乳 AND 有蹄子
THEN 该动物是蹄类动物

规则 3：IF 该动物有羽毛
THEN 该动物是鸟类动物

规则 4：IF 该动物能飞行 AND 该动物能生蛋
THEN 该动物是鸟类动物

规则 5：IF 该动物是哺乳动物 AND 该动物吃肉
THEN 该动物是食肉动物

规则 6：IF 该动物是哺乳动物 AND 该动物有爪子
THEN 该动物是食肉动物

规则 7：IF 该动物是哺乳动物 AND 该动物有蹄类
THEN 该动物是有蹄动物

规则 8：IF 该动物是哺乳动物 AND 该动物反刍
THEN 该动物是有蹄动物，并且是偶蹄动物

规则 9：IF 该动物是食肉动物 AND 该动物是黄褐色 AND 该动物有深色的斑点
THEN 该动物是猎豹

规则 10：IF 该动物是食肉动物 AND 该动物是黄褐色 AND 该动物有黑色的条纹
THEN 该动物是老虎

规则 11：IF 该动物是有蹄动物 AND 该动物有长腿 AND 该动物有暗斑点
THEN 该动物是长颈鹿

规则 12：IF 该动物是有蹄动物 AND 该动物是白色 AND 该动物有黑色的条纹
THEN 该动物是斑马

规则 13：IF 该动物是鸟类 AND 该动物不会飞 AND 该动物有长脖子
THEN 该动物是鸵鸟

……

根据正向推理的思路是，先由用户输入一些已知的查询条件作为系统查询的事实。

假如，一用户向系统所提供的事实有：

该动物的颜色是黄褐色的，它有长腿、深色的斑点。

推理机根据用户提供的这些已有事实，同知识库中的每条规

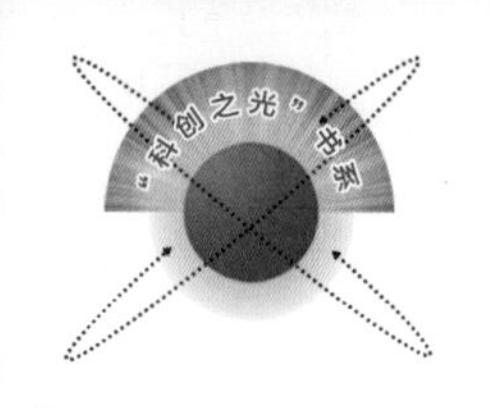

则进行逐一匹配，匹配到了规则 9 和规则 11，但不能决定哪一条规则可以适用，不能执行其中的任何一条。因为这里首先需要检查上下文是否正确。为此，需要进一步的观察。

假设此时我们得到新的事实是：该动物是反刍的。

这时，推理机根据这一新的事实，锁定规则 1，可以确认该动物是哺乳动物。接着将规则 1 得出的是哺乳动物这一结论作为新的事实存储在综合数据库中，再结合用户提供的已有事实匹配下面的规则，匹配到规则 8 时可判定该动物是有蹄类动物；最后，由于该动物还同时具有长腿、长脖子等信息可最终匹配规则 11，确认为这个动物是长颈鹿。

以上推理过程可以用下图表示。图中空心的方块表示观察到的事实，实心方块表示推论的结论，与门（几个信息的共同作用）表示规则。

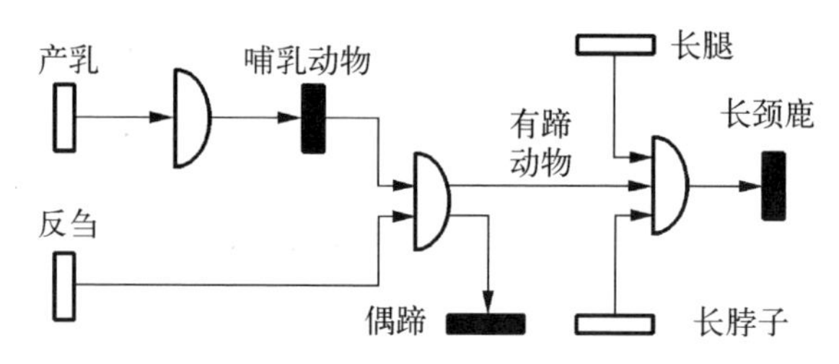

动物识别专家系统正向推理流程图

逆向推理

而逆向推理不同于正向推理的地方就在于，它是从选定的目标出发，寻找执行结果可以达到目标的规则，如果这条规则的前提与数据库中的事实相匹配，问题就得到了解决；否则就把这条规则的前提作为新的子目标，并对新的子目标寻找可以运用的规则，执行逆向序列的前提，直到最后运用的规则的前提可以与数据库中的事实完全匹配，或者直到没有规则再可以应用时，系统便以对话形式请求用户回答并输入必需的事实。

还是以“某动物识别专家系统”为例，来阐述逆向链接推理系统是如何进行工作的。

假设另一用户向系统所提供的事实有：

该动物的颜色是该动物有毛发，有爪子，颜色是黄褐色的、身上带有深色的斑点。

我们从结论出发，先假设该动物是一只猎豹。

为了检验这个假设，根据规则 9，只是要求该动物是食肉动物，并且颜色黄褐色和带有深色斑点，根据用户提供的事实，只要证实这个动物是食肉动物，那么猎豹的假设就成立。

有两条规则 5 和规则 6 可适用于这个目的。假设首先试用规则 5，规则 5 要求该动物还应满足是哺乳动物的前提。我们必须检验这个动物是否是哺乳动物。同样这里也有两种可能性，即应用规则 1 或规则 2，假设我们首先试用规则 1。我们必须检验这个动物是否有毛发，因观察得知该动物有毛发，这说明此动物一定是哺乳动物，所以系统可以返回去继续检验规则 5 要求的其他条件。由规则 5 的第二个条件，我们必须检验该动物是否吃肉。因为根据用户提供的事实依据，系统并不能得到该动物是吃肉的事实，因此专家系统必须放弃规则 5，并试用规则 6 去确定该动物是食肉动物。规则 6 要求，检验该动物是否是哺乳动物，这在检验规则 5 所要求的条件时，已经确定了。规则 6 的其余条件，要求检验该动物是否有爪子。根据用户提供的事实，这些都得到证实。这样就可以证实该动物是食肉动物。这时，系统返回到开始的出发点规则 9。设该动物颜色是黄褐色，带有深色斑点的假定都是事实，那么规则 9 证明了关于该动物是一只猎豹的假定。

推理机制的确定与选择

专家系统可以进行正向推理，同样也可以进行逆向推理。至于哪一个更好一些，这个问题取决于推理的目标和搜索空间的大

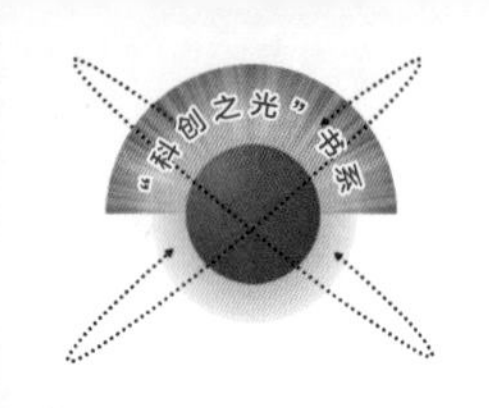

小。如果目标是从给定的一组既定事实出发，找到所有能推断出来的结论，那么采用正向推理比较合适，例如上文中所给的动物识别专家系统。

另一方面，如果目标是证实或否定某一特定结论，且采用正向推理，那么一条或几条给定的事实可能会有许多与需要证实的结论无关的结论，推理过程中的许多操作就显得多余，而且推理所呈现的结论的多样性也会为证实结论本身带来一定的干扰。因此，这种情况下，采用逆向推理更为合适。例如，在医疗疾病诊断的专家系统中，需要确诊患者甲的病症，往往采用这种方法，先假设该患者甲患有 A 种疾病的可能性，然后去核对是否患者中所有的症状都符合该病的特点，如果符合，那么就证实了该患者患有 A 种疾病的可能性，反之则不是。推理机的性能与构造一般只与知识的表示方式或组织方式有关，但与知识内容本身无关，也就是说，专家系统中的推理机是与知识库是相分离的，当知识库中的知识发生改变时，无需修改推理机。这不仅有利于对知识库中知识进行管理，而且可实现系统的通用性和伸缩性。

产生式规则的冲突解决方案

在上述“动物识别专家系统”的典型产生式专家系统中，详细地介绍了推理机的推理过程。而在现实生活中，往往在一个专家系统的数据库中，存在很多条件相似的规则，例如，在某美式足球裁判专家系统中有以下两条规则：

规则 1：	IF	进攻方若前 3 次进攻中前进距离少于 10 码
	THEN	在第 4 次进攻时，可以踢悬空球
规则 2：	IF	进攻方若前 3 次进攻中前进距离少于 10 码 OR 进攻的位置又在离对方球门 30 码之内
	THEN	在第 4 次进攻时，可以踢悬空球

在上述两条规则中，如果仅凭规则 1 中的条件，那么两条规

则都满足条件，规则中的结论都会被证实，那么在实际运行中，计算机如何评判这两条规则呢？这就需要用冲突解决来决定首先使用哪一条规则。

在专家系统中，常设有解决这类冲突问题的解决策略，对实施这类规则的先后顺序进行排列。比较常见的有专一性排序、规则排序、数据排序、规模排序、就近排序和上下文限制等，下面介绍几种常见的冲突问题的解决策略。

1. 专一性排序

如果某一规则前项规定的情况，比另一规则前项规定的情况更有针对性，则这条规则有较高的优先级。例如，在“某美式足球裁判专家系统”中，依据专一性排序，规则 2 较规则 1 具有更高的优先级。

例如：B 规则的前项只是 A 规则前项的一个特例，或 B 规则的前项是 A 规则前项的子集则 B 规则比 A 规则更具有针对性。

2. 数据排序

即按数据的优先级排序。把规则前项的所有条件按优先级次序编排起来，运行时首先使用在前项包含较高优先级数据的规则，或按数据的新鲜性排序。数据的新鲜性就是数据产生的先后次序，后生成的数据比先生成的数据具有更多的新鲜性。对逆向推理，按数据排序可对应于按目标或子目标的优先级、新鲜性排序。

3. 规模排序

按规则的前项的规模排列优先级，优先使用被满足的条件较多的规则。

4. 就近排序

把最近使用的规则放在最优先的位置。这和人类的行为有相似之处。若某规则经常被使用，则人们倾向于更多地使用该规则。

5. 上下文限制

把产生式规则按它们所描述的上下文分组。在某上下文条件下，只能从与其相对应的那组规则中选择可应用的规则。

需要注意的是，以上提出的各种解决策略可以针对不同的系统，进行不同的组合。如何选择冲突解决策略完全是启发式的。

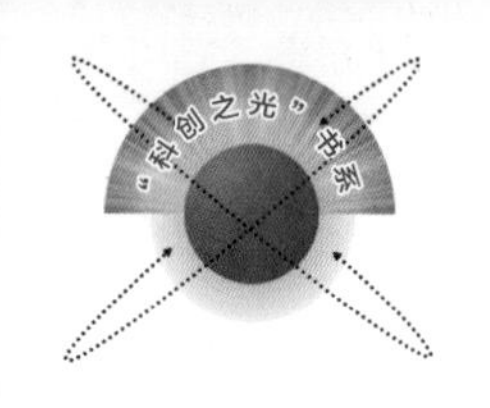

专家系统的特点

具有启发性

专家系统能运用专家的知识与经验进行推理、判断和决策。世界上的大部分工作和知识都是非数学性质的，即使是化学和物理学科，大部分也是靠推理进行思考。因此专家知识、经验知识以及由问题及领域本身所蕴含的启发式知识对问题求解显得尤为重要。

具有透明性

所谓计算机程序系统的透明性是指：系统自身及其行为能被用户所理解。人们在应用专家系统求解问题时，不仅需要得到正确的答案，而且还希望知道得出该答案的依据，也就是希望系统说明为什么是这样？是怎么得出来的？而专家系统正具有这样的解释功能。专家系统能够解释本身的推理过程和回答用户提出的问题，以便让用户能够了解推理过程，也增加了用户对系统的可信度。例如，在医疗诊断专家系统诊断某患者患有肺炎，那么，患者得知自己患有该病后一定会寻医问诊，这时，专家系统便会向他解释为什么他患有肺炎，就像医生对患者详细解释病情一样。

具有独立性

在大多数专家系统中，其体系结构都采用了知识库与推理机分离的构造原则，彼此既有联系又相互独立。这样做的好处是，既可在系统运行时能根据具体问题的不同要求分别选取合适的知识构成不同的求解序列，实现对问题的求解，又能在一方进行修改时不致影响到另外一方。特别是对于知识库，随着系统的不断完善，可能要经常对它进行增、删、改操作，由于它与推理机分离，这就不会因知识库的变化而要求修改推理机的程序。专家系统能不断地增长知识，修改原有知识，不断更新。另外，由于知识库与推理机分离，就有可能使一个技术上成熟的专家系统变为一个专家系统工具，这只要抽去知识库中的知识，就可使它变为一个专家系统外壳。

当要建立另外一个其功能与之类似的专家系统时，只要把相应的知识装入该外壳的知识库中即可，不必再对原有知识库中的数据进行修改，这样可以大大节省开发的时间。

具有交互性

专家系统的交互性主要体现在两方面，一方面它需要与领域专家或知识工程师进行对话以获取知识。另一方面它需要与用户对话以索取求解问题时所需要的已知事实以及回答用户的询问。

具有有效性和实用性

专家系统的根本任务是求解领域内的现实问题。问题的求解过程是一个思维过程。这要求专家系统必须具有相应的推理机构，能根据用户提供的已知事实，通过运用掌握的知识，进行有效的推理，以实现对问题的求解。由于不同的专家系统所面向的领域有所不同，要求解的问题也有很大差别。所以，不同专家系统的推理机制也不尽相同。有的要求进行精确推理，有的要求进行不精确推理、不完全推理以及试探性推理等，这需要根据问题领域的特点分别进行设计，以确保问题求解的有效性。

新一代专家系统

基于对专家系统发展的需求和技术的需要，新一代的专家系

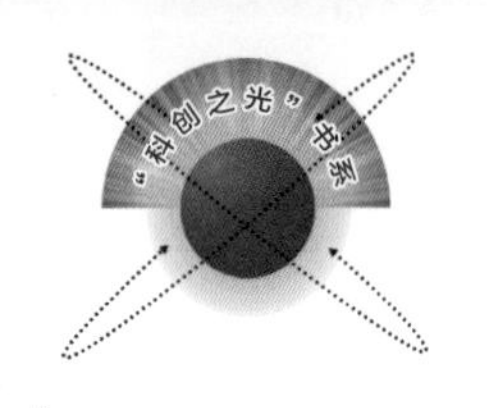

统基于传统专家系统的开发与研究，做了进一步的改进和提升，主要具有下列明显的特征：

高级语言和知识语言描述

为了建立专家系统，知识工程师只需用一种高级专家系统描述语言对系统进行功能、性能以及接口描述，并用知识表示语言描述领域知识，专家系统生成系统就能自动或半自动地生成所要的专家系统来。这包括自动或半自动地选择或综合出一种合适的知识表示模式，把描述的知识形成一个KB，并随之形成相应的推理执行机构、辩解机构、用户接口以及学习模块等。

并行技术与分布处理

基于并行算法，采用并行推理和执行技术，能在多处理器的硬件环境中工作，即具有分布处理功能，是新一代专家系统的一个特征。系统中的多处理器应能同步地并行工作，但更重要的是它还应能作异步并行处理，可以按数据驱动或请求驱动的方式实现分布在各处理器上的专家系统的各部分间的通信和同步。

多专家系统协同工作

为了拓宽专家系统解决问题的领域或使一些互相关联的领域能用一个系统来解题，提出

了所谓协同式（synergetic）专家系统的概念。在这种系统中，有多个专家系统协同合作。各子专家系统间可以互相通信，一个（或多个）子专家系统的输出可能就是另一子专家系统的输入，从而使得专家系统求解问题的能力大大提升。

引入新的推理机制

目前的大部分专家系统只能作演绎推理。在新一代专家系统中，除演绎推理外，还应有归纳推理（包括联想、类比等推理），非标准逻辑推理（例如非单调推理、加权推理），以及基于不完全知识与模糊知识的推理，等等，有兴趣的读者可以做深入了解。

具有自纠错和自完善能力

自动纠错和自我完善功能是新一代专家系统的又一个追求的目标。为了纠错，必须首先有识别错误的能力；为了完善，必须首先有鉴别优劣的标准。有了这种功能和上述的学习功能后，专家系统就会随着时间的推移，通过反复的运行不断地修正错误，不断完善自身，使知识越来越丰富。

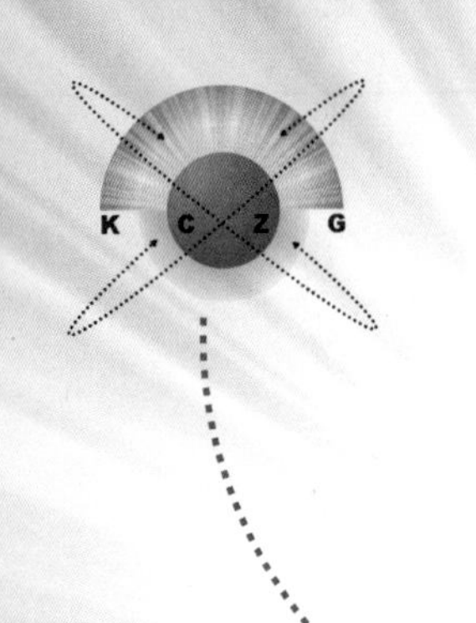

智能感知

——让机器像人类一样感知世界

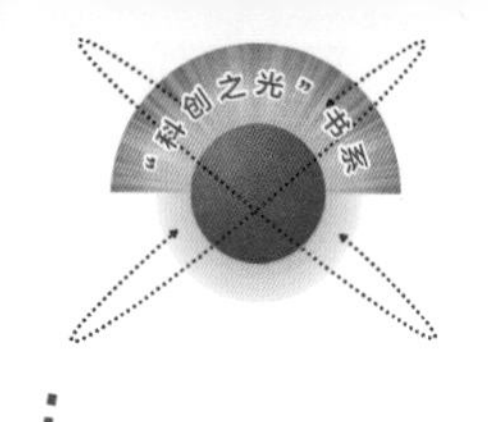

自 1876 年亚历山大·贝尔发明电话那刻开始，人类的听觉能力就借助“电线”延伸到了千里之外；再到后来的互联网革命，视频通话在听觉的基础上加入了视觉的“远程感知力”，紧接着无人机、水下航拍器、远程机器人等硬件的迅速发展，让人们站在地上遥控机器就能感受三维的广阔空间……总之，科技在一定程度上延伸了人类的感知能力。

1961 年，世界上第一台工业机器人出现在通用汽车的生产线上，它的名字叫做 Unimate。半个多世纪之后，机器人已经遍布各行各业，不过大部分仍然集中在工业领域中，它们大多数被固定在地上，在流水线上工作。现在，随着机器人的发展，越来越多机器人已经走出了实验室、走出了工厂，走进了我们的生活。机器人已经打破了以往的呆板形象，变得可随处移动，外表越来越像人类。更重要的，它们开始拥有自我意识，并能和环境进行互动。

意大利热亚那的意大利科技学院 (IIT) 研究人员打造了一款人型机器人，它的名字叫 iCub（i 取自《我，机器人》里的 i；Cub 取自《丛林之书》的狼群养大的人类小男孩 man-cub），身高 104 cm，体形跟一个 5 岁大的小孩差不多。四肢活动范围可达

iCub 机器人

53°，具有触觉和肢体协调能力，可以抓东西、玩捉迷藏，甚至还会跟着音乐跳舞。它的眼睛和头部可以跟踪运动中小球的移动轨迹，手臂上安装有定制化的压力传感器。

可以说，许多科技粉都十分熟悉这款机器人，它的名气源于实现了机器人从“听从命令”到“拥有自我意识”的跨越，在机器人发展史上具有开创意义。伴随着学习能力的逐步提高，iCub未来将可能成为电影中“大白”那样的机器人助手，它不会把你看成主人，而是当成朋友、闺蜜，因为它可以倾听你的烦恼，甚至逗你开口一笑，再为你出个点子解决困扰。

在打造 iCub 的过程中，研究人员强调“认知能力的学习”，并将其作为开源平台，通过与环境交互和与人交互来获得各类行为能力和认知能力。它吸收了真正的大脑运作的方式。研究人员设计的 iCub 控制系统，模拟了哺乳动物大脑中的关键过程。这些过程之间的交互，由分布式自适应控制支配。这个系统是以大脑的认知结构（具备智能感知，英文名为 Intellisense）为模型建立起来的。

感知就是具有能够感觉内部、外部的状态和变化，理解这些变化的某种内在含义的能力。智能感知包括视觉、听觉、触觉等感知能力。人和动物都具备与自然界进行交互的感知能力。自动驾驶汽车，就是通过激光雷达等感知设备和人工智能算法，实现这样的智能感知能力。机器在感知世界方面，比人类还有优势。人类都是被动感知的，但是机器可以主动感知，如：激光雷达、微波雷达和红外雷达。

一个鲜活的生命可以通过它的各种感觉器官和中枢神经系统来感受、理解外部和自己内部的变化。而一个智能机器人要感知这个世界，就必须具有一定的信息获取手段和信息处理方法。对于智能机器人来说，获取信息的手段就是通过多种不同功能的传感器来收集各种不同性质的信息。而对于信息的理解则是通过对传感器信息的处理来获得的，例如机械手抓取鸡蛋，如下图所示。

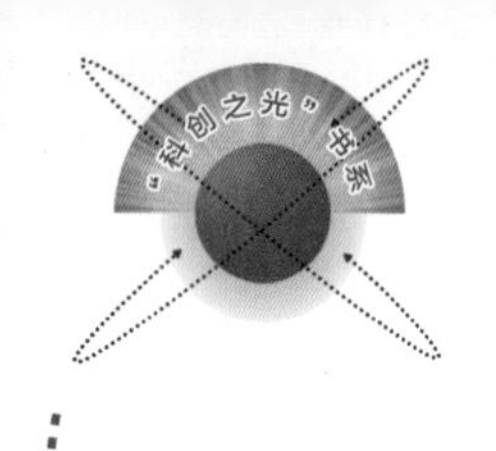

机械手抓取鸡蛋

近几年，智能感知似乎成了热门话题。智能感知的应用相当广泛，比如智能感知家电、智能交通定位、智能感知生产线等，其中，智能感知技术与信息技术（IT）的结合是其在信息技术领域的一个重要应用。

在智能感知时代里，人们的很多生活习惯和行为方式将被打破，代之以全新的人机互动体验。当你开车时，不方便用手拨打电话，但你只要说出对方的名字，手机就会通过语音识别系统自动拨打对方的号码，这就是“智能感知技术”带给我们的全新体验。报告会上，我们不需要做任何记录。电脑能够将其“听”到的语言直接转化为文字，以文档形式保存起来；在展示会上，我们不需要任何形式的鼠标，只要轻轻挥一下手指，就能控制 PPT 的播放；在家里看电视，你只要说出想看的电视节目或电视剧名称，电视机就会自动检索数据库，找到并播放你想看的节目。因此，在智能感知时代里，电脑、手机、家电、交通工具等都是“有思想”的，能够通过信息捕获、信息分析、信息处理来达到更加人性化、智能化的效果。因此，智能感知技术在根本上改变了人与物的沟通方式。下图为移动智能终端系统。

另外，在智能感知时代里，语音识别、智能识别将发挥前

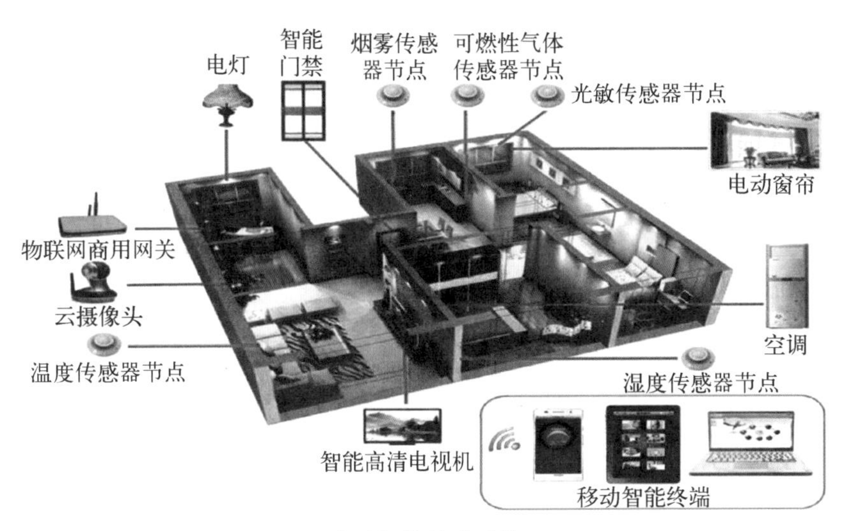

移动智能终端系统

所未有的功能，保护你的隐私。我们知道，在传统的信息安全技术中，基本都是靠密码和口令来进行加密。随着黑客技术和解密技术的不断发展，传统的加密技术面临越来越多的问题。任何一个“菜鸟”都可以通过一款傻瓜式软件来破解对方的密码。另外，木马作为一种盗号病毒，对加密技术形成了新的挑战。无论多么复杂的密码，在木马病毒面前都形同虚设，全球的盗号木马种类每天以数以万计的规模增长。智能感知技术则解决了上述问题：面部识别技术和语音识别技术，通过记录用户的面部信息或语音信息来进行加密，这无疑相当于医学上精确的 DNA 鉴别和手纹鉴定技术。任何无法通过面部和语音鉴定的人，都无法获得数据的访问权限。因此，语音识别、视觉识别技术将很好地保护用户的隐私，保障用户信息的安全。下图为先进的入侵检测系统。

其实，在我们的学习、工作、生活中，智能感知技术无处不在，我们周围的汽车、家具、室内装潢都可以具备智能感知功能。在工厂里，工人可以通过智能感知技术来控制机床设备、厂房车间；在道路上，交警可以通过智能感知技术来监测交通拥堵状况，记录车辆违规情况；在学校里，老师可以通过智能感知技

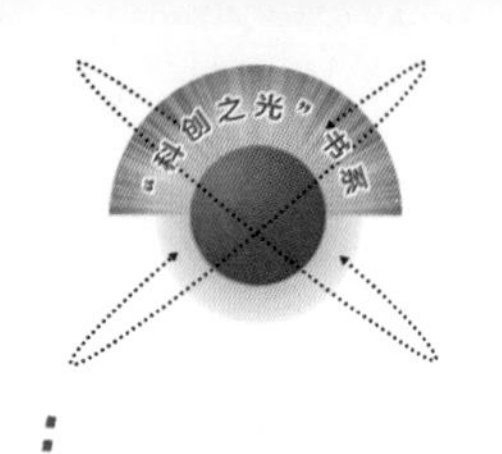

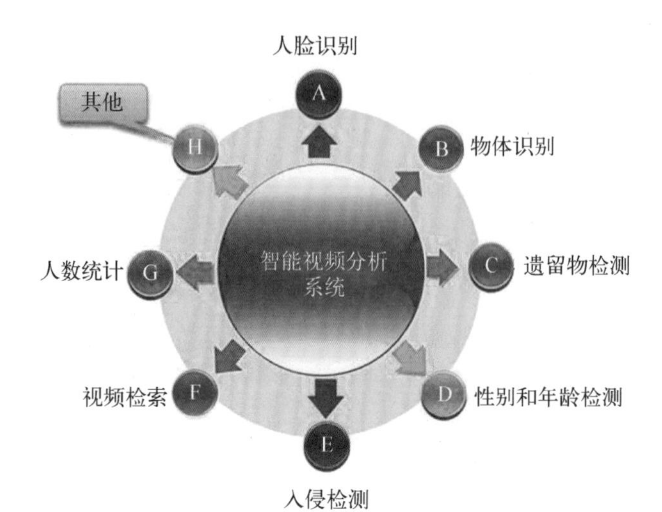

先进的入侵检测系统

术来控制教室的多媒体设备，实现更为人性化的教学。可以想象，智能感知技术将会帮助我们实现人与机器的完美互动。

智能感知的任务是获取外部环境和自身状态的信息，它是人类感觉器官的延伸。传感器是智能感知的基础，由于受到传感器的检测对象、工作范围、精度等因素的影响，需要确定不同来源的传感数据的一致性，通过不同传感信息的互相补充来获得外部完整的信息，只有多传感器进行融合才可以达到智能感知的目的。

丰富多彩的传感器

传感技术与计算机技术、通信技术一起被称为信息技术的三大支柱。从仿生学观点看，如果把计算机看成处理和识别信息的“大脑”，把通信系统看成传递信息的“神经系统”的话，那么传感器就是“感觉器官”。传感技术是关于从自然信源获取信息，并对之进行处理（变换）和识别的一门多学科交叉的现代科学与工程技术，它涉及传感器（又称换能器）、信息处理和识别的规划设计、开发、制造、测试、应用及评价改进等活动。

获取信息靠各类传感器，它们有各种物理量、化学量或生物量的传感器。按照信息论的凸性定理，传感器的功能与品质决定了传感系统获取自然信息的信息量和信息质量，是高品质传感技术系统构造的第一个关键。信息处理包括信号的预处理、后置处理、特征提取与选择等。识别的主要任务是对处理信息进行辨识与分类。它利用被识别（或诊断）对象与特征信息间的关联关系模型对输入的特征信息集进行辨识、比较、分类和判断。因此，传感技术是遵循信息论和系统论的。它包含了众多的高新技术、被众多的产业广泛采用。它也是现代科学技术发展的基础条件，应该受到足够的重视。

智能感知分为对机器人自身状态的感知和对外部环境的感知，并称相应的传感器为内部传感器和外部传感器。

内部传感器是检测和感知机器人本身的状态，如：位置、速度、加速度、驱动力矩等。对内部传感器的要求：精度高、响应速度快、测量范围宽、体积小、重量轻、能耗低、工作可靠。下表为内部传感器的分类。

内部传感器的分类

传感器	检测器件
速度 / 加速度	测速发电机、码盘、速度 / 加速度传感器
力 / 力矩	力传感器、力矩传感器
倾角	陀螺仪、方位仪
电流 / 电压	霍尔电流传感器、电压计
位置 / 角度	行程开关、电位器、码盘、旋转变压器、光栅尺 / 盘

外部传感器是识别环境、工件情况或工件与机器人的关系。比如力觉、视觉、距离、听觉等传感器，外部传感器通常安装在末端执行器上。对外部传感器的要求：除精度高、响应速度

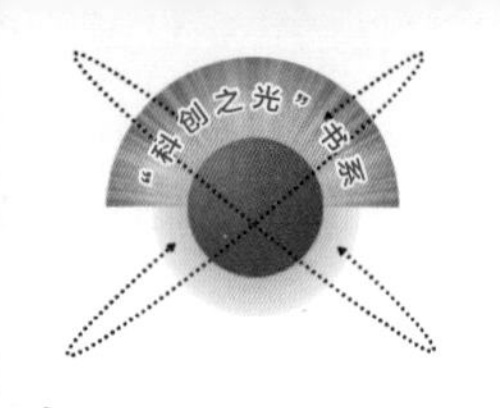

快、测量范围宽外，尽量保持非接触测量，体积小、重量轻更加重要。另外，还要求安装使用方便、安全可靠、对环境无不良影响。下表为外部传感器分类。

外部传感器的分类

传感器	检 测 器 件	应 用 举 例
视　觉	CCD 摄象机、激光雷达、超声波成像仪、合成孔径雷达	目标识别、定位、导航、缺陷检查
力　觉	电阻应变片、压阻元件、压电元件、光纤	力 / 位置控制、轮廓跟踪、轴孔配合、双臂协调
触　觉	应变片、压阻元件、导电橡胶、PVDF 薄膜、光导板 /CCD	握力控制、抓取物识别、抓取位置判断、防滑、热保护、材质判别
接近觉	超声探头、激光 / 光电二极管、电磁线圈、电容器、PSD 器件、气动 / 压力传感器	距离测量、避障、防碰、轨迹控制
听　觉	麦克风、超声波传感器	语音识别、语言控制、故障判断
嗅　觉	气敏元件、射线传感器、气相色谱仪	体识别、防化作战
味　觉	离子敏传感器、pH 计、液相色谱仪	化学成分判别、食品检测

信号感知过程：

信号提取 →信号分析与处理→识别→融合与应用。

信号提取：各类传感器。

信号分析：研究信号的构成与特征，如：滤波、谱分析。

信号处理：各种信号变换，如傅里叶变换。

信号识别：识别算法、智能技术。

信号融合：多传感器的集成，多信息的融合。

信息的利用：实现功能、目标。

智能机器人系统包含多种传感器，只有使它们协同工作，才能发挥出更大的作用。多传感器系统涉及多种类型传感器或多个同类型传感器，还有多功能集成传感器。多传感器系统与信息融合的主要作用：

（1）提高系统可靠性：替代；

（2）降低系统的不确定性：冗余；

（3）提高完整描述环境的能力：协同；

（4）提高系统的实时性：并行处理。

目前，智能机器人的研究重点在通过多传感器信息融合等技术，提高机器人的性能和可靠性，扩大机器人的应用领域。

以下介绍一些常用的智能感知器件——传感器。

感知内部变化的传感器

速度传感器

速度传感器是能感受被测速度并转换成可用输出信号的传感器。单位时间内位移的增量就是速度。速度包括线速度和角速度，与之相对应的就有线速度传感器和角速度传感器，我们都统称为速度传感器。下图为速度传感器。

速度传感器可应用在控制，手柄振动和摇晃，仪器仪表，汽车制动启动检测，地震检测，报警系统，玩具，结构物、

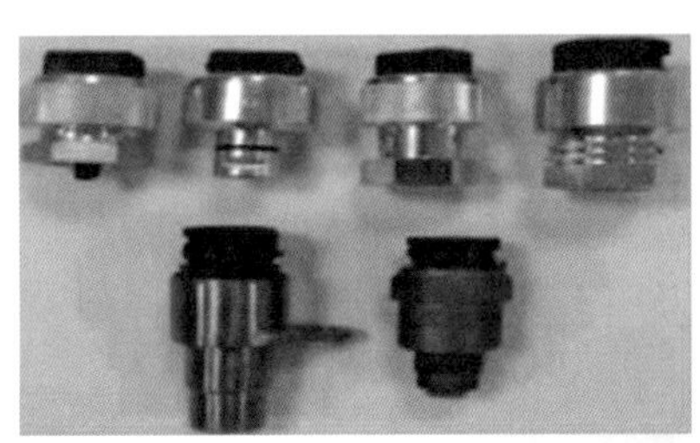

速度传感器

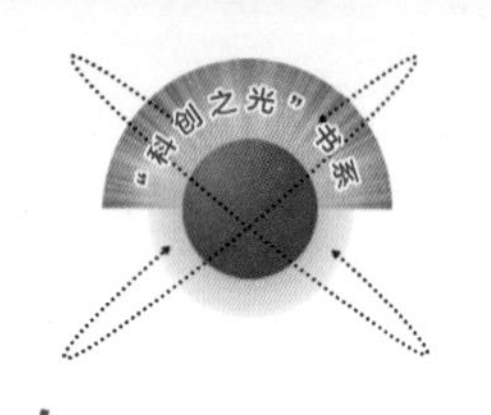

环境监视，工程测振、地质勘探、铁路、桥梁、大坝的振动测试与分析；鼠标，高层建筑结构动态特性和安全保卫振动侦察上。

加速度传感器

加速度传感器是一种能够测量加速力的电子设备。加速力就是当物体在加速过程中作用在物体上的力，就好比地球引力，也就是重力。加速力可以是个常量。加速度计有两种：一种是角加速度计，是由陀螺仪（角速度传感器）改进的，另一种就是线加速度计。多数加速度传感器是根据压电效应的原理来工作的。

小贴士

压电效应：对于不存在对称中心的异极晶体加在晶体上的外力除了使晶体发生形变以外，还将改变晶体的极化状态，在晶体内部建立电场，这种由于机械力作用使介质发生极化的现象称为正压电效应。

一般加速度传感器就是利用了加速度造成晶体变形这个特性。由于该变形会产生电压，只要计算出产生电压和所施加的加速度之间的关系，就可以将加速度转化成电压输出。加速度传感器可分为压电式、压阻式、电容式、伺服式加速度传感器。

压电式加速传感器的优点是频带宽、灵敏度高、信噪比高、结构简单、工作可靠和重量轻等。缺点是某些压电材料需要防潮措施，而且输出的直流响应差，需要采用高输入阻抗电路或电荷放大器来克服这一缺陷。下图为压电式加速度传感器。

压电式加速度传感器在现代生产生活中应用广泛，如手提电

压电式加速度传感器

脑的硬盘抗摔保护，目前的数码相机和摄像机里也有加速度传感器，用来检测拍摄时候的手部振动，并根据这些振动，自动调节相机的聚焦。

电容式加速度传感器

电容式加速度传感器，具有电路结构简单，频率范围宽约为0～450 Hz，线性度小于1%，灵敏度高，输出稳定，温度漂移小，测量误差小，稳态响应好，输出阻抗低，输出电量与振动加速度的关系式简单方便易于计算等优点，具有较高的实际应用价值。但不足之处表现在信号的输入与输出为非线性，并且量程有限，容易受电缆的电容影响，以及电容传感器本身是高阻抗信号源，因此电容传感器的输出信号往往需通过后继电路给予改善。下图为电容式加速度传感器。

电容式加速度传感器在某些领域无可替代，如安全气囊，手机移动设备等。

压阻式加速度传感器的优点是体积小、频率范围宽、测量加速度的范围宽，直接输出电压信号，不需要复杂的电路接口，大批量生产时价格低廉，可重复生产性好，可直接测量连续的加速度和稳态加速度。缺点是对温度的漂移较大，对安装和其他应力也较敏感。下图为压阻式加速度传感器。

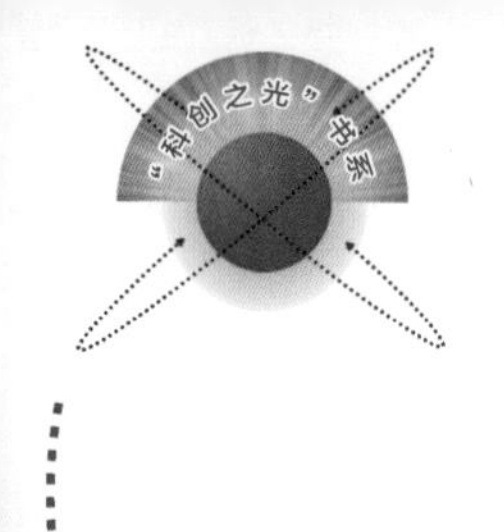

压阻式加速度传感器

压阻式加速度传感器已用在步进电机作为动力机械的控制系统中。广泛应用于汽车碰撞实验、测试仪器、设备振动监测等领域。

伺服式加速度传感器的优点是测量精度和稳定性、低频响应等都得到提高，还有分辨率高、高精度、自检功能、高可靠性等优点。缺点是体积和质量比压电式加速度计大很多，价格昂贵。下图为伺服式加速度传感器。

伺服式加速度传感器

伺服式加速度传感器由于有反馈作用，增强了抗干扰的能力，提高测量精度，扩大了测量范围，伺服加速度测量技术广泛应用于惯性导航和惯性制导系统中，在高精度的振动测量和标定中也有应用。如道路分级，钻井测绘，武器视觉设备，卫星天线阵列，平台控制，轨迹监测，地震和土木工程分析。

力传感器

力传感器

力传感器主要用于两个方面：测力和称重。压力是自动化生产过程中的重要工艺参数。电子秤、汽车、机床、桥梁监测都需要力传感器。化纤厂、化肥厂、炼油厂的压力储罐采用压力传感器可以调节工厂的生产。根据测量原理的不同，分为：应变片式、压电式、差动变压器式、电容位移式力传感器。下图为力传感器。

倾角传感器

倾角传感器经常用于系统的水平距离和物体的高度测量，从工作原理上可分为固体摆式、液体摆式、气体摆式三种倾角传感器，这三种倾角传感器都是利用地球万有引力的作用，将传感器敏感器件对大地的姿态角，即与大地引力的夹角（倾角）这一物理量，转换成模拟信号或脉冲信号。下图为倾角传感器。

倾角传感器的实际应用有：

1. 高层建筑安全监测

目前世界上摩天大楼越来越多，为了监测大楼的安全性能，可以应用高精度倾角传感器，高精度倾角传感器可以感应微小角度的变化，可以用于大楼摆幅、震动、倾斜等监测。

倾角传感器

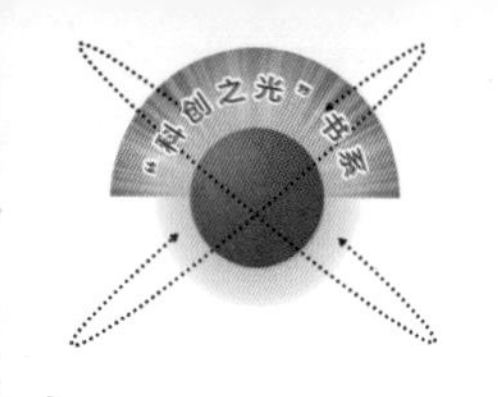

2. 汽车四轮定位

随着电子技术的发展和应用，汽车的安全性、舒适性和智能性越来越高。汽车侧向倾斜角度传感器的应用是防止汽车在行驶中发生倾翻事故的一种有效方法，是提高汽车安全性的重要措施，特别是越野车。双层客车等重心较高的汽车更有必要性。

3. 输电线铁塔倾斜智能监测

输电线铁塔的倒塌事件时有发生，一旦发生倒塌，将会造成巨大的损失，倾角传感器应用于输电线铁塔倾斜角度监测，可以实时监测输电线倾斜角度，一旦因为大风等自然灾害导致倾斜角度过大，倾角传感器会实时发出预警信号，通知工作人员及时维修。

电流传感器

随着半导体技术的发展，开始用半导体材料制成霍尔元件，由于它的霍尔效应显著而得到应用和发展。电流传感器是基于霍尔效应将被测量（如电流、磁场、位移、压力、压差、转速等）转换成电动势输出的传感器。霍尔电流、电压传感器用来测量直流、交流和脉动电流、电压以及利用这些测量值进行显示、控制的系统均可使用。例如：在电力机车、地下铁道、无轨电车、铁路等许多领域得到应用，并且在 UPS 电源、逆变器、整流器、变频调速器、逆变焊机、电解电镀、数控机床、微机及电网监测系统上得到广泛应用。霍尔元件具有许多优点，它们的结构牢固，体积小，重量轻，寿命长，安装方便，功耗小，频率高（可达 1 MHz），耐振动，不怕灰尘、油污、水汽及盐雾等的污染或腐蚀。下图为电流传感器的应用场景。

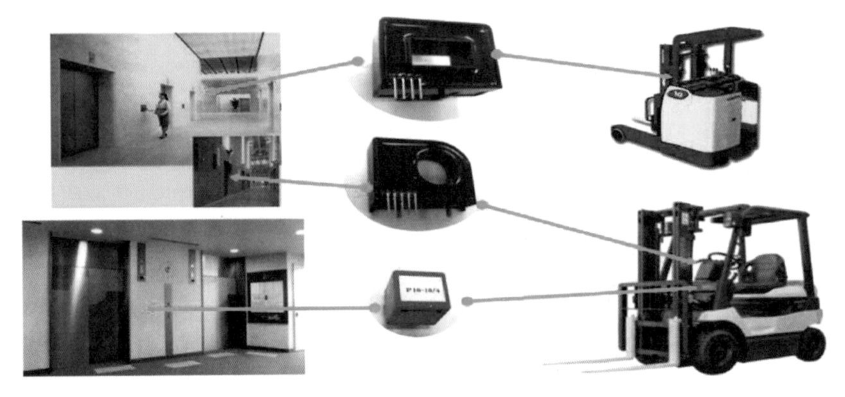

电流传感器的应用场景

感知外部变化的传感器

视觉传感器

机器人视觉是使机器人具有视觉感知功能的系统。机器人视觉可以通过视觉传感器获取环境的一维、二维和三维图像，并通过视觉处理器进行分析和解释，进而转换为符号，让机器人能够辨识物体，并确定其位置及各种状态。机器人视觉侧重于研究以应用为背景的专用视觉系统，只提供对执行某一特定任务相关的景物描述。机器人视觉硬件主要包括图像获取和视觉处理两部分，而图像获取由照明系统、视觉传感器、模拟—数字转换器和帧存储器等组成。根据功能不同，机器人视觉可分为视觉检验和视觉引导两种，广泛应用于电子、汽车、机械等工业部门和医学、军事领域。计算机视觉大多采用光电传感器、视觉传感器或者视觉系统来实现。下图为机器人视觉传感器。

机器人的视觉信息处理过程可以大体分为三步：首先是视觉信息的输入，其次是视觉信息的预处理方法，再次就是对视觉信息的分析。由于图像信息处理需要的计算量比较大，机器人运动

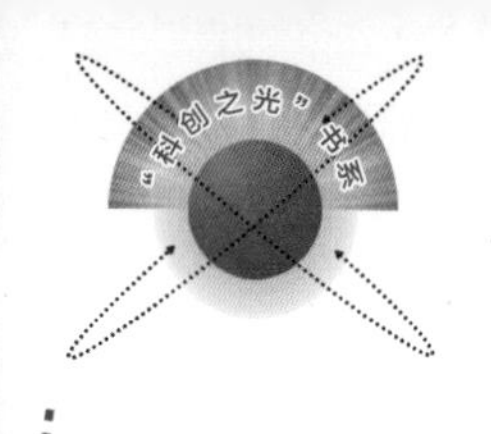

机器人视觉传感器

对实时性要求高，这些都是对机器人视觉的处理提出了高于一般图像处理的要求。

触觉传感器

触觉是机器人获取环境信息的一种仅次于视觉的重要知觉形式，是机器人实现与环境直接作用的必需媒介。与视觉不同，触觉本身有很强的敏感能力，可直接测量对象和环境的多种性质特征，因此触觉不仅仅只是视觉的一种补充，触觉的主要任务是为获取对象与环境信息和为完成某种作业任务而对机器人与对象、环境相互作用时的一系列物理特征量进行检测或感知。机器人触觉与视觉一样，基本上是模拟人的感觉。广义上，它包括接触觉、压觉、力觉、滑觉、冷热觉等与接触有关的感觉；狭义上它是机械手与对象接触面上的力感觉，感觉接触、冲击、压迫等机械刺激感觉的综合。触觉可以用来进行机器人抓取，利用触觉可进一步感知物体的形状、软硬等物理性质。下图为机器人触觉传感器。

仿生皮肤是集触觉、压觉、滑觉和热传感器于一体的多功能复合传感器，具有类似于人体皮肤的多种感觉功能。仿生皮肤采用具有压电效应和热释电效应的 PVDF 敏感材料，具有温度范围宽、体电阻高、质量小、柔顺性好、机械强度高和频率

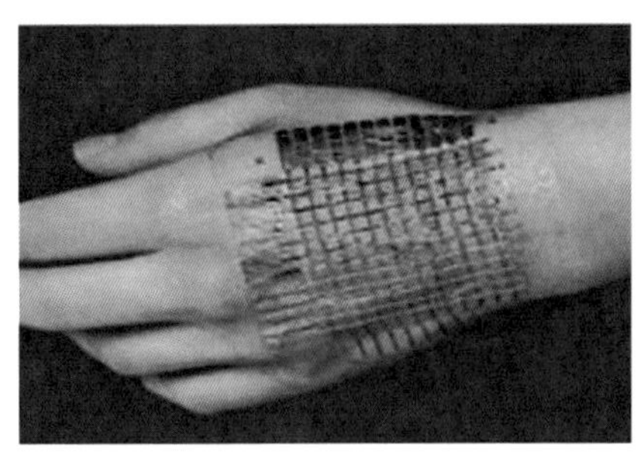
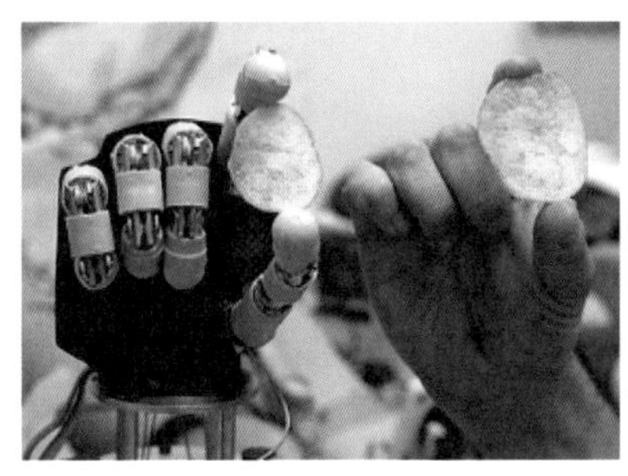

机器人触觉传感器

响应宽等特点，容易热成形加工成薄膜、细管或微粒。仿生皮肤传感器接触物体时，表面受到一定压力，相应受压触点单元的振幅会降低。根据这一机理，通过行列采样及数据处理，可以检测物体的形状、重心和压力的大小，以及物体相对于传感器表面的滑移位移。

接近觉传感器

机器人在移动或操作过程中，获知对目标物体的接近程度；实现避障，或通过减速接触物体来避免冲击。接近觉传感器一般根据波束碰到目标物体产生物理变化或反射波的原理工作，根据波束的不同可分为：电磁、激光、超声波、红外线等几种。接近觉传感器一般测量精度不高，作用距离较短，要求目标物体需要具有反应波束的能力。下图为机器人接近觉传感器。

接近传感器分为电磁式和电容式两种，电磁式接近觉传感器的接近对象必须产生磁反应或产生电涡流，通常为磁性材料或金属。当接近对象时，引起磁场改变或产生涡流。通过检测周围电磁的变化情况，判断接近程度。电容式接近传感器的电容量与电极板之间的距离

机器人接近觉传感器

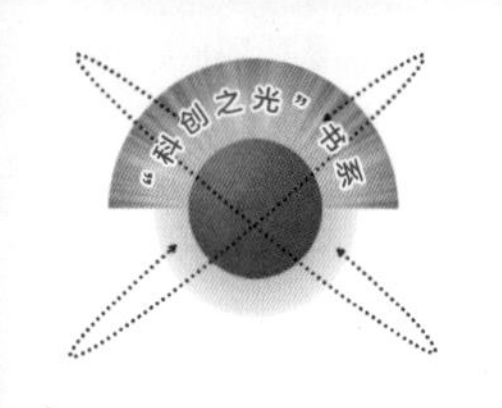

成反比；把接近对象和传感器分别看成电容的正负极，就可以根据电容量的变化情况，判断接近程度。

听觉传感器

机器人听觉传感器可分为语音感觉和声音感觉两种传感器。常用的听觉传感器是语音传感器；声音传感器是利用声波或超声波进行测量的一类传感器。听觉系统可以实现操作人员通过语言直接控制机器人，涉及语音合成和语音识别技术。话筒是典型的声觉传感器，有电动式、压电式、电容式等多种类型。下图为具有听觉的机器人。

语音系统在服务、娱乐型机器人中应用较多。目前，由于可靠性方面的不足，在工业中应用还不是太多，相信将来会广泛应用。

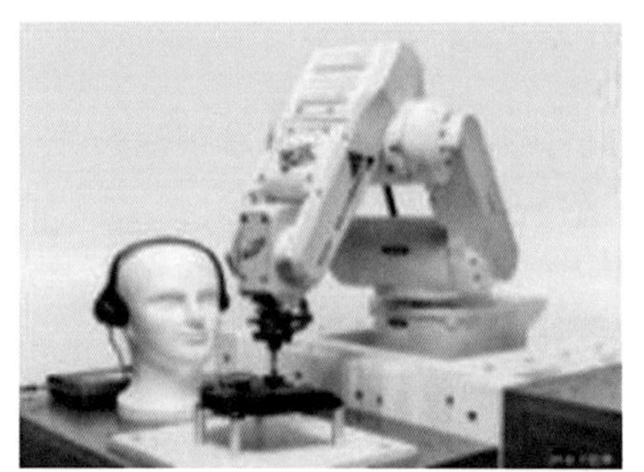

具有听觉的机器人

嗅觉传感器

在动物漫长的进化过程中，嗅觉作为最原始的感觉功能之一,一直伴随着动物的进化而发展，嗅觉是许多动物赖以生存的最重要的本领。对于动物来讲，嗅觉不仅仅用于捕食，在寻找伙伴、标定领土、识别家庭成员、避免天敌攻击等方面也起着决定性作用。

例如，雄蛾利用触角在几百米外就可以嗅到雌蛾释放出的一种信息素，从而通过跟踪信息素准确的确定雌蛾的具体位置。海洋中的甲壳类动物通过气味来寻找食物，啮齿动物和犬科动物可以依靠嗅觉找回储藏的食物。近年来，一些研究学者从动物的嗅觉得到启发，开始进行机器人嗅觉相关问题的研究工作。

具有嗅觉功能的机器人能够从事与气味相关的各个领域的工作。在国家安全方面，可以用来探测地雷，搜寻爆炸物，搜救遇难者；在社会治安方面，可以代替保安巡逻，完成检测有毒气体、火灾报警等工作；在工业生产中，可以检测和修补各类危险化学物质存储容器或输送管道的泄漏，还可以进行探矿工作。

目前使用的嗅觉传感器总体分两类，即化学传感器和生物传感器。常用的化学传感器有金属氧化物半导体气体传感器、导电聚合物气敏传感器、石英微天平传感器等。生物传感器则是指直接取用某种动物的嗅觉器官，经过一定工艺制作成可安装在机器人上的传感器。下图为具有嗅觉的机器人。

具有嗅觉的机器人

味觉传感器

不同食物反射红外线的能力不同，并因此形成各自独有的

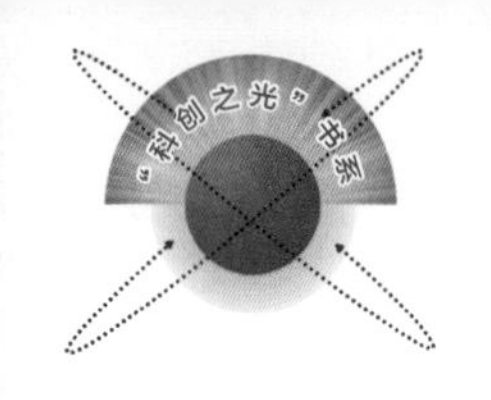

"红外指纹"。"辨味"机器人安装有红外线探测装置，向食物发射不同波长的红外线，传感器可接收反射回来的红外线，然后画出食品的"红外指纹"。经过与数据库中的资料对比后，就可以知道这些食品的味道，并判断出食物的名称。目前辨味机器人的"味觉"识别水平已经很高了，甚至达到了可以分辨某种奶酪是法国奶酪还是荷兰奶酪的程度。

辨味机器人可以通过内置扬声器，用语音向用户告知有关保健和饮食的建议。比如，脂肪为糖分的摄取是否过量、水果是否到了最佳食用季节等。现在，辨味机器人可以判断苹果的甜度，还可以辨别奶酪的品牌和面包的种类。未来，辨味机器人的技术还将用于开发智能冰箱。这种冰箱可以告知用户哪些食物可以放进冰箱；如果放入冰箱的食物开始变味了，冰箱可以提醒用户及时进行处理。下图为机器人味觉传感器。

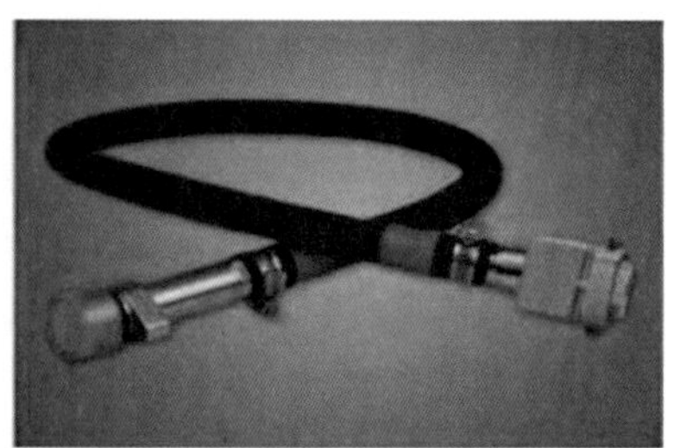

机器人味觉传感器

智能感知信息技术的明天

当前，以移动互联网、物联网、云计算、大数据、人工智能等为代表的信息技术加速创新、融合和普及应用，一个万物互联智能化时代正在到来。感知信息技术以传感器为核心，结合射频、功率、微处理器、微能源等技术，是未来实现万物互联的基础性、决定性核心技术之一。尤其是，感知信息技术不同于传统的计算和通信技术，无需遵循投资巨大、风险极高、已接近物理极限的传统半导体的“摩尔定律”，而是在成熟半导体工艺上的多元微技术融合创新，即“morethanmoore”（“超越摩尔”）。

PC 时期 Wintel 联盟垄断了整整 20 年，移动互联网时期 arm+ 安卓又形成了新一轮垄断。在如今的感知时代，“超越摩尔”是我国一个打破垄断束缚的难得历史机遇，如果加大在此领域的扶持力度，充分发挥已有的半导体产业基础和市场优势，有很大可能在未来智能时代实现赶超发展，抢占产业竞争制高点。

信息技术从计算时代、通讯时代发展到今天的感知时代经历了三个浪潮：PC 的普及产生了互联网，智能手机的普及形成了移动互联网，今天传感器的普及将促成物联网。《Gartner 2014 技术趋势报告》显示，未来 5～10 年，物联网技术将达到实质生产高峰期，预计到 2020 年，将有 260 亿台设备被装入物联网，这将引领信息技术迈向智能时代——计算、通讯、智能感知等信息技术的深度融合万物互联的时代。一个感知无所不在、联接无所不在、数据无所不在、计算无所不在的万联网生态系统，将全面覆盖可穿戴、机器人、工业 4.0、智能家居、智能医疗、智慧城市、智慧农业、智慧交通等。如果把整个智能社会比作人体，智能感知信息技术则扮演着五官和神经的角色。

智能感知信息技术是未来智能时代的重要基础。智能时代，物联网、传感器会遍布在生活、生产的各个角落。据《经济学人》预测，到 2025 年城市地区每 4 平方米就会有一个智能设备。智能城市、智能医院、智能高速公路等将依靠传感器实现万物互连并自动做出决策；智能制造通过在传统工厂管理环节和生产制造设备之间部署以传感器为代表的一系列感知信息技术以实现自动化、信息化和智能化。一直以来，美国、德国、日本等国都非常重视感知信息技术的发展。美国早在 1991 年就将传感器与信号处理、传感器材料和制作工艺上升为国家关键技术予以扶持，近年来更是每年投入数十亿美元用于传感器基

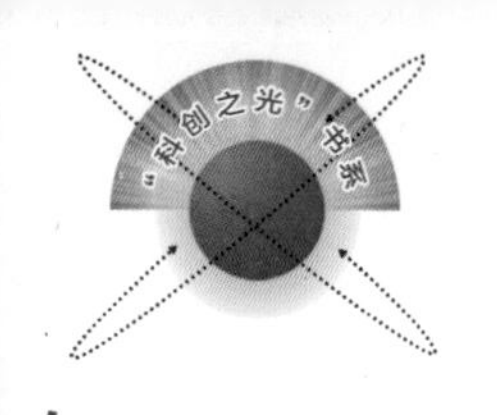

础研究项目。

智能感知信息技术领域将催生万亿级的市场。智能感知信息技术领域涉及材料、传感器设备、控制系统以及其承载的数据增值开发和信息服务。智能手机和可穿戴设备的广泛普及应用，使传感器设备需求增势迅猛，而无所不在的传感器也将引发未来大规模数据爆炸，预计到2020年，来自传感器的数据将占全部数据的一半以上。大数据的充分利用和挖掘，还将不断催生新应用和新服务。预计到2020年相关的物联网产品与服务供应商将实现超过3000亿美元的增值营收，并且主要集中在服务领域。

发展安全可控的智能感知信息技术有利于保障国家经济安全。我国是网络大国，却不是网络强国，无论是芯片、操作系统，还是应用系统，受制于人的局面依然严峻。未来，在万物互联生态系统中，从联网复杂程度和产生的数据量来预计，这个网络将比现在移动互联网大10倍，安全隐患也会更多更复杂，涉及经济社会的方方面面。因此，发展自主可控的感知信息技术，实现数据感知、收集和处理等最为基础处理层面的可靠性，对保障国家经济安全至关重要。

我国在智能感知信息技术领域具备一定基础和实力。近年来，我国在智能感知信息技术方面取得了一定的进展，在技术研发、产品设计、生产制造、封装测试和市场应用等领域均展开布局，并初步打通了整体产业链。目前，我国从事传感器研制、生产和应用的企事业单位共有2 000多家，其中从事微机电系统MEMS研制、生产的企业有50多家，产品种类有6 000多种，年产量40多亿只，市场销售额突破1 000亿元。

同时，在物联网迅速发展的带动下，智能感知信息技术下游应用领域如可穿戴、机器人、工业4.0、智能家居、智能医疗、智慧城市、智慧农业、智慧交通等的崛起，为智能感知信息技术的进一步发展提供了新的机遇和动力。如今我国在新型电声传感器、指纹传感器等方面已经取得产业化技术突破，开始大量用于智能手机、智能汽车等领域，开拓了巨大的应用市场。

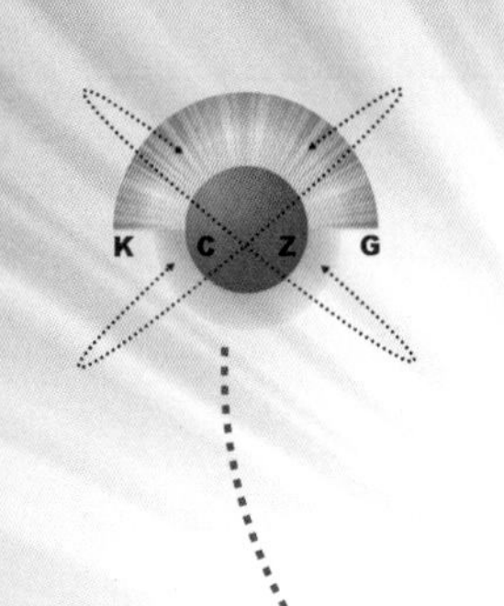

机器视觉
——打开机器观察世界的窗户

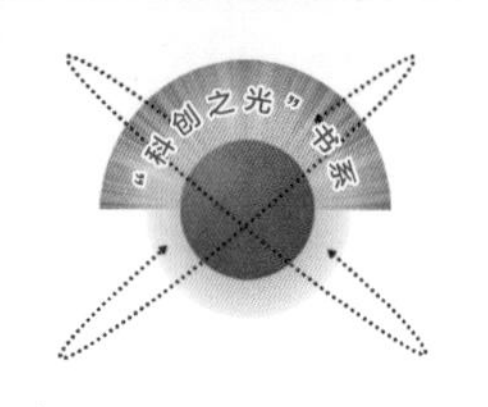

大家应该记得以前经常去的游艺厅吧，有跳舞机、打地鼠、极品飞车，也就是最早的体感游戏。电子游戏最开始是依靠键盘输入来完成的，后来由于科技的发展，衍生出了电子游戏机和街机游戏，开始使用手柄或操作台来进行电子游戏操作。《魂斗罗》《马里奥兄弟》这两款游戏至今依旧是游戏界的经典之作，这种让人们从键盘中解放出来的游戏机，为体感游戏（如下图所示）的发展奠定了基础。科技越来越发达，玩家将逐渐不再满足于普通的电子游戏，游戏的发展趋势会慢慢朝体感游戏发展。

体感游戏界面

体感游戏操作

体感游戏顾名思义：用身体去感受的电子游戏。突破以往单纯以手柄按键输入的操作方式，体感游戏是一种通过肢体动作变化来进行（操作）的新型电子游戏。实际上，“体感控制”或者叫“动作捕捉”早已经在工业领域应用多年，随着近年来体感游戏的流行，人们开始意识到这项技术应用到消费级市场的潜力。大多数体感游戏里面用到的核心硬件就是摄像头，下图是微软公司 Kinect 摄像头，在整个游戏中扮演“眼睛”的作用，捕捉到游戏者的肢体动作，返回给机器的大脑处理，然后一个典型的人机交互（图像跟随人而动）就完成了。

微软公司 Kinect 摄像头

人类视觉与机器视觉

众所周知，人类获取外界的信息分为视觉、听觉、触觉、味觉和嗅觉五大类。根据获取到的信息得出外界环境的变化，人们就可以进行自身的生命活动，从而维持自身的生存。人从视觉（眼睛）上获取的信息是这五大类中最多的，可以这么说，人是通过眼睛感知这个五彩斑斓、绚丽多彩的世界的，如下图所示。

人类视觉形成的大致过程是：外界物体反射来的光线，依次经过角膜、瞳孔、晶状体和玻璃体，并经过晶状体等的折射，最终落在视网膜上，形成物象。视网膜上的感光细胞将图像信息通

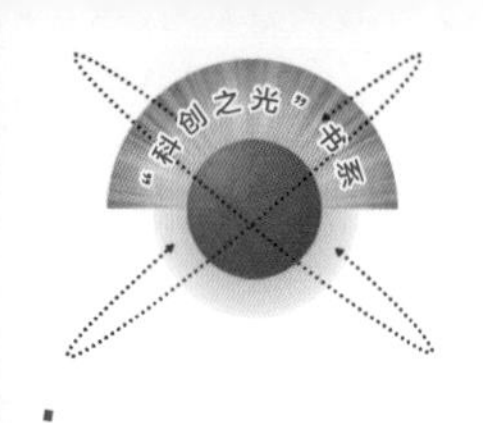

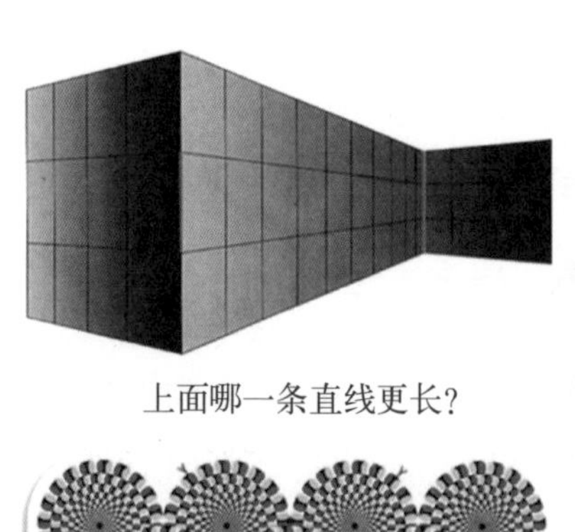

上面哪一条直线更长？

貌似在旋转移动？

别人说找到9个人头的有180的智商，我不信，找到了8个。

人类肉眼感知缤纷世界

过视觉神经传给大脑的一定区域，人就产生了视觉，人类眼球结构如下图所示。

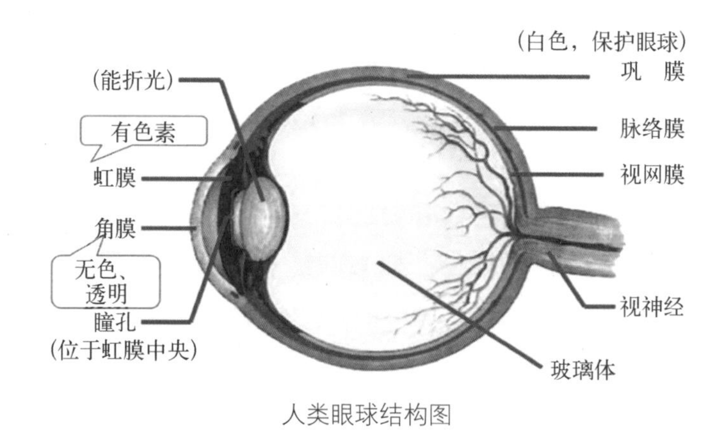

人类眼球结构图

基本视觉信息包括：亮度，形状，运动，颜色，深度知觉等，其中亮度是最基本的视觉信息，因为没有亮度就谈不上什么形状、运动、颜色等视知觉。亮度是一种外界辐射的物理量在我们视觉中反映出来的心理物理量。物体的形状主要是由物体在视觉空间上的亮度分布，颜色分布或运动状态不同而显示出来的。

说完人类视觉，我们就不得不提到机器视觉（Machine Vision，MV）。就是用机器代替人眼来做测量和判断，通过机器视觉产品（即图像摄取装置，分 CMOS 和 CCD 两种）将被摄取目标转换成图像信号，传送给专用的图像处理系统，得到被摄目标的形态信息，根据像素分布和亮度、颜色等信息，转变成数字化信号，图像系统对这些信号进行各种运算来抽取目标的特征，进而根据判别的结果来控制现场的设备动作。下图为抽象的机器视觉与人类视觉对比图。

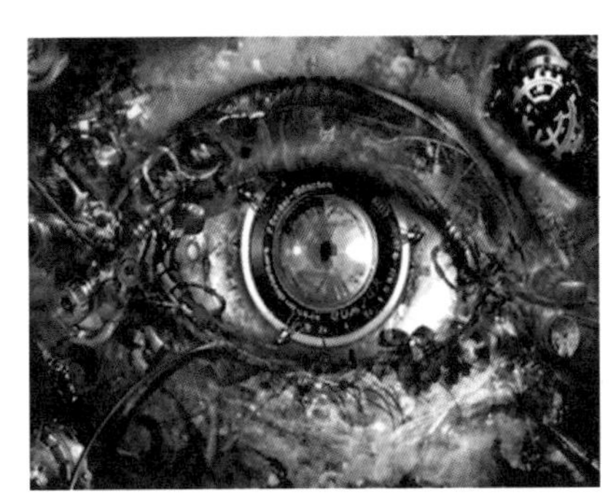
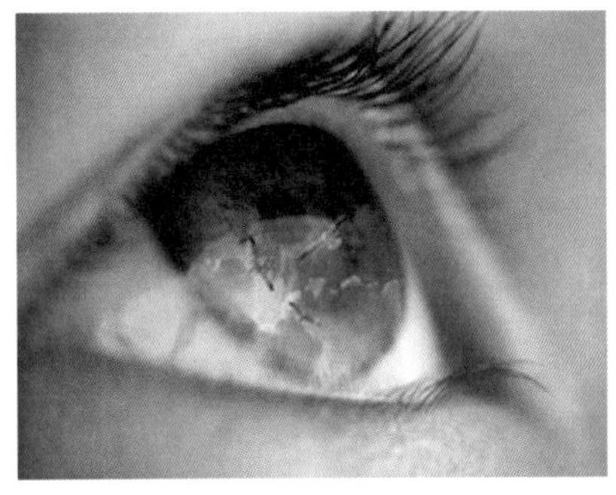

抽象的机器视觉与人类视觉对比图

由于机器视觉系统可以快速获取大量信息，而且易于自动处理，也易于与设计信息以及加工控制信息集成，因此，在现代自动化生产过程中，人们将机器视觉系统广泛地用于装配定位、产品质量检测、产品识别、产品尺寸测量等方面。

机器视觉系统的特点是提高生产的柔性和自动化程度。在一些不适于人工作业的危险工作环境或人工视觉难以满足要求的场合，常用机器视觉来替代人工视觉。同时，在大批量工业生产过程中，用人工视觉检查产品质量效率低且精度不高，用机器视觉检测方法可以大大提高生产效率和生产的自动化程度。而且机器

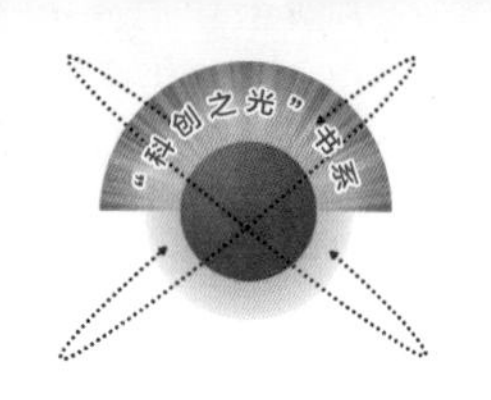

视觉易于实现信息集成，是实现计算机集成制造的基础技术。使用机器视觉系统的五个主要原因是：

重复性——机器可以以相同的方法一次一次地完成检测工作而不会感到疲倦。与此相反，人眼每次检测产品时都会有细微的不同，即使产品是完全相同的。

精确性——由于人眼有物理条件的限制，在精确性上机器有明显的优点。即使人眼依靠放大镜或显微镜来检测产品，机器仍然会更加精确，因为它的精度能够达到千分之一英寸。

速度——机器能够更快的检测产品。特别是当检测高速运动的物体时，比如说生产线上，机器能够提高生产效率。

客观性——人眼检测还有一个致命的缺陷，就是情绪带来的主观性，检测结果会随工人心情的好坏而产生变化，而机器没有喜怒哀乐，检测的结果自然非常客观可靠。

成本——由于机器比人快，一台自动检测机器能够承担好几个人的任务。而且机器不需要停顿、不会生病、能够连续工作，所以能够极大地提高生产效率。

人类视觉与机器视觉对比

	人类视觉	机器视觉
适应性	适应性强，可在复杂以及变化的环境中识别目标	适应性差，容易受复杂背景以及环境变化的影响
智能	具有高级智能，可运用逻辑分析及推理能力识别变化的目标，并能总结规律	虽然可利用人工智能和神经网络技术，但智能很差，不能很好地识别变化的目标
彩色识别能力	对色彩的分辨能力强，但容易受人的心理影响，不能量化	受硬件条件的制约，目前一般的图像采集系统对色彩的分辨能力较差，但具有可量化的优点
灰度分辨力	差，一般只能分辨 64 个灰度级	强，目前一般使用 256 灰度级，采集系统可具有 10 bit、12 bit、16 bit 等灰度级

（续表）

	人类视觉	机器视觉
空间分辨力	分辨率较差，不能观看微小的目标	目前有 4K×4K 的面阵摄像机和 12K 的线阵摄像机，通过备置各种光学镜头，可观测小到微米，大到天体的目标
速度	0.1 秒的视觉暂留使人眼无法看清较快速运动的目标	快门时间可达到 10 微秒左右，高速相机的帧率可达到 1 000 以上，处理器的速度越来越快
感光范围	400～750 nm 范围内的可见光	从紫外线到红外线的较宽光谱范围，另外有 X 线等特殊摄像机
环境要求	对环境湿度、温度的适应性差，另外很多场合对人体有损害	对环境适应性强，另外可加防护装置

简单来讲，机器视觉可以理解为给机器加装上视觉装置，或者是加装有视觉装置的机器。给机器加装视觉装置的目的，是为了使机器具有类似于人类的视觉功能，从而提高机器的自动化和智能化程度。由于机器视觉涉及多个学科，给出一个精确的定义是很困难的，而且在这个问题上见仁见智，各人认识不同。美国制造工程师协会（SME）机器视觉分会和美国机器人工业协会（RIA）自动化视觉分会关于机器视觉的定义是：机器视觉是使用光学器件进行非接触感知，自动获取和解释一个真实场景的图像，以获取信息和（或）控制机器或过程。目前我国还没有哪个协会或组织给出一个正式定义。

历经多年的发展，特别是近几年的高速发展，机器视觉已经形成了一个特定的行业。机器视觉的概念与含义也不断丰富，人们在说机器视觉这个词语时，可能是指“机器视觉系统”“机器视觉产品”“机器视觉行业”等。机器视觉涉及到光源和照明技术、成像元器件（半导体芯片、光学镜头等）、计算机软硬件（图像增强和分析算法、图像卡、IO 卡等）、自动控制等各个领

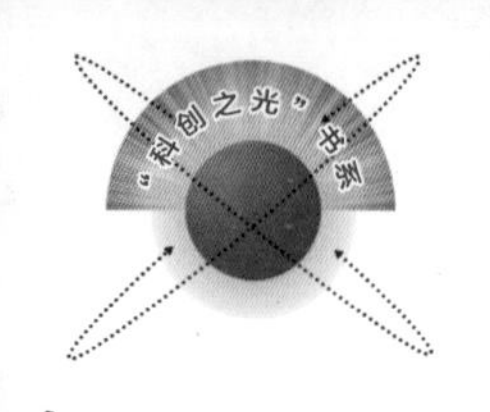

域。将所需要的这些不同技术集成到一起本身也是一门技术，需要各领域技术人员的参与和合作才能促进机器视觉的快速发展。

机器视觉使机器具有像人一样的视觉功能，从而实现各种检测、判断、识别、测量等功能。一个典型的机器视觉系统组成包括：图像采集单元（光源、镜头、相机、采集卡、机械平台），图像处理分析单元（工控主机、图像处理分析软件、图形交互界面），执行单元（电传单元、机械单元）。

机器视觉系统通过图像采集单元将待检测目标转换成图像信号，并传送给图像处理分析单元。图像处理分析单元的核心为图像处理分析软件，它包括图像增强与校正、图像分割、特征提取、图像识别与理解等方面。输出目标的质量判断、规格测量等分析结果。分析结果输出至图像界面，或通过电传单元（PLC等）传递给机械单元执行相应操作，如剔除、报警等，或通过机械臂执行分拣、抓举等动作。

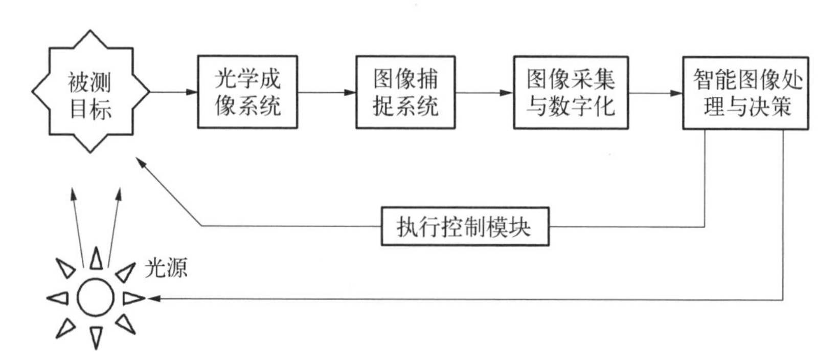

典型的机器视觉系统

小贴士

学习机器视觉，可以与人类眼睛看世界相对照，对应人类视网膜成像到通过神经传递给大脑，大脑处理该信息并指示下一步的决策，通过各种器官来实施。在一个完整的机器视觉系统里，基本上每个模块我们都可以从人类视觉上找到与其有相似作用的“原型”。

机器视觉与计算机视觉

读者心里可能会有一个疑惑：计算机视觉与机器视觉是一个什么样的关系呢，或者是一个同义词？从学科分类上，两者都被认为是人工智能下属科目，如下图所示。不过，计算机视觉偏软件，通过算法对图像进行识别分析，而机器视觉软硬件包括采集设备、光源、镜头、控制、机构、算法等，指的是系统，更偏实际应用。简单地说，计算机视觉是研究“让机器怎么看”的科学，而机器视觉是研究“看了之后怎么用”的科学。

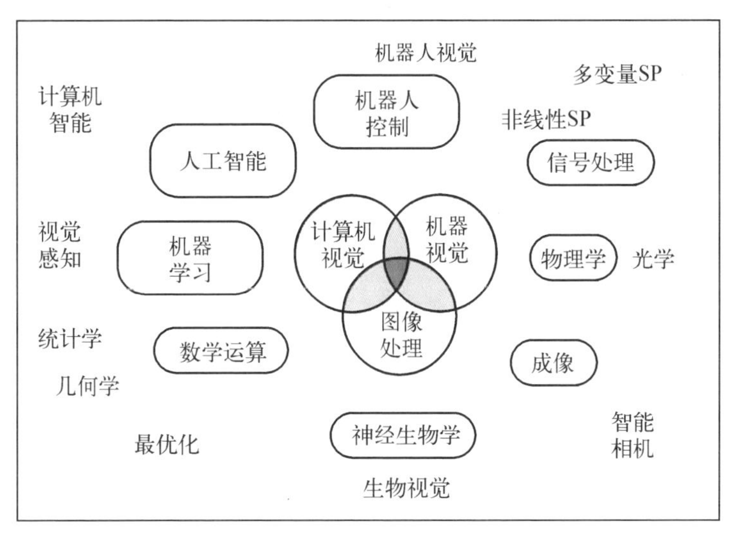

机器视觉和计算机视觉

我们可以归纳对比一下机器视觉的特点：

（1）机器视觉是一项综合技术，其中包括数字图像处理技术，机械工程技术，控制技术，电光源照明技术，光学成像技术，传感器技术，模拟与数字视频技术，计算机硬件技术，人机接口技术等这些技术在机器视觉中或并列关系，相互协调应用才能构成一个成功的工业机器视觉应用系统。

（2）机器视觉更强调实用性，要求能够适应工业生产中恶劣

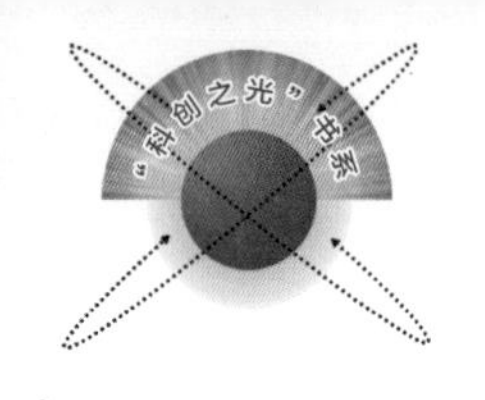

的环境，要有合理的性价比，要有通用的工业接口，能够由普通工作来操作，有较高的容错能力和安全性，不会破坏工业产品，必须有较强的通用性和可移植性。

（3）对机器视觉工程师来说，不仅要具有研究数学理论和编制计算机软件的能力，更需要的是光、机、电一体化的综合能力。

（4）机器视觉更强调实时性，要求高速度和高精度，因而计算机视觉和数字图像处理中的许多技术目前还难以应用于机器视觉，它们的发展速度远远超过其在工业生产中的实际应用速度。

机器视觉系统

机器视觉系统主要由三部分组成：图像的获取、图像的处理和分析、图像输出或显示。在工业生产中，将近 80% 的机器视觉系统主要用在检测方面，包括用于提高生产效率、控制生产过程中的产品质量、采集产品数据等。产品的分类和选择也集成于检测功能中。下面通过一个用于生产线上的单摄像机视觉系统，说明机器视觉系统的组成及功能。

机器视觉系统检测生产线上的产品，决定产品是否符合质量要求，并根据结果，产生相应的信号输入上位机。图像获取设备包括光源、摄像机等；图像处理设备包括相应的软件和硬件系统；输出设备是与制造过程相连的有关系统，包括过程控制器和报警装置等。数据传输到计算机，进行分析和产品控制，若发现不合格品，则报警器告警，并将其排除出生产线。机器视觉的结果是 CAQ 系统的质量信息来源，也可以和 CIMS 其他系统集成。

图像的获取

图像的获取实际上是将被测物体的可视化图像和内在特征

转换成能被计算机处理的一系列数据，它主要由三部分组成：照明；图像聚焦形成；图像确定和形成摄像机输出信号。

1. 照明

照明是影响机器视觉系统输入的重要因素，因为它直接影响输入数据的质量和至少 30% 的应用效果。由于没有通用的机器视觉照明设备，所以针对每个特定的应用实例，要选择相应的照明装置，以达到最佳效果。

2. 图像聚焦形成

被测物的图像通过一个透镜聚焦在敏感元件上，如同照像机拍照一样。所不同的是照像机使用胶卷，而机器视觉系统使用传感器来捕捉图像，传感器将可视图像转化为电信号，便于计算机处理。选取机器视觉系统中的摄像机应根据实际应用的要求，其中摄像机的透镜参数是一项重要指标。透镜参数分为四个部分：放大倍率、焦距、景深和透镜安装。

3. 图像确定和形成摄像机输出信号

机器视觉系统实际上是一个光电转换装置，即将传感器所接收到的透镜成像转化为计算机能处理的电信号，摄像机可以是电子管的，也可是固体状态传感单元。

电子管摄像机发展较早，20 世纪 30 年代就已应用于商业电视，它采用包含光感元件的真空管进行图像传感，将所接收到的图像转换成模拟电压信号输出。具有 RS170 输出制式的摄像机可直接与商用电视显示器相连。

固体状态摄像机是在 20 世纪 60 年代后期，美国贝尔电话实验室发明了电荷耦合装置（CCD）而发展起来的。它由分布于各个像元的光敏二极管的线性阵列或矩形阵列构成，通过按一定顺序输出每个二极管的电压脉冲，实现将图像光信号转换成电信号的目的。输出的电压脉冲序列可以直接以 RS 170 制式输入标准电视显示器，或者输入计算机的内存，进行数值化处理。CCD 是现在最常用的机器视觉传感器。

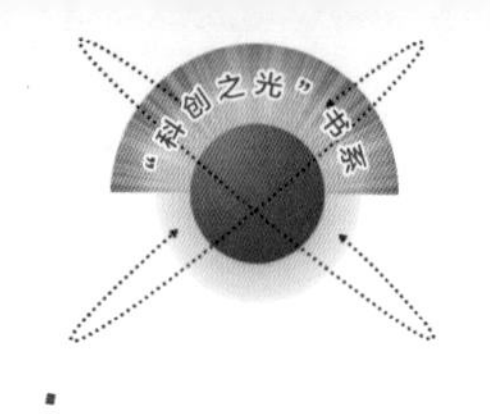

图像的处理和分析

机器视觉系统中，视觉信息的处理技术依赖于图像处理方法，它包括图像增强 、数据编码和传输、平滑、边缘锐化、分割、特征抽取、图像识别与理解等内容。经过这些处理后，输出图像的质量得到相当程度的改善，既改善了图像的视觉效果，又便于计算机对图像进行分析、处理和识别。

1. 图像的增强

图像的增强用于调整图像的对比度，突出图像中的重要细节，改善视觉质量。通常采用灰度直方图修改技术进行图像增强。

2. 图像的平滑

图像的平滑处理技术即图像的去噪声处理，是为了去除实际成像过程中，因成 像设备和环境 所造成的图像失真，提取有用信息。众所周知，实际获得的图像在形成、传输、接收和处理的过程中，不可避免地存在着外部干扰和内部干扰，如光电转换过程中敏感元件灵敏度的不均匀性、数字化过程的量化噪声、传输过程中的误差以及人为因 素等，均会使图像变质。因此，去除噪声，恢复原始图像是图像处理中的一个重要内容。

3. 图像的数据编码和传输

数字图像的数据量是相当庞大的，一幅 512×512 个像素的数字图像的数据量为 256 K 字节，若假设每秒传输 25 帧图像，则传输的信道速率为 52.4M 比特 / 秒。高信道速率意味着高投资，也意味着普及难度的增加。因此，传输过程中，对图像数据进行压缩显得非常重要。数据的压缩主要通过图像数据的编码和变换压缩完成。

4. 边缘锐化

图像边缘锐化处理是加强图像中的轮廓边缘和细节，形成完整的物体边界，达到将物体从图像中分离出来或将表示同一物体表面的区域检测出来的目的。它是早期视觉理论和算法中的基本问题，也是中期和后期视觉成败的重要因素之一。

5. 图像的分割

图像分割是将图像分成若干部分，每一部分对应于某一物体表面，在进行分割时，每一部分的灰度或纹理符合某一种均匀测度度量。某本质是将像素进行分类。分类的依据是像素的灰度值、颜色、频谱特性、空间特性或纹理特性等。图像分割是图像处理技术的基本方法之一，应用于诸如染色体分类、景物理解系统、机器视觉等方面。

6. 图像的识别

图像的识别过程实际上可以看作是一个标记过程，即利用识别算法来辨别景物中已分割好的各个物体，给这些物体赋予特定的标记，它是机器视觉系统必须完成的一个任务。

目前用于图像识别的方法分为决策理论和结构方法。决策理论方法的基础是决策函数，利用它对模式向量进行分类识别，是以定时描述（如统计纹理）为基础的；结构方法的核心是将物体分解成了模式或模式基元，而不同的物体结构有不同的基元串

机器视觉的头脑世界

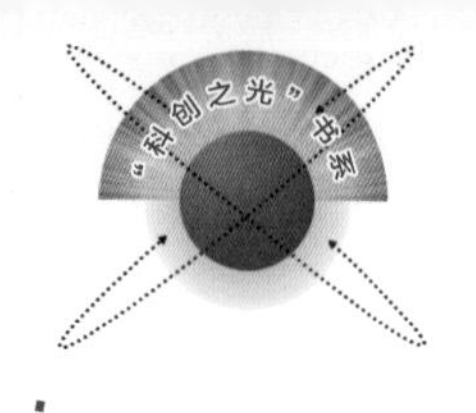

（或称字符串），通过对未知物体利用给定的模式基元求出编码边界，得到字符串，再根据字符串判断它的属类，这是一种依赖于符号描述被测物体之间关系的方法。

机器视觉的典型应用

机器视觉技术的最大优点是与被观测对象无接触，因此，对观测与被观测者都不会产生任何损伤，十分安全可靠，这是其他感觉方式无法比拟的。理论上，人眼观察不到的范围机器视觉也可以观察，例如红外线、微波、超声波等，而机器视觉则可以利用这方面的传感器件形成红外线、微波、超声波等图像。另外，人无法长时间地观察对象，机器视觉则无时间限制，而且具有很高的分辨精度和速度。所以，机器视觉已经得到了十分广泛的应用。

在工业检测中的应用

目前，机器视觉已成功地应用于工业检测领域，大幅度地提高了产品的质量和可靠性，保证了生产的速度。例如产品包装，印刷质量的检测，饮料行业的容器质量、饮料填充、饮料瓶封口检测，木材厂木料检测，半导体集成块封装质量检测，卷钢质量检测，关键机械零件的工业 CT 等。在海关，应用 X 线和机器视觉技术的不开箱货物通关检验，大大提高了通关速度，节约了大量的人力和物力。在制药生产线上，机器视觉技术可以对药品包装进行检测，以确定是否装入正确数量的药粒。

在军事科技方面的应用

机器视觉在航空航天领域有着重要应用。除可对飞行器件

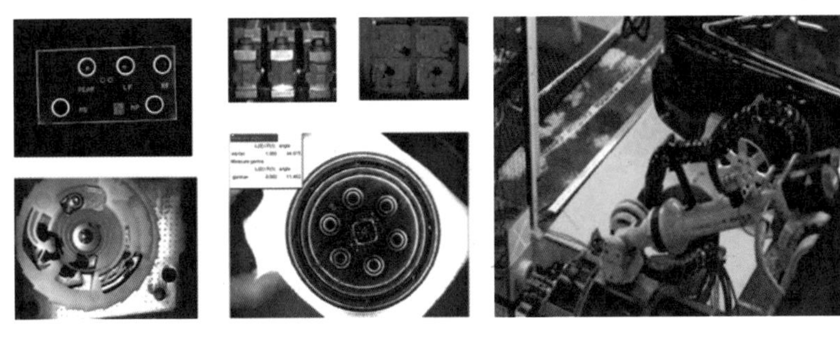

机器视觉在工业上的应用

进行检测、焊接外，机器视觉还可同时获取某一场景的两幅图像，以此恢复场景的三维信息，进而认识目标、识别道路以及判断障碍。自动导航装置将立体图像和运动信息进行组合，并与周围环境自主交互，已用于无人汽车、无人飞机、无人战车和 AGV 等。

机器视觉在军事科技上的应用

在农产品分选中的应用

我国是一个农业大国，农产品十分丰富，对农产品进行自动分级，实行优质优价，以产生更好的经济效益，其意义十分重大。如水果，根据颜色、形状、大小等特征参数分级；禽蛋，根据色泽、重量、形状、大小等外部特征分级；烟叶，根据其颜色、形状、纹理、面积等进行综合分级。此外，为了提高加工后农产品的品质，对水果的坏损部分、粮食中混杂的杂

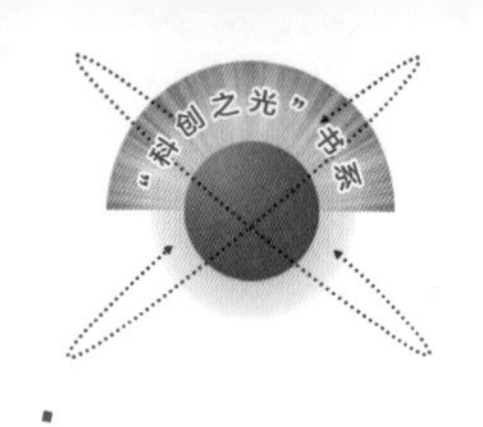

机器视觉在农业上的应用

质、烟叶茶叶中存在的异物等都可以机器视觉系统进行检测并准确去除。随着工厂化农业的快速发展，利用机器视觉技术对作物生长状况进行监测，实现科学浇灌和施肥，也是一种重要应用。

在机器人导航和视觉伺服系统中的应用

赋予机器人视觉是机器人研究的重要课题之一，其目的是要通过图像定位、图像理解，向机器人运动控制系统反馈目标或自身的状态与位置信息，使其具有在复杂、变化的环境中自适应的能力。例如机械手在一定范围内抓取和移动工件，摄像机利用动态图像识别与跟踪算法，跟踪被移动工件，始终保持其处于视野的正中位置。

机器视觉在机器人系统上的应用

在医学中的应用

在医学领域，机器视觉用于辅助医生进行医学影像的分析，主要利用数字图像处理技术、信息融合技术对 X 线透视图、核磁共振图像、CT 图像进行适当叠加，然后进行综合分析；还有对其他医学影像数据进行统计和分析，如利用数字图像的边缘提取与图像分割技术，自动完成细胞个数的计数或统计，这样不仅节省了人力，而且大大提高准确率和效率。

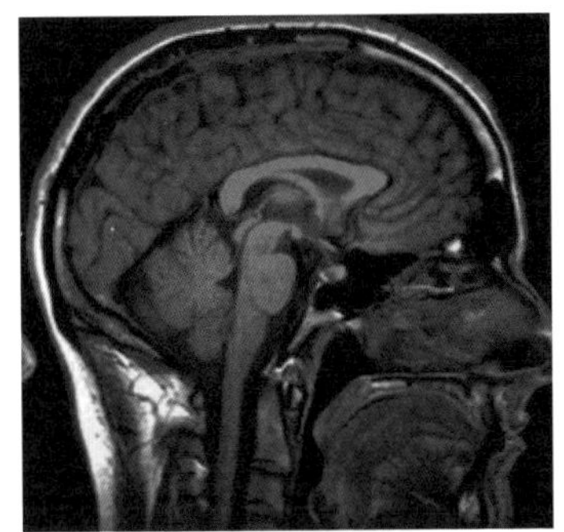
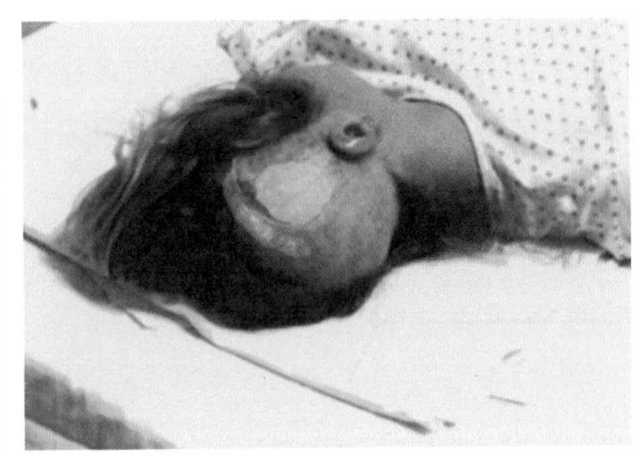

机器视觉在医学上的应用

其他方面的应用

在闭路电视监控系统中，机器视觉技术被用于增强图像质量，捕捉突发事件，监控复杂场景，鉴别身份，跟踪可疑目标等。它能大幅度地提高监控效率，减少危险事件发生的概率。在交通管理系统中，机器视觉技术被用于车辆识别、调度，向交通管理与指挥系统提供相关信息。在卫星遥感系统中，机器视觉技术被用于分析各种遥感图像，进行环境监测、地理测量，根据地形、地貌的图像和图形特征，对地面目标进行自动识别、理解和分类等。

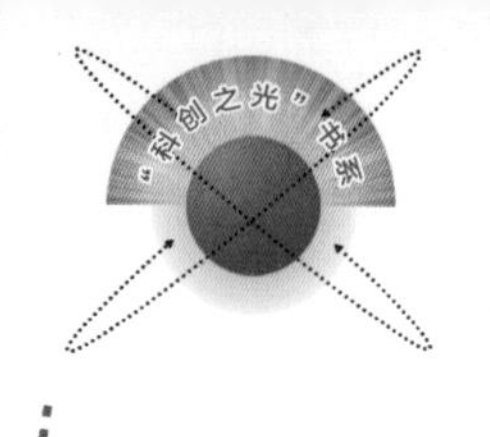

机器视觉在环境监测的应用

机器视觉涉及的硬件技术

机器视觉系统集成时，涉及多门技术，最基本的系统也需要照明、成像、图像数字化、图像处理算法、计算机软件硬件等，稍微复杂一点的系统还会用到机械设计、传感器、电子线路、PLC、运动控制、数据库、SPC，等等。要把这么多不同方面的技术和知识组合到系统里，使其相互完美配合并稳定地工作，对系统集成人员提出了很高的要求。

工业相机与工业镜头

这部分属于成像器件，通常的视觉系统都是由一套或者多套这样的成像系统组成，如果有多路相机，可能由图像卡切换来获取图像数据，也可能由同步控制同时获取多相机通道的数据。根据应用的需要相机可能是输出标准的单色视频（RS-170/CCIR）、复合信号（Y/C）、RGB 信号，也可能是非标准的逐行扫描信号、线扫描信号、高分辨率信号等。

光源

作为辅助成像器件，对成像质量的好坏往往能起到至关重要的作用，各种形状的 LED 灯、高频荧光灯、光纤卤素灯等都容易得到。

传感器

通常以光纤开关、接近开关等的形式出现，用以判断被测对象的位置和状态，告知图像传感器进行正确的采集。

图像采集卡

通常以插入卡的形式安装在 PC 中，图像采集卡的主要工作是把相机输出的图像输送给电脑主机。它将来自相机的模拟或数字信号转换成一定格式的图像数据流，同时它可以控制相机的一些参数，比如触发信号，曝光 / 积分时间，快门速度等。图像采集卡通常有不同的硬件结构以针对不同类型的相机，同时也有不同的总线形式，比如 PCI、PCI64、Compact PCI，PC104，ISA 等。

PC 平台

电脑是一个 PC 式视觉系统的核心，在这里完成图像数据的处理和绝大部分的控制逻辑，对于检测类型的应用，通常都需要较高频率的 CPU，这样可以减少处理的时间。同时，为了减少工业现场电磁、振动、灰尘、温度等的干扰，必须选择工业级的电脑。

视觉处理软件

机器视觉软件用来完成输入的图像数据的处理，然后通过一定的运算得出结果，这个输出的结果可能是 PASS/FAIL 信号、坐标位置、字符串等。常见的机器视觉软件以 C/C++ 图像库、ActiveX 控件、图形式编程环境等形式出现，可以是专用功能的

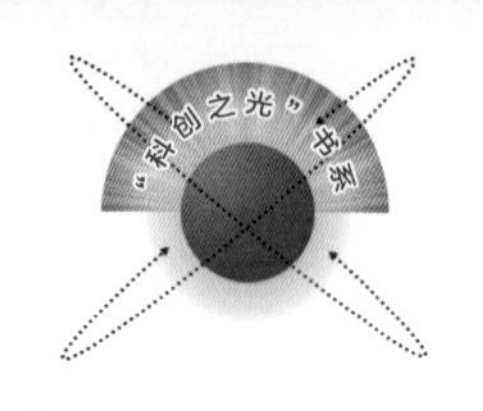

（比如仅仅用于 LCD 检测、BGA 检测、模版对准等），也可以是通用目的的（包括定位、测量、条码/字符识别、斑点检测等）。

控制单元

包含 I/O、运动控制、电平转化单元等。

一旦视觉软件完成图像分析（除非仅用于监控），紧接着需要和外部单元进行通信以完成对生产过程的控制。简单的控制可以直接利用部分图像采集卡自带的 I/O，相对复杂的逻辑/运动控制则必须依靠附加可编程逻辑控制单元/运动控制卡来实现必要的动作。

机器视觉涉及领域

计算机科学

机器视觉领域的突出特点是其多样性与不完善性。这一领域的先驱可追溯到更早的时候，但是直到 20 世纪 70 年代后期，当计算机的性能提高到足以处理诸如图像这样的大规模数据时，计算机视觉才得到了正式的关注和发展。然而这些发展往往起源于其他不同领域的需要，因而何谓“计算机视觉问题”始终没有得到正式定义，很自然，“机器视觉问题”应当被如何解决也没有成型的公式。

尽管如此，人们已开始掌握部分解决具体机器视觉任务的方法，可惜这些方法通常都仅适用于一群狭隘的目标（如：脸孔、指纹、文字等），因而无法被广泛地应用于不同场合。

对这些方法的应用通常作为某些解决复杂问题的大规模系统的一个组成部分（例如医学图像的处理，工业制造中的质量控制与测量）。在机器视觉的大多数实际应用当中，计算机被预设为解决特定的任务，然而基于机器学习的方法正日渐普及，一旦机器学习的研究进一步发展，未来“泛用型”的电脑视觉应用或许可以成真。

人工智能

人工智能所研究的一个主要问题是：如何让系统具备“计划”和“决策能力”？从而使之完成特定的技术动作（例如：移动一个机器人通过某种特定环境）。这一问题便与机器视觉问题息息相关。在这里，机器视觉系统作为一个感知器，为决策提供信息。另外一些研究方向包括模式识别和机器学习（这也隶属于人工智能领域，但与机器视觉有着重要联系），也由此，机器视觉时常被看作人工智能与计算机科学的一个分支。

物理学

物理是与机器视觉有着重要联系的另一领域。机器视觉关注的目标在于充分理解电磁波——主要是可见光与红外线部分——遇到物体表面被反射所形成的图像，而这一过程便是基于光学物理和固态物理，一些尖端的图像感知系统甚至会应用到量子力学理论，来解析影像所表示的真实世界。同时，物理学中的很多测量难题也可以通过机器视觉得到解决，例如流体运动。也由此，机器视觉同样可以被看作是物理学的拓展。

神经生物学

另一个具有重要意义的领域是神经生物学，尤其是其中生物视觉系统的部分。

在整个 20 世纪中，人类对各种动物的眼睛、神经元以及与视觉刺激相关的脑部组织都进行了广泛研究，这些研究得出了

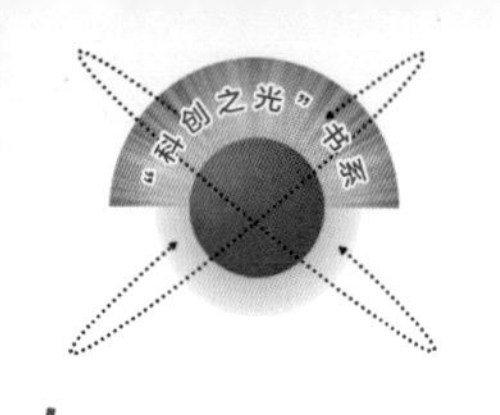

一些有关“天然的”视觉系统如何运作的描述（尽管仍略显粗略），这也形成了计算机视觉中的一个子领域——人们试图建立人工系统，使之在不同的复杂程度上模拟生物的视觉运作。同时机器视觉领域中，一些基于机器学习的方法也有参考部分生物机制。

信号处理

机器视觉的另一个相关领域是信号处理。很多有关单元变量信号的处理方法，尤其是对时变信号的处理，都可以很自然地被扩展为计算机视觉中对二元变量信号或者多元变量信号的处理方法。但由于图像数据的特有属性，很多机器视觉中发展起来的方法，在单元信号的处理方法中却找不到对应版本。这类方法的一个主要特征，便是它们的非线性以及图像信息的多维性，以上二点作为机器视觉的一部分，在信号处理学中形成了一个特殊的研究方向。

除了上面提到的领域，很多研究课题同样可被当作纯粹的数学问题。例如，机器视觉中的很多问题，其理论基础便是统计学，最优化理论以及几何学。

如何使既有方法通过各种软硬件实现，或说如何对这些方法加以修改，而使之获得合理的执行速度而又不损失足够精度，是现今机器视觉领域的主要课题。

总之，机器视觉是一门涉及人工智能、神经生物学、心理物理学、计算机科学、图像处理、模式识别等诸多领域的交叉学科。

小贴士

机器视觉涉及的学科领域十分广泛，如果想深入研究，读者可以从某一个方向着手，逐步深入地学习。例如，数学专业的读者可以从数据处理方面着手学习，电子类相关专业的读者可以从软硬件系统方面着手。若想学习机器视觉完整的系统构成，则需要花大量的时间学习各方面的知识，然后把它们融合在一起，就像一个公司的部门是由大大小小的负责不同模块的团队构成一样。

机器视觉发展历程和展望

机器视觉技术自起步发展至今已经有20多年的历史，其功能以及应用范围随着工业自动化的发展逐渐完善和推广。

20世纪50年代开始研究二维图像的统计模式识别。

20世纪60年代Roberts开始进行三维机器视觉的研究。

20世纪70年代中，MIT人工智能实验室正式开设“机器视觉”的课程。

20世纪80年代开始，开始了全球性的研究热潮，机器视觉获得了蓬勃发展，新概念、新理论不断涌现。

初级阶段为1990～1998年，期间真正的机器视觉系统市场销售额微乎其微。主要的国际机器视觉厂商还没有进入中国市场。1990年以前，仅仅在大学和研究所中有一些研究图像处理和模式识别的实验室。在20世纪90年代初，一些来自这些研究机构的工程师成立了他们自己的视觉公司，开发了第一代图像处理产品，人们能够做一些基本的图像处理和分析工作。尽管这些公司用视觉技术成功地解决了一些实际问题，例如多媒体处理、印刷品表面检测、车牌识别等，但由于产品本身软硬件方面的功能和可靠性还不够好，限制了其在工业应用中的发展潜力。另外，一个重要的因素是市场需求不大，工业界的很多工程师对机器视觉没有概念，另外很多企业也没有认识到质量控制的重要性。

第二阶段是1998～2002年，定义为机器视觉概念引入期。

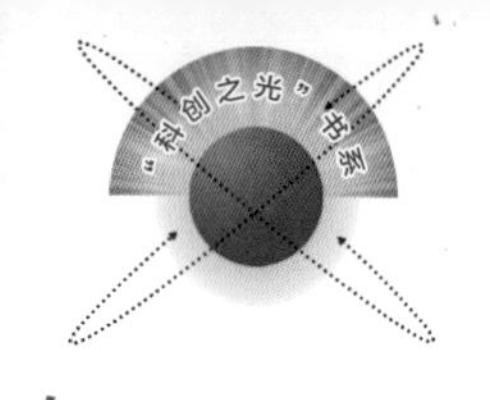

自从1998年，越来越多的电子和半导体工厂，包括中国香港和中国台湾投资的工厂，落户广东和上海。带有机器视觉的整套生产线和高级设备被引入中国内地。随着这股潮流，一些厂商和制造商开始希望发展自己的视觉检测设备，这是真正的机器视觉市场需求的开始。设备制造商或OEM厂商需要更多来自外部的技术开发支持和产品选型指导，一些自动化公司抓住了这个机遇，走了不同于上面提到的图像公司的发展道路——做国际机器视觉供应商的代理商和系统集成商。它们从美国和日本引入最先进的成熟产品，给终端用户提供专业培训咨询服务，有时也和它们的商业伙伴一起开发整套的视觉检测设备。经过长期市场开拓和培育，不仅仅是半导体和电子行业，而且在汽车、食品、饮料、包装等行业中，一些顶级厂商开始认识到机器视觉对提升产品品质的重要作用。在此阶段，许多著名视觉设备供应商，如：抗耐视、宝视纳、索尼等开始接触中国市场，寻求本地合作伙伴，但符合要求的本地合作伙伴寥若晨星。

第三阶段从2002年至今，我们称之为机器视觉发展期，从下面几点我们可以看到中国机器视觉的快速增长趋势：

（1）在各个行业，越来越多的客户开始寻求视觉检测方案，机器视觉可以解决精确的测量问题和更好地提高他们的产品质量，一些客户甚至建立了自己的视觉部门。

（2）越来越多的本地公司开始在其业务中引入机器视觉，一些是普通工控产品代理商，一些是自动化系统集成商，一些是新的视觉公司。虽然它们绝大多数尚没有充分的回报，但都一致认为机器视觉市场潜力很大。资深视觉工程师和实际项目经验的缺乏是它们面临的最主要的问题。

（3）一些有几年实际经验的公司逐渐给自己定位，以便更好的发展机器视觉业务。它们或者继续提高采集卡、图像软件开发能力，或者试图成为提供工业现场方案或视觉检查设备的领袖厂商。单纯的代理仍然是他们业务的一部分，但它们已经开始开发自己的技术或者诀窍，在元件和系统的层次上。

（4）经过几年寻找代理的过程，许多跨国公司开始在中国建立自己的分支机构。通常它们在北京、上海、广州、深圳等建立自己在中国的分支机构，来管理关键的客户以及向合作伙伴提供技术和商务支持。

总的来说，中国机器视觉市场处在一个迅速发展期。在不远的将来，我们可以看到来自不同领域的不同的商业模式和不同类型的公司。

机器视觉技术经过 20 多年的发展，已成为一门新兴的综合技术，在社会诸多领域得到广泛应用。大大提高了装备的智能化、自动化水平，提高了装备的使用效率、可靠性等性能。随着新技术、新理论在机器视觉系统中的应用，机器视觉将在国民经济的各个领域发挥更大的作用。

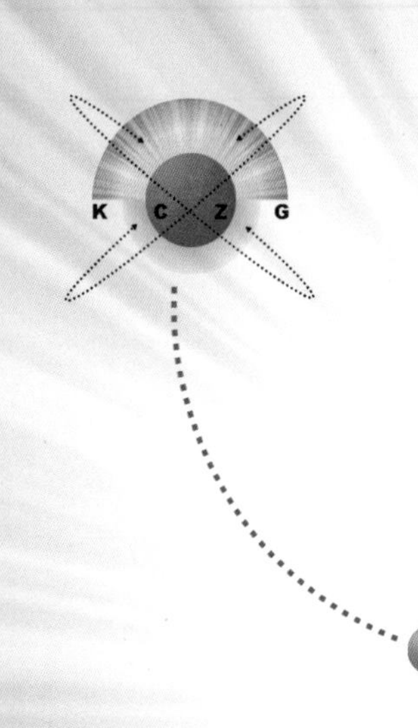

模式识别

——机器理解世界的法器

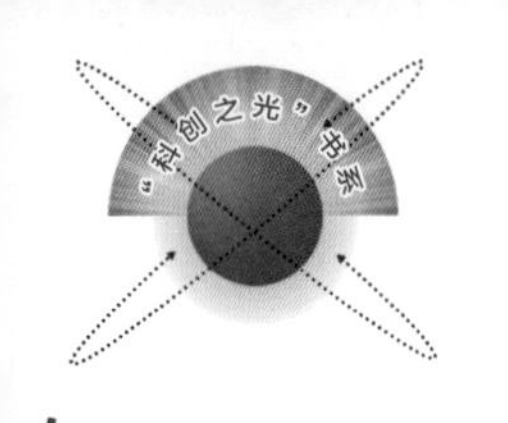

你是否曾想过这样的场面？未来的某一天，商场购物无需付款，所购商品自动记录在购物者账户下；坐火车，不用出示车票，站台闸机也会开闸放行；去银行办事，没有银行卡也能办理各种业务；坐在家中，所有的电器设备，通过声音就能开和关……这一切不是空谈，将来都能做到，其关键的技术就是模式识别（Pattern Recognition，PR）。

还记得那些遍布黑科技的大片吗？《速度与激情》中的超级程序"天眼"系统，可在全球范围内利用视音频，通过大数据和人脸识别等技术，短时间内把要找的人找出来。《变形金刚》中的主人公骗过了值班军人，却被军方的人脸识别技术发现。2014年翻拍版的《机械战警》中，机械战警第一次面对大众公开亮相，就在人群中不停地扫描所有人脸，同时将获取的人脸在通缉犯资料库中作比对，瞬间就发现看热闹的人群中有一个逃逸多年的通缉犯，并将其制服。《机械师2》中，5年前那个狂炫酷霸拽的顶级杀手亚瑟总是能让人拍手叫绝，他可以杀人于无形，抹去暗杀现场的所有蛛丝马迹，让每一场暗杀都像一场意外。五年后，已经隐退的亚瑟却被反派找到了，可以瞒天过海的机械师逃得过人眼，却拼不过技术。其他还有许多电影中，但凡是美国的机要部门，进门就要扫描各种生物特征，从早年电影中的指纹、虹膜，到现在的人脸。

此外，在电视节目"最强大脑"中，百度人工智能和人类选手通过分析照片中出现的幼年人脸，来识别出现场的成年人，并在30张共近千人脸的小学毕业照中鉴别主人公。在电视连续剧《人民的名义》第21集，剧中反贪局长侯亮平与京州市公安局局长赵东来一行在拳击场就陈海车祸案件进行探讨分析时，陈海在车祸前共接到两个举报电话，京州公安局将两个电话交由不同技术部门进行了两次鉴定，得出了两个举报人的声音并非是同一个举报人蔡成功。显然，声音的鉴定给公安机关提供了侦查案件的关键证据和调查方向。在十字路口，利用快速照相拍出汽车的照片，然后通过数据库分析，可识别出汽车的正确牌照，从而对闯红灯的司机进行处罚。

图案解锁、声纹解锁、面部解锁，在众多的个人安全解锁方式出现后，安全系数更高的虹膜识别也出现了。那么读者是否知道它的内在机理吗？无论是利用人脸识别技术识别面部特征，还是停车场的车牌识别，我们现今的生活几乎离不开模式识别，它和我们的日常生活息息相关。

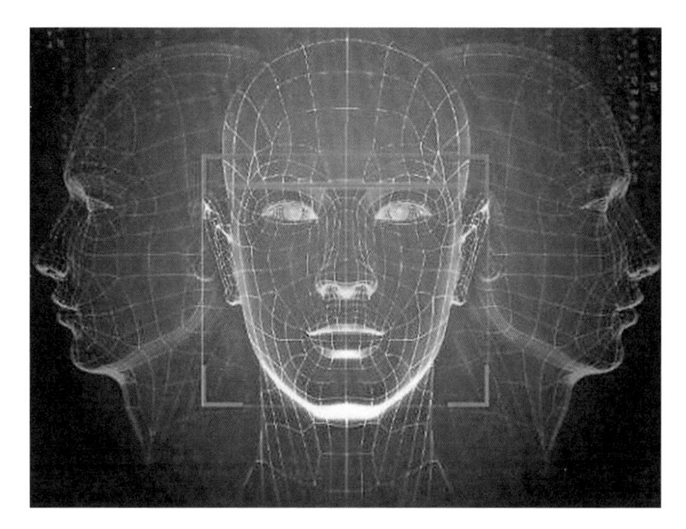

人脸识别技术识别面部特征

停车场的车牌识别

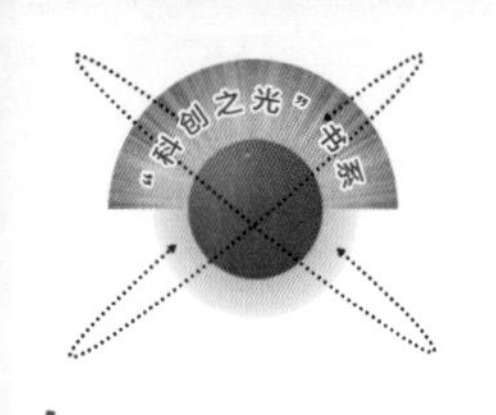

模式识别技术的兴起

模式识别是人类的一项基本智能。在日常生活中，人们经常在进行“模式识别”。随着20世纪40年代计算机的出现以及50年代人工智能的兴起，人们当然也希望能用计算机来代替或扩展人类的部分脑力劳动。（计算机）模式识别在20世纪60年代初迅速发展并成为一门新学科。

什么是模式识别？模式识别是指对表征事物或现象的各种形式（数值、文字和逻辑关系）的信息进行处理和分析，以对事物或现象进行描述、辨认、分类和解释的过程，是信息科学和人工智能的重要组成部分。

人们在观察事物或现象的时候，常常要寻找它与其他事物或现象的不同之处，并根据一定的目的把各个相似的但又不完全相同的事物或现象组成一类。字符识别就是一个典型的例子。例如数字“4”可以有各种写法，但都属于同一类别。更为重要的是，即使对于某种写法的“4”，以前虽未见过，也能把它分到“4”所属的这一类别。人脑的这种思维能力就构成了“模式”的概念。

简单来说，模式识别根本就是让电脑能够认识它周围的事物，使我们与电脑的沟通更加自然与方便。它包括字词识别（读）、语音识别（听）、语音合成（说）、自然语言理解与电脑图形识别。现在的电脑智能化还有待提高，如果模式识别技能能够得到充分发展并应用于电脑，那我们就能够很自然地与电脑进行沟通。在电脑开机或者关机时，也不需要记那些英语的命令就可以立接向电脑下命令。这也为智能机器人的研究给予了必要的条件，它使机器人能够像人一样与外面的世界进行沟通。

小贴士

在认知心理学的理解中，模式识别是指当人们把接收到的有

关客观事物或人的刺激信息，与他在大脑里已有的知识结构中有关单元的（图式）进行比较和匹配，从而辨认和确定该刺激信息意义的过程。我们通过模式识别，才能认识世界，才能辨别各个物体之间的差别，才能更好地生活。

典型的模式识别系统

一个典型的模式识别系统如下图所示，由数据获取、预处理、特征提取、分类决策及分类器设计五部分组成。一般分为上下两部分：上部分完成未知类别模式的分类；下半部分属于分类器设计的训练过程，利用样品进行训练，确定分类器的具体参数，完成分类器的设计。而分类决策在识别过程中起作用，对待识别的样品进行分类决策。模式识别系统组成单元功能如下。

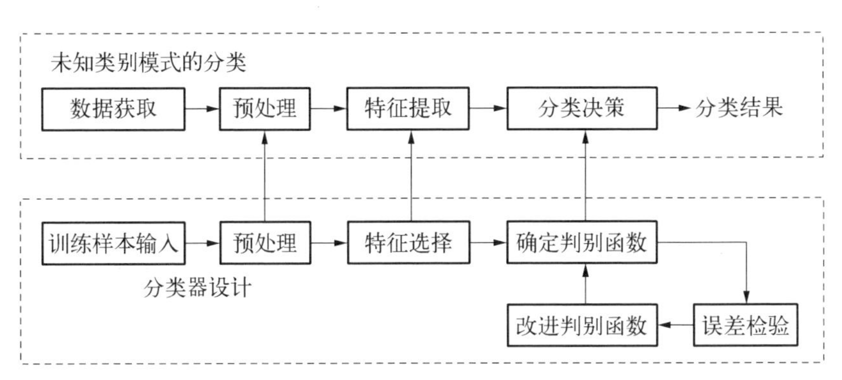

模式识别系统及识别过程

1. 数据获取

用计算机可以运算的符号来表示所研究的对象，一般获取的数据类型有以下几种。

（1）二维图像：文字、指纹、地图、照片等。

（2）一维波形：脑电图、心电图、季节震动波形等。

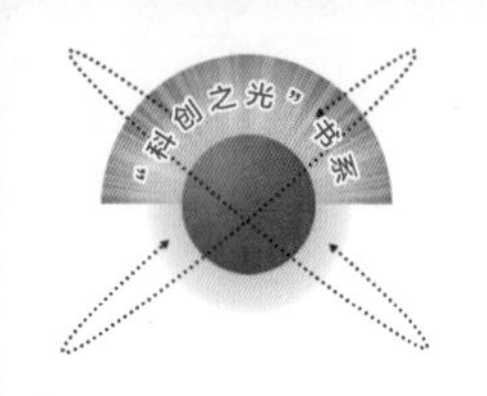

（3）物理参量和逻辑值：体温、化验数据、参量正常与否的描述。

2. 预处理

对输入测量仪器或其他因素所造成的退化现象进行复原、去噪声，提取有用信息。

3. 特征提取和选择

对原始数据进行变换，得到最能反映分类本质的特征。将维数较高的测量空间（原始数据组成的空间）转变为维数较低的特征空间（分类识别赖以进行的空间）。

4. 分类器设计

基本做法是在样品训练基础上确定判别函数，改进判别函数和误差检验。

5. 分类决策

在特征空间中用模式识别方法把被识别对象归为某一类别。

例如，一个简单的指纹识别系统及识别过程，见下图。人的手掌及其手指、脚、脚趾内侧表面的皮肤凹凸不平产生的纹路会形成各种各样的图案。而这些皮肤的纹路在图案、断点和交叉点上各不相同，是唯一的。依靠这种唯一性，就可以将一个人与他的指纹对应起来，通过比较他的指纹和预先保存的指纹进行比

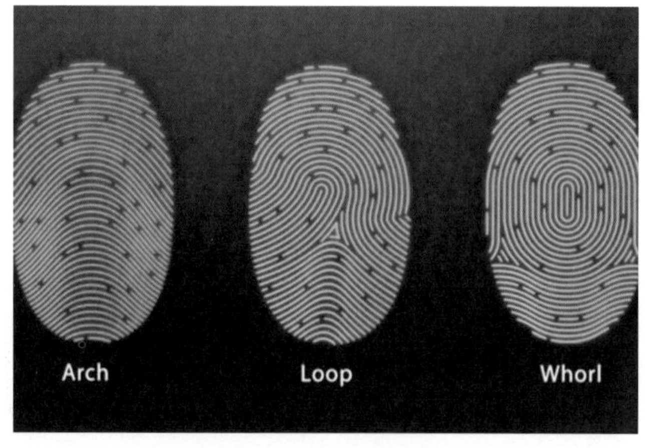

三个不同的指纹类型

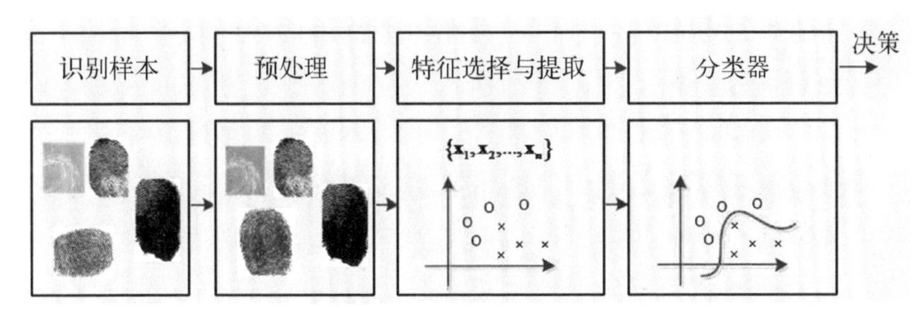

指纹识别系统及识别过程

对，便可以验证他的真实身份。一般的指纹分成有以下几个大的类别：环型（Loop），螺旋型（Whorl），弓型（Arch），这样就可以将每个人的指纹分别归类，进行检索。指纹识别基本上可分成预处理、特征选择和模式分类几个大的步骤。

应用天地

模式识别技术是人工智能的基础技术，21世纪是智能化、信息化、计算化、网络化的世纪，在这个以数字计算为特征的世纪里，作为人工智能技术基础学科的模式识别技术，必将获得巨大的发展空间。在国际上，各大权威研究机构，各大公司都纷纷开始将模式识别技术作为公司的战略研发重点加以重视。

文字识别

汉字已有数千年的历史，也是世界上使用人数最多的文字，对于中华民族灿烂文化的形成和发展有着不可磨灭的功勋。所以在信息技术与计算机技术日益普及的今天，如何将汉字方便、快速地输入计算机中已成为影响人机接口效率的一个重要瓶颈，也关系到计算机能否真正在我国得到普及的应用。目前，汉字输入

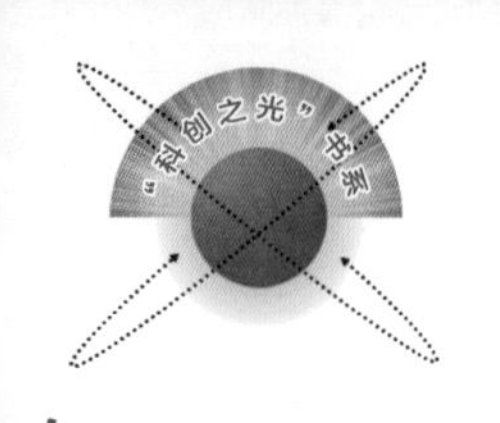

主要分为人工键盘输入和机器自动识别输入两种。其中人工键入速度慢而且劳动强度大；自动输入又分为汉字识别输入与语音识别输入。从识别技术的难度来说，手写体识别的难度高于印刷体识别，而在手写体识别中，脱机手写体的难度又远远超过了联机手写体识别。电脑使用者可以利用文字扫描直接把图片中的文字拷贝下，这依赖的也是字符的识别。在超市买东西，收银员会对条码进行扫描确定价格，那也是属于字符识别。相信随着模式识别技术的成熟，脱机手写体识别将会成为现实。光学字符识别（Optical Character Recognition，简称 OCR）是指电子设备（例如扫描仪或数码相机）检查纸上打印的字符，通过检测暗、亮的模式确定其形状，然后用字符识别方法将形状翻译成计算机文字的过程。

OCR 文字识别

生物认证

“生物识别”技术可理解为对脸、声音、签名、虹膜、指纹、手掌或其他特征（如 DNA 等）进行识别的技术，被广泛应用到交通运输、物流和边境检查等各个领域。语音识别技术所涉及的领域包括：信号处理、模式识别、概率论和信息论、发声机理和听觉机理、人工智能等。例如，利用语音识别技术，控制电灯的开关等。脸形识别主要是指通过对指纹和脸形的分析，从而识别出正确的人脸，做出正确的决定。脸形识别，包括比对和捕捉，需要从一堆移动着的影像中，识别出哪里是人相。并且把人相分离出来，再进行脸形成像。脸形识别在日常生活中几乎处处都存在，如今很多企业利用人脸进行日常考勤。这样可以正确地了解职工的实际上下班时间，而且最重要的是可以防止有人替代考勤的现象发生。

语音识别技术控制电灯的开关

利用人脸识别进行日常考勤

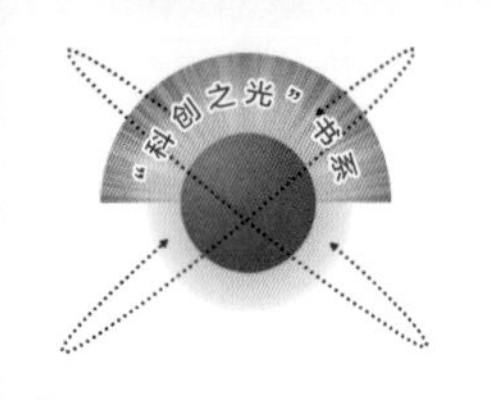

遥感图像

遥感图像就是传感器获得地物反射的电磁波信息，经过处理得到的图片。由于地物的物质构成、几何尺寸、表观等不同，这就造成与不同波长电磁波的相互作用也不同，这种相互作用体现在被反射、散射的电磁波中，继而被传感器探测到，正是基于此才能用遥感图像识别地物。比如“古斯塔夫”飓风到达美国新奥尔良市前，气象学家们就根据气象卫星给出的气象云图预测飓风有可能加强成为 5 级的世纪飓风，于是美国政府提前要求新奥尔良市的居民撤离，减少可能造成的人员伤亡。遥感图像识别已广泛用于农作物估产、资源勘察、气象预报和军事侦察等方面，如下图所示。

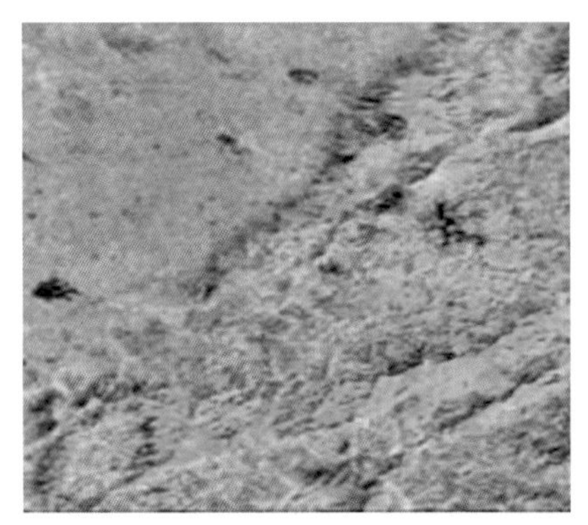
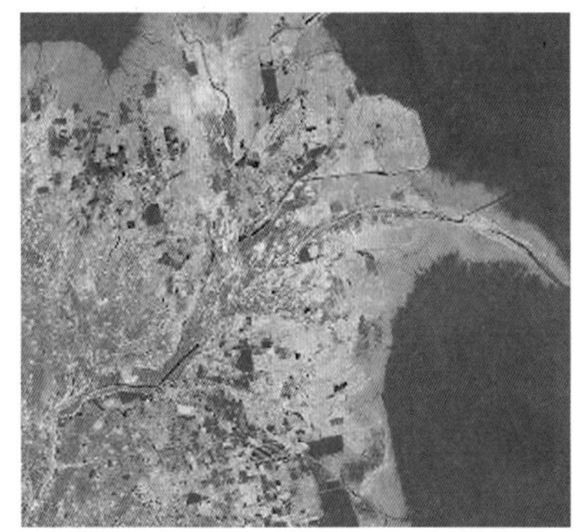

某地区资源勘测遥感图

医疗诊断

医疗诊断主要包括对心电图、脑电图、染色体和癌细胞的识别，从而进行疾病诊断。当患者向医生讲述自己心脏不舒服时，医生往往会让患者去做心电图。医生为什么要让患者做心电图，医生又是如何通过心电图来诊断疾病的？其实那是因为心电图可以显示出一个人的身体电位变化情况。医生只要将患者的心电图与正常人的心电图加以比较，从两者对比中，就可以识别出差异的地方。而这差异的地方往往就很有可能由某种疾病引起，从而加以诊断。所以，现今模式识别在医院中的应用非常广泛，已经成为医疗诊断中必不可少的一种手段。相信随着科学的发展，医院的仪器设备会更先进，识别的准确性会更高。在癌细胞检测、X线照片分析、血液化验、染色体分析、心电图诊断和脑电图诊断等方面，模式识别已取得了成效。

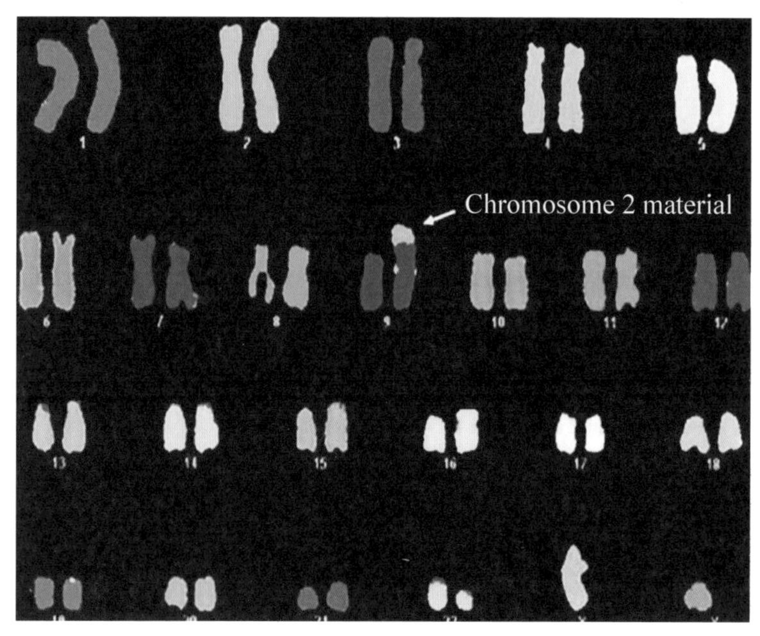

染色体模式图进行自动识别

人脸、声纹和虹膜识别谁更胜一筹

近年来，人脸识别已较为成熟，且应用增速最快，声纹识别目前仍面临挑战，但其优势也较为明显，虹膜识别正在崛起，部分也已取得了不错的成果。在各项生物识别技术中，哪种识别技术更胜一筹？

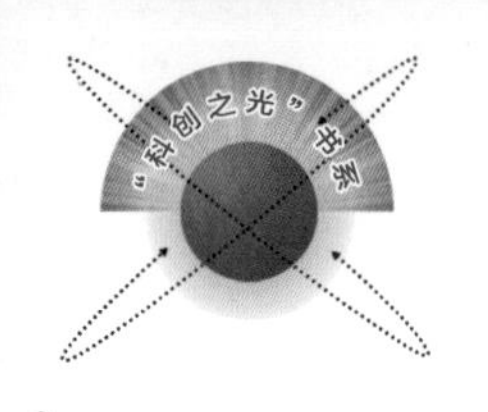

人脸识别——相对成熟将持续扩大

婚姻登记时，一些身份证照与本人容貌相差较大、户口本信息与口述不符，都会导致登记员不能准确核验，给工作带来不便。比如，浙江温州永嘉县启用了全省首个人脸识别自证系统办理婚姻登记业务。据悉，共有 8 套人脸识别系统分别安置在 8 个婚姻登记窗口，并已正式投入使用。该系统通过二代身份证的照片与人脸扫描照进行自动精确对比，有效辨别人证是否一致，给身份辨别提供了极大保障。

1. 人脸识别到底是什么

曾开发出世界第一人脸识别算法的格灵深瞳首席技术官邓亚峰表示："对比指纹验证、虹膜识别、DNA 验证等生物识别技术，人脸识别更加易用。普通摄像头即可作为采集人脸信息的传感器，且用户不需要接触设备，使得这项技术更易于被接受，推广前景十分乐观。"

人脸识别，是基于人的脸部特征信息进行身份识别的一种生物识别技术。用摄像机或摄像头采集含有人脸的图像或视频流，并自动在图像中检测和跟踪人脸，进而对检测到的人脸进行脸部的一系列相关技术处理，通常也叫做人像识别、面部识别。

人脸识别，是视觉模式识别的一个细分问题，也大概是最难解决的一个问题。其实我们每时每刻都在进行视觉模式识别，我们通过眼睛获得视觉信息，这些信息经过大脑的处理被识别为有意义的概念。于是我们知道了放在我们面前的是水杯、书本，还是什么别的东西。

我们也无时无刻不在进行人脸识别，我们每天生活中遇到无数的人，从中认出哪些熟人，和他们打招呼，打交道，忽略其他的陌生人。

然而这项看似简单的任务，对机器来说却并不那么容易实现。

对计算机来讲，一幅图像信息，无论是静态的图片，还是动态视频中的一帧，都是一个由众多像素点组成的矩阵。比如一个1080 p的数字图像，是一个由1980×108个像素点组成矩阵，每个像素点，如果是8 bit的RGB格式，则是3个取值在0～255的数。

机器需要在这些数据中，找出某一部分数据代表了何种概念：哪一部分数据是水杯，哪一部分是书本，哪一部分是人脸，这是视觉模式识别中的粗分类问题。

而人脸识别，需要在所有机器认为是人脸的那部分数据中，区分这个人脸属于谁，这是个细分类问题。

2. 人脸可以分为多少类

取决与所处理问题的人脸库大小，人脸库中有多少目标人脸，就需要机器进行相应数量的细分类。如果想要机器认出每个他看到的人，则这世界上有多少人，人脸就可以分为多少类，而这些类别之间的区别是非常细微的。由此可见人脸识别问题的难度。

更不要提，这件事还要受到光照，角度，人脸部的装饰物等各种因素的影响。这也不难解释为什么人脸识别技术目前还没有大量应用在日常生活中。

3. 人脸识别需要哪些步骤

人脸识别技术说起来并不复杂，前端设备负责人脸捕捉和证件信息读取，将读取到的信息上传至云端服务器等处理系统进行比对，服务器再将比对结果反馈给前端设备显示。这一过程大致分三步：第一步是人脸检测，从图片中提供的大量信息（如花、草、狗、人）中定义出人脸的部分；第二步是人脸分析，在人脸中辨别眼睛、嘴、鼻子等不同区域的轮廓；第三步是人脸识别——这也是技术含量最高的部分，系统要把人脸上的各种特征变成一串相量（好比一串数字），通过相量与相量的比较，来判定是否是同一张人脸。所以你可以大致想象一下，作一张图的人脸检测，计算机需要作多少次二分类判断。

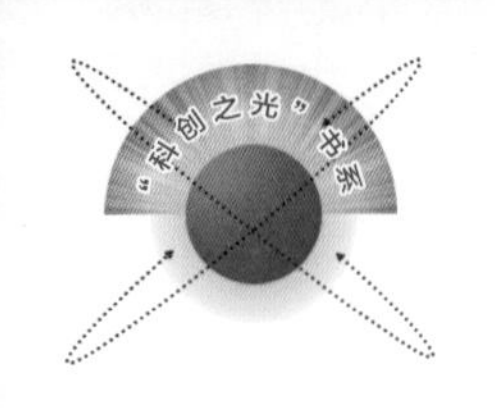

人脸检测步骤从一张图中获得人脸的位置和大小，并将该部分图像送给后续步骤，包括：人脸部件点定位，人脸图像的对齐和归一化，人脸图像质量选取，特征提取，特征比对。所有步骤完成后，才能得知该人脸的身份。

4. 1v1 人脸验证与 1vN 人脸检查的区别

比如使用门卡，这是一种 1v1 的身份验证，如下图所示。计算机可以通过门卡在后台中获取门卡所有者的人脸样本，将其与当前使用门卡人的人脸图像进行对比，以确认当前使用门卡的人与门卡的所有者是否匹配，如此可以避免捡到你门卡的人轻松混入公司。这种应用目前已经大量使用，比如敏感设施的准入，互联网金融领域的远程开户及大额提款的身份验证等。

1v1 门卡身份认证

本章开始时提到的《机械战警》中的情节，则是 1vN 的人脸查找。机械战警可以联机查找一个保存了所有通缉犯数据的人脸库，每次他遇到一个人，都会先获取该人的人脸信息，用所获得信息去通缉犯数据库中去逐个比对，如果发现匹配度足够高的，就当场抓捕。每次人脸识别，计算机要作 n 次人脸比对，n 为待识别库中的人脸模板数。

5. 人脸识别存在的困难

目前，人脸识别技术主要应用在金融、安防及其周边领域，未来则有望普及到日常生活的各个方面。不过，很多人担忧人脸识别的准确度和抗风险能力。例如，化妆、整容后是否还能被识别？在人脸识别“三步曲”的第三步中，有一个重要的技术叫关键点抓取，即通过面部的许多采样点进行整体取样，因此化妆的影响几乎可以忽略不计。但整容却从根本上改变了人的相貌，人脸识别对此无能为力，这就需要指纹、虹膜等其他生物识别技术。而对于盗用脸部图片企图“蒙混过关”的行为，人脸识别系统也有不同的对策，比如凭借一段视频而不是单个照片进行识别、人脸识别与其他身份验证模式共用等。当然，风险与安全都是相对的，即便是普及度更高的指纹识别技术，也有造假的风险，但因其便利性依然在日常生活中被广泛应用。

声纹识别——机遇与挑战并存

2016年的网红，借变声器发布短视频的papi酱备受关注，作为美貌和智慧并存的奇女子，papi酱的火爆程度让其他网红无法望其项背。不过，2017年我们要说的可不是papi酱，而是她的变声器。或许大家还记得papi酱在2016年进行的首次直播，并没有用变声器，而直播效果也因此有所影响。究竟变声器有多神奇？经过变声器的声音，是否还具有监控侦察价值？

1. 声纹识别让“变声”打回原形

变声器软件在网络KTV、游戏、语音聊天等领域被广泛使用，它不仅从声音上听起来不同，就连性别、年龄等各种声音都能模仿，粗爷们也能变成美娇娘，成为娱乐和恶搞的工具。但也有人通过变声软件进行不法行为，如通过变声进行电话诈骗、绑匪通话使用变声软件等。那么通过变声器变声的声音还能被识别吗？

其实，变声器改变了语音的物理属性，并非改变了所有鉴

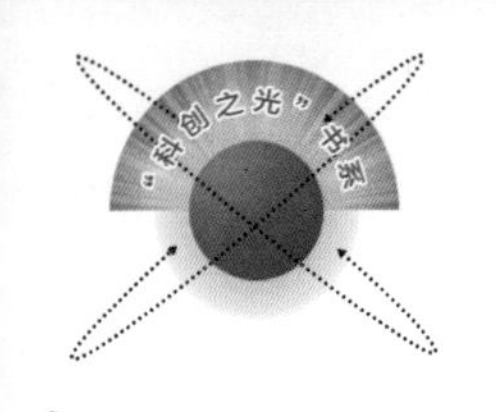

定意义上的声学特征。变声器既然是经过一定设定改变了的“检材”，那么用相同设定来改变“样本”即可。目前，声纹识别技术通过人工智能技术，将计算机难以认知的“高级声纹特征”，如方言口音、习惯用语、赘语、言语缺陷、韵律特征等一一分辨。

2. 声纹识别到底是什么

众所周知，每个人发音讲话都是通过鼻腔、口舌、声道、胸肺几大器官多重配合的结果，不同人声音的频率、音色、语调甚至口音等特质组成了独特的声纹图谱，包含音质、音长、音强、音高等，通过对这些特征的比对，从而能够实现身份的认证。

声纹识别的过程就是通过录音设备把声音信号转换成电信号，再用信号处理算法提取以上特征，然后使用机器学习算法来识别说话人的身份。这种技术最早在 20 世纪 40 年代末由贝尔实验室开发，主要用于战争时期军事情报领域，技术要求很高，随着科技的发展目前已经开始逐渐被应用到了案件侦查以及金融等商业应用。

声纹识别（Voiceprint Recognition，VPR），也称为说话人识别（Speaker Recognition），它有两类，即说话人辨认（Speaker Identification）和说话人确认（Speaker Verification）。前者用以判断某段语音是若干人中的哪一个所说的，是“多选一”问题；而后者用以确认某段语音是否是指定的某个人所说的，是“一对一判别”问题。不同的任务和应用会使用不同的声纹识别技术，如缩小刑侦范围时可能需要辨认技术，而银行交易时则需要确认技术。不管是辨认还是确认，都需要先对说话人的声纹进行建模，这就是所谓的“训练”或“学习”过程。

3. 1v1 验证和 1vN 辨识

在《人民的名义》剧情中，公安刑侦人员通过分析两段电话录音中的音素，比对两段音频中共同音素的频谱，判断两个音素是否来自同一人。通常来说，如果两段音频存在 20 个匹配的特征点，那就可以推断是同一人的声音，反之则是不同人的声音。

这是声纹身份验证应用中的1v1比对方式”，它的目的是确认语音是否来自某个人，也就是说话人的确认。

此外，在声纹领域还有一种方式是通过1vN的方式来进行声纹对比，它是将一个人的声音与现有声纹数据库中的声纹数据进行对比，进而找出最有可能的说话人，简单来说就是判断语音是哪个人说的，也被称为说话人辨认。这种方式在重点人群监控、犯罪嫌疑人排查以及案件司法证据鉴定方面广泛运用。

在实际身份认证应用中，声纹识别技术对说话人进行“1v1验证”和“1vN辨识”，解决“这是张三的声音吗”和“这是张三的声音，还是李四、王五的声音”的问题，如下图所示。并可根据企业需求，提供声纹自由说、动态数字密码、开放文本密码、固定文本密码等多种识别模式，辅助企业对用户身份进行认证。

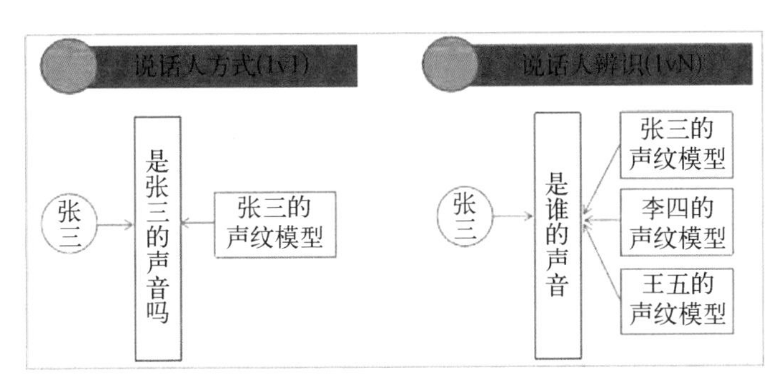

1v1 和 1v N 声纹识别

4. 声纹识别的机遇与挑战

如何建立声纹库和声级特征：从理论上讲，声纹的获取是极其容易的，但这仅仅是针对国家相关机构，如目前声纹库最全的公安机关。对企业而言，所有的声纹数据都需要其自行采集，这是一件相当具有难度的任务。另外，在数据不全面的情形之下，声纹特征的提取和建立也就受到了阻碍，从而就难以训练声纹识别的机器学习算法，以提高识别的准确率。

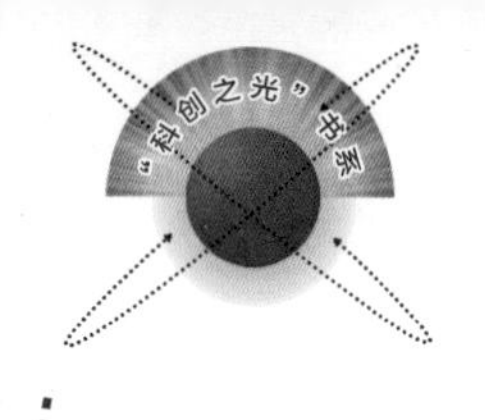

如何降低内外环境对于声纹的影响：目前，人们对声纹识别的要求已经不仅仅满足于静态检测，更多的是动态检测。在外部环境中，首先，声音是通过录音设备进行采集的，不同型号的录音设备对语音都会造成一定程度上的畸变，同时由于背景环境和传输信道等的差异，对语音信息也会造成不同程度的损伤。这些情况的出现为声纹识别增添了不少的问题。比如外部环境的影响，哪怕是如今发展较为完善、已经实现落地的语音识别技术，降噪以及去混响方面也依然是其运行中的一大难题。

虹膜识别——为时过早

人类一直有一个关于“精准身份识别”的梦想，人脸、指纹、声纹、虹膜这些不可替代的生物体特征陆续被技术所用。指纹识别、人脸识别的准确度受到质疑的时候，不得不提到虹膜识别。虹膜识别，可能是一项更具有安全性的技术。

1. 什么是虹膜识别

虹膜扫描主要是通过扫描人的眼睛进行身份识别，传统的虹膜扫描需要使用专门的仪器，进行虹膜识别需要四个步骤，分为虹膜图像获取、图像预处理、特征提取以及特征匹配。

人的眼睛结构由巩膜、虹膜、瞳孔晶状体、视网膜等部分组成。虹膜是位于黑色瞳孔和白色巩膜之间的圆环状部分，其包含有很多相互交错的斑点、细丝、冠状、条纹、隐窝等细节特征，如下图所示。而且虹膜在胎儿发育阶段形成后，在整个生命历程中将是保持不变的。这些特征决定了虹膜特征的唯一性，同时也决定了身份识别的唯一性。

小贴士

虹膜在你的一生中都会保持不变，不会出现如指纹磨损、面容变化导致设备拒绝识别的情况。也就是说，每个人的虹膜纹理

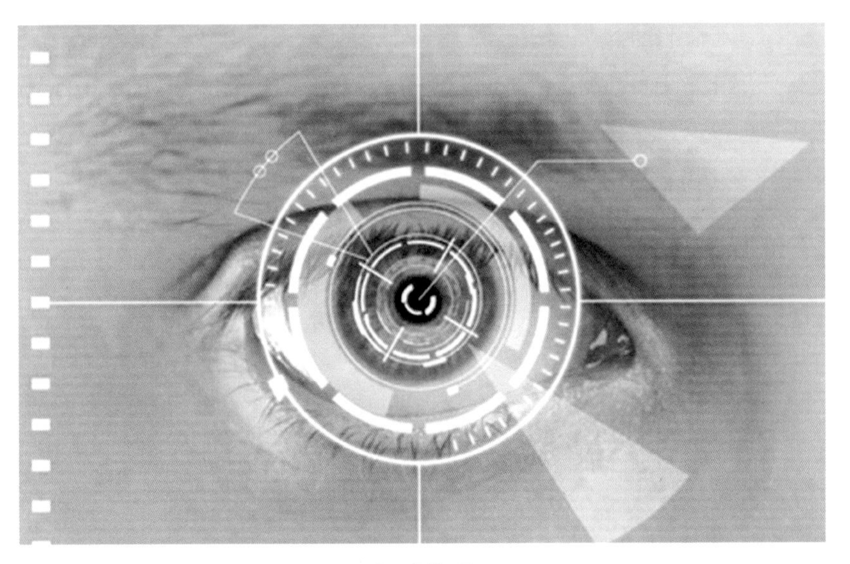

虹膜纹理

都是有唯一性的，甚至同一个人的左右眼虹膜纹理数据都不会完全一样。鉴于虹膜信息的复杂性，研究称虹膜扫描的准确性是指纹扫描器的 1 万倍，是脸部识别的 10 万倍。

2. 虹膜识别优点和缺点

优点突出：不需要进行直接接触；无法复制、唯一性；设备无需维护，效率高；识别速度快。但缺点也显而易见：造价高，推广难；镜头产生图像畸变的概率大，造成取样可靠性降低；需要软硬件相结合；需要在规定距离内。

3. 虹膜识别的安全性

一个虹膜约有 266 个量化特征点，而一般的生物识别技术只有 13～60 个特征点。266 个量化特征点的虹膜识别算法在众多虹膜识别技术资料中都有讲述，在算法和人类眼部特征允许的情况下，算法可获得 173 个二进制自由度的独立特征点。在生物识别技术中，这个特征点的数量是相当大的。从而在安全性上有很大保障。

而且当一个人死亡后，瞳孔会自然放大，从而造成虹膜消

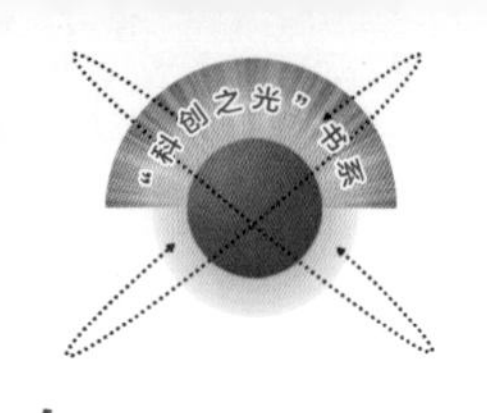

失，所以只有活体才能够使用虹膜识别，而且由于虹膜是生物特征，在照片或者视频上是不能解锁的。

虽然目前虹膜识别技术还在发展，但是表现出来的安全性比指纹识别可靠许多，理论上来说，只有DNA才能超过它。在人体生物特征识别领域，认假率是十分重要的指标，它的数值越低，就代表识别越精确，也就越能减少出错的可能性。虹膜识别的认假率为1/1 500 000。而从唯一性来说，当人到两岁以后，人类眼睛的虹膜就几乎不会再发生变化，所以将虹膜作为“密码”有着更好的“长期安全性”。而对于虹膜识别的手机来说，安全性也远比指纹识别的手机更高。

除了这三种较为热门的技术，苹果还关注了心率识别技术等。据报道，美国专利和商标局宣布了这项新专利。这项专利名为“基于体积描记术的用户身份识别系统”，它能够通过利用脉搏血氧计识别出使用者的生物特征。据了解，这项功能与iPhone和iPad上使用的Touch ID指纹识别功能类似，未来可能会成为Apple Watch的专属解锁功能。而一旦该系统投入使用，将在很大程度上颠覆苹果的可穿戴设备。苹果在2016年5月第一次对这项专利进行申请，并声称Daniel J.Culbert为发明者。

生物识别技术的应用是多样化的，同时还有许多潜力市场的存在，而在判断一种生物识别方式是否可行，尤其是在和其他识别方式来进行对比时，我们常常要考虑它的独特性、丰富度和稳定性。未来生物识别市场究竟谁主沉浮，静观其变！

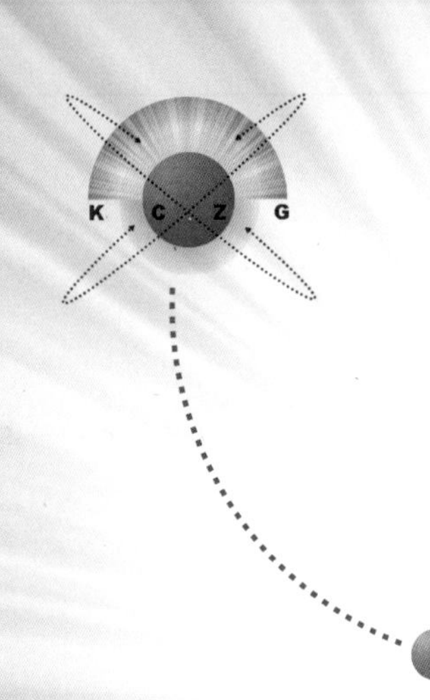

人工神经网络

——让机器像人一样认知

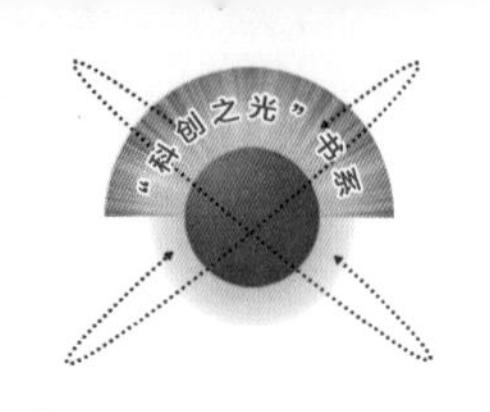

2017 年伊始，一则新闻成了大家讨论的热点，一个注册名为 Master 的棋手在多家网络平台接连挑战 50 余名世界网络棋手，一名棋手因掉线而和棋，除此之外，包括柯洁在内的中日韩三国最强棋手都败下阵来。

正在人们猜测 Master 的真实身份的时候，Master 宣布自己其实就是 AlphaGo，而代为执子的就是 AlphaGo 团队的黄博士！人工智能再次成为人们讨论的热点。

事实上，在模拟人脑逻辑思维方面，这已经不是第一次电脑超过人脑了。早在 1996 年，国际象棋世界冠军加里 · 卡斯帕罗夫与美国 IBM 公司开发的“深蓝”计算机进行了 6 局对弈，并且最终以 4∶2 的优势击败了每秒能分析 1 亿步的计算机对手。但一年以后，当卡斯帕罗夫再次与分析能力达每秒 2 亿步的“深蓝”交战时，却以 2.5∶3.5 的比分落败。

不可否认，现代计算机的计算速度不是人脑所能比拟的，尤其对于那些特征明确、运算规则清楚的问题。但在解决骑车、打球等涉及联想或者经验的问题时，却显得十分笨拙。而人脑可以从中体会那些只可意会不可言传的直觉与经验，可以根据实际情况灵活掌握问题的规则，从而轻而易举地完成此类任务。

我们如何使得“笨拙”的机器能够像人一样“灵活“呢？聪明的人类就仿照生物神经网络来模拟建立了人工神经网络。生物神经网络与人工神经网络（Artificial neural network，ANN）对比图如下图所示：

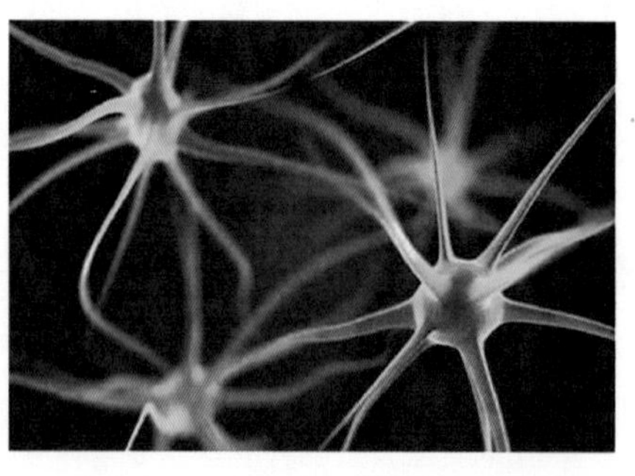
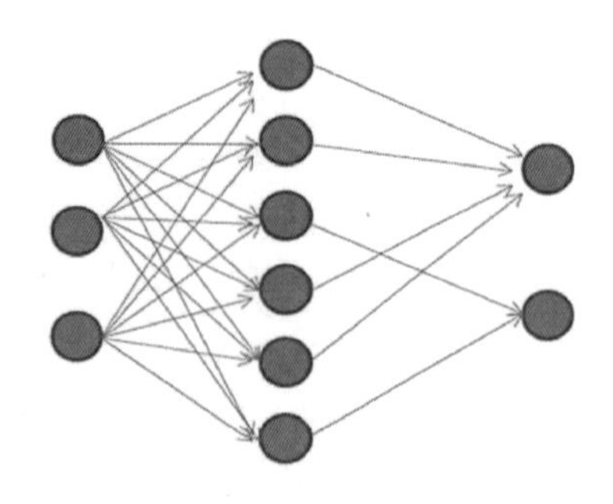

生物神经网络和人工神经网络对比图

生物神经网络

在正式的介绍人工神经网络之前，我们先来看下生物神经网络。

神经元，又称神经细胞，是构成神经系统结构和功能的基本单位。神经元是具有长突触（轴突）的细胞，它由细胞体和细胞突起构成。神经元的胞体形态各异，常见的形态为星形、锥体形、梨形和圆球形状等，其功能也有差异。但从其结构来看，各神经元是有共性的。典型神经元的基本结构图如下图所示。

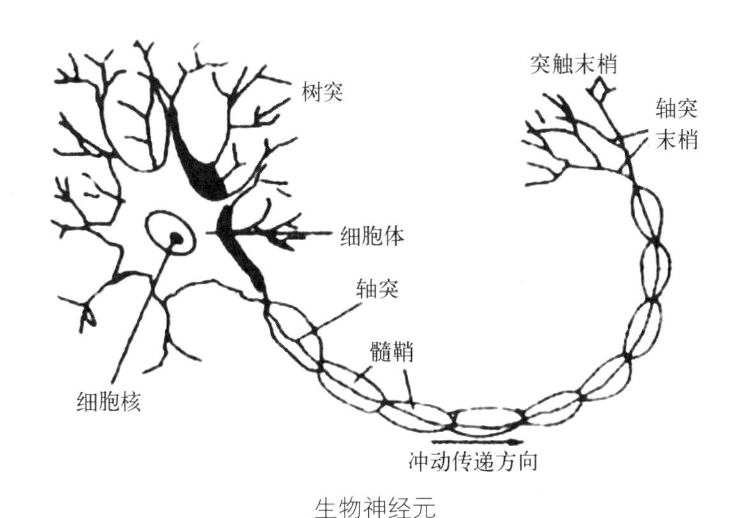

生物神经元

神经元在结构上由细胞体、树突、轴突构成。

神经细胞利用电—化学过程交换信号。输入信号来自另一些神经细胞。这些神经细胞的轴突末梢（也就是终端）和本神经细胞的树突相遇形成突触（synapse），信号就从树突上的突触进入本细胞。信号在大脑中实际怎样传输是一个相当复杂的过程，但就我们而言，重要的是把它看成和现代的计算机一样，利用一系列的 0 和 1 来进行操作。就是说，大脑的神经细胞也只有两种状态：兴奋（fire）和不兴奋（即抑制）。发射信

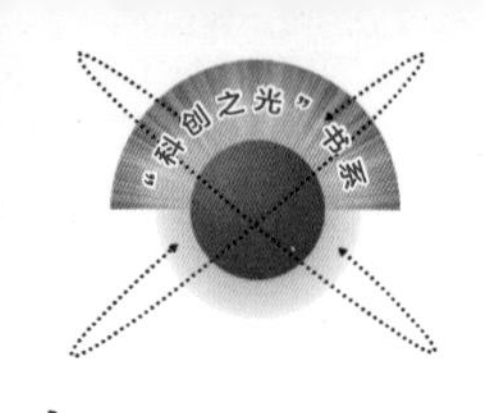

号的强度不变，变化的仅仅是频率。神经细胞利用一种我们还不知道的方法，把所有从树突上突触进来的信号进行相加，如果全部信号的总和超过某个阈值，就会激发神经细胞进入兴奋（fire）状态，这时就会有一个电信号通过轴突发送出去给其他神经细胞。如果信号总和没有达到阈值，神经细胞就不会兴奋起来。正是由于数量巨大的连接，使得大脑具备难以置信的能力。尽管每一个神经细胞仅仅工作于大约 100 Hz 的频率，但因各个神经细胞都以独立处理单元的形式并行工作着，使人类的大脑具有以下这些非常明显的特点。

第一，能实现无监督的学习。有关我们的大脑难以置信的事实之一，就是它们能够自己进行学习，而不需要导师的监督教导。如果一个神经细胞在一段时间内受到高频率的刺激，则它和输入信号的神经细胞之间的连接强度就会按某种过程改变，使得该神经细胞下一次受到激励时更容易兴奋。与此相反的是，如果一个神经细胞在一段时间内不受到激励，那么它的连接的有效性就会慢慢地衰减。这一现象就称可塑性（plasticity）。

第二，对损伤有冗余性（tolerance）。大脑即使有很大一部分受到了损伤，它仍然能够执行复杂的工作。一个著名的试验就是训练老鼠在一个迷宫中行走。然后，科学家们将其大脑一部分一部分地、越来越大地加以切除。他们发现，即使老鼠的很大的一部分大脑被切除后，它们仍然能在迷宫中找到行走路径。这一事实证明了，在大脑中，知识并不是保存在一个局部地方。另外所做的一些试验则表明，如果大脑的一小部分受到损伤，则神经细胞能把损伤的连接重新生长出来。

第三，处理信息的效率极高。神经细胞之间电-化学信号的传递，与一台数字计算机中 CPU 的数据传输相比，速度是非常慢的，但因神经细胞采用了并行的工作方式，使得大脑能够同时处理大量的数据。例如，大脑视觉皮层在处理通过我们的视网膜输入的一幅图像信号时，大约只要 100 ms 的时间就能完成。考虑到你的神经细胞的平均工作频率只有 100 Hz，100 ms 的时间就意味只能完成 10 个计算步骤！想一想通过我们眼睛的数据量有多大，你就可以看到这真是一个难以置信的伟大工程了。

第四，善于归纳推广。大脑和数字计算机不同，它极擅长的事情之一就是模式识别，并能根据已熟悉信息进行归纳推广。例如，我们能够阅读他人所写的手稿上的文字，即使我们以前从来没见过他所写的东西。

最后，它是有意识的。意识是神经学家和人工智能的研究者广泛而又热烈地在辩论的一个话题。有关这一论题已有大量的文献出版了，但对于意识实际究竟是什么，至今尚未取得实质性的统一看法。我们甚至不能同意只有人类才有意识，或者包括动物王国中人类的近亲在内才有意识。一头猩猩有意识吗？你的猫有意识吗？上星期晚餐中被你吃掉的那条鱼有意识吗？

因此，一个人工神经网络就是要在当代数字计算机现有规模的约束下，来模拟这种大量的并行性，并在实现这一工作时，使它能显示许多和生物学大脑相类似的特性。

神经网络的发展历史

神经网络的发展历史其实谈不上悠久，而且它的发展过程可以说是跌跌撞撞，在曲折中前进的。下面我们就来看一看神经网络的发展历程。

1943 年，一名叫 W.S. 麦克库洛克（W.S.McCulloch）的心理学家和一名叫皮茨（W.Pitts）数理逻辑学家建立了神经网络和数学模型，我们把他叫做 M-P 模型，这是第一个用数理语言描述脑的信息处理过程的模型，虽然神经元的功能比较弱，但它激发了大家对人类智力探索的热情，也为以后的研究工作提供了依据。1949 年，另一名心理学家赫布（D.O.Hebb）提出了神经元的学习法则，即著名的 Hebb 法则。简单来说，这个法则认为人脑神经细胞的突触上的强度上是可以变化的。此外，这一法则被认为是

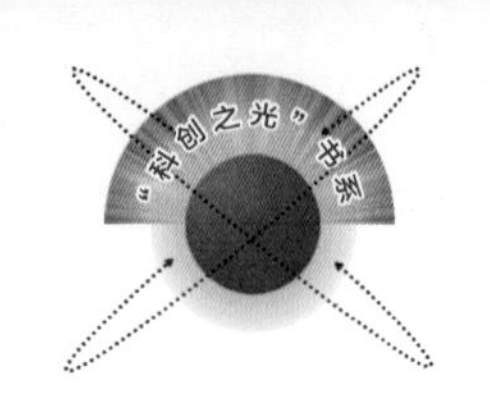

用神经网络进行模式识别和记忆的基础。这为以后神经网络的发展奠定了基础。

1957 年，计算机科学家罗森·布拉特（Rosen blatt）提出了由两层神经元组成的神经网络，并给它起了一个很特别的名字——"感知器"（Perceptron），这就是著名的感知器模型。这个模型包含了是第一个完整的人工神经网络，也是第一次把神经网络研究付诸工程实现。人们认为这就是人类智能的奥秘，于是许多科学家和科研机构纷纷投入对神经网络的研究中。这其中还有美国军方的身影。美国军方甚至认为神经网络工程应当比"原子弹工程"更重要而给予巨额资助。当然，它最终也在声纳信号识别等领域取得一定成绩。这段时间持续到 1969 年，并被看作人工神经网络的研究工作的第一个高潮。

人工神经网络第一个高潮期间，人们的研究热情高涨，好像在开垦新大陆，却对感知器本身的限制认识不足。1969 年，美国著名人工智能巨擘明斯基指出，感知器只能做简单的线性分类任务，并在同年出版了一本叫做《感知》(*Perceptron*) 的书，从理论上证明单层感知机的能力有限，很多问题都无法解决。这好像一瓢冷水，使很多学者丧失热情而纷纷改行，原先参与研究的实验室也纷纷退出，在这之后近十年，神经网络研究进入了一个缓慢发展的萧条期。但这期间，也有一部分科学家坚持不懈，取得了不错的研究成果，并对以后的神经网络的发展产生了重要影响。

20 世纪 80 年代，美国生物物理学家霍普菲尔德（J.J. Hopfield）于 1982 年、1984 年在美国科学院院刊发表的两篇文章，有力地推动了神经网络的研究，引起了神经网络研究的又一次热潮。

1982 年，他提出了一个新的神经网络模型——Hopfield 网络模型。1984 年，他又提出了网络模型实现的电子电路，为神经网络的工程实现指明了方向，他的研究成果开拓了神经网络用于联想记忆的优化计算的新途径，并为神经计算机研究奠定了基础。

同样在 1984 年，赫顿（Hinton）等人提出了 Boltzmann 机网络模型，BM 网络算法为神经网络优化计算提供了一个有效的方法。

时间到了 1986 年，鲁梅哈特（Rumelhart）和麦克莱兰（McCelland）领导的科学家小组提出了误差反向传播算法，成为至今为止影响很大的一种网络学习方法。这个算法有效地解决了两层神经网络所需要的复杂计算量问题，从而带动了使用两层神经网络研究的热潮。我们看到的大部分神经网络的教材，都是在着重介绍两层（带一个隐藏层）神经网络的内容。尽管早期对于神经网络的研究受到了生物学的很大的启发，但从 BP 算法开始，研究者们更多是从数学上寻求问题的最优解，不再盲目模拟人脑网络。这是神经网络研究走向成熟的里程碑的标志。

到了 20 世纪 90 年代，由 V. 阿帕尼克（Vapnik）等人提出了支持向量机算法（Support Vector Machines，支持向量机）。这种算法在很多方面体现出了对比神经网络的巨大优势，很快打败了神经网络算法成为那个时期的主流。而神经网络的研究则再次陷入了“冰河期”。

但不得不提的是，在神经网络算法被摒弃的十个年头里面，有几个学者仍然在坚持研究。21 世纪，神经网络技术能够取得突破，这些人功不可没。这其中很重要的一个人就是加拿大多伦多大学的杰芙瑞 · 赫顿（Geoffery Hinton）教授。2006 年，他在著名的《科学》*Science* 杂志上发表了论文，首次提出了“深度信念网络”的概念。“深度信念网络”有一个“预训练”（pre-training）的过程。他的方法大幅度减少了训练多层神经网络的时间。在他的文章里，他给多层神经网络相关的学习方法赋予了一个新名词——“深度学习”。

很快，深度学习在语音识别领域崭露头角。接着在 2012 年，深度学习技术又在图像识别领域大展拳脚。Hinton 与他的学生在竞赛中，用多层的卷积神经网络成功地对包含 1 000 个类别的 100 万张图片进行了训练，夺取了比赛的第一名，并且远超第二

名。这个结果充分证明了多层神经网络识别效果的优越性。从那时起，神经网络的发展又进入了新的黄金时期。与此同时人工智能也因其发展而被推向又一个高峰。

分类器的实现

神经网络有什么用途呢？如果放到简单概念上，神经网络可以理解成帮助我们实现分类的一个分类器。对于绝大多数人工智能需求其实都可以简化成分类需求。更准确地说，就是绝大多数与智能有关的问题，都可以归结为分类的问题。

例如，识别一封邮件，可以告诉我们这是垃圾邮件或者是正常的邮件；或者进行疾病诊断，将检查报告输入进去实现疾病的判断。所以，分类器就是神经网络重要的应用场景。

究竟什么是分类器，以及分类器能用什么方式实现这个功能？简单来说，将一个数据输入给分类器，分类器将结果输出。下面我们举一个水果识别的例子。我非常喜欢吃香蕉，当我看到一个新的香蕉时，我想知道它是不是好吃，是不是成熟，我鉴别的依据是很多年来我品尝过的许许多多的香蕉，通过色泽、气味或其他的因素加以判断。这样判断过程在深度学习和神经网络里面，我们就称之为训练过的分类器。这个分类器建立完成之后，就可以帮助我们识别食入的每个香蕉是不是成熟好吃。

利用神经网络构建分类器，这个神经网络的结构是怎样的呢？

其实这个结构非常简单，下图即为简单神经网络的示意图。神经网络本质上就是一种"有向图"。图中的每个节点就是我们前面所介绍"神经元"。连接神经元的具有指向性的连线（有向弧）则被看作是"神经"。图上神经元并不是最重要的，最重要的是连接神经元的神经。每个神经部分有指向性，每一个神经元会指向下一层的节点。节点是分层的，每个节点指向上一层节点。同层节点没有连接，并且不能越过上一层节点。每个弧上有一个值，我们通常称之为“权重”。通过权重就可以有一个公式计算出它们所指的节点的值。这个权重值是多少？我们是通过训练得出结果。它们的初始赋值往往通过一个随机数开始，然后训练得到的最逼近真实值的结果作为模型，并可以被反复使用。这个结果就是我们说的训练过的分类器。

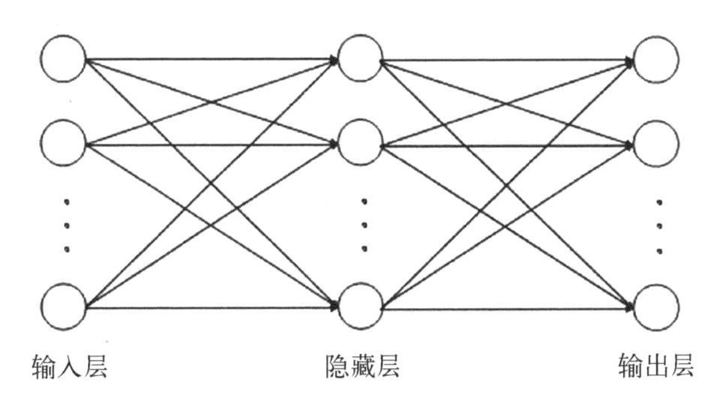

神经网络示意图

节点分成输入节点和输出节点，中间称为隐层。简单来说，我们有数据输入项，中间不同的多个层次的神经网络层次，就是我们说的隐层。之所以这样称呼，因为对我们来讲这些层次是不可见的。输出结果也被称作输出节点，输出节点是有限的数量，输入节点也是有限数量，隐层是我们可以设计的模型部分，这就是最简单的神经网络概念。

下面我们对之前的内容再作个梳理。左边是输入节点，我们看到有若干输入项，这可能代表不同香蕉的三原色颜色值、味道或者其他输入进来的数据项。中间隐层就是我们设计出来的神经网络，这个网络现在有不同的层次，层次之间权重是我们不断训练获得一个结果。最后输出的结果，保存在输出节点里面，每一次像一个流向一样，神经是有一个指向的，通过不同层进行不同的计算。在隐层当中，每一个节点输入的结果计算之后作为下一

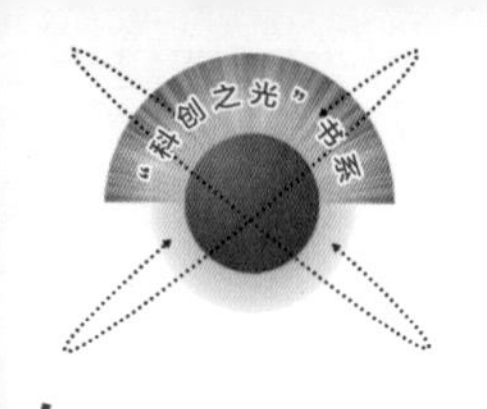

层的输入项，最终结果会保存在输出节点上，输出值最接近我们的分类，得到某一个值，就被分成某一类。这就是使用神经网络的简单概述。

用神经网络识别英文字母

我们来看一个有趣的应用，用神经网络识别 26 个英文字母。

在对字母进行识别之前，首先必须将字母进行预处理，将待识别的 26 个字母中的每一个字母都通过横向的 5 个方格，竖向的 7 个方格的形式进行数字化处理，其有数据的位置设为 1，其他位置设为 0。反过来看，我们将每个字母所有为 1 的方格连起来就可以得到这个字母。如下图所示给出了字母 A、B 和 C 的数字化形式。我们将所有内容是 1 方格连起来，就能得到字母 A、B、C。

0	0	1	0	0
0	1	0	1	0
0	1	0	1	0
1	0	0	0	1
1	1	1	1	1
1	0	0	0	1
1	0	0	0	1
A				

1	1	1	1	0
1	0	0	0	1
1	0	0	0	1
1	1	1	1	0
1	0	0	0	1
1	0	0	0	1
1	1	1	1	0
B				

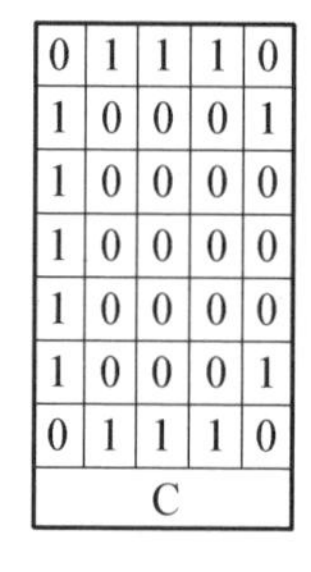

0	1	1	1	0
1	0	0	0	1
1	0	0	0	0
1	0	0	0	0
1	0	0	0	0
1	0	0	0	1
0	1	1	1	0
C				

字母方格图

另外，我们将表示字母的方格内的数字从第一行开始按从左到右的形式组合起来形成一个量，那么每个字母都有一个特有的由 35 个数字组成的量。例如字母 A 的量可以表示为：

A=［00100010100101010001111111000110001］

进行神经网络设计的首要任务就是网络结构的确定，一般情况下，网络结构的设计包括：输入输出神经元个数、隐含层个数、隐含层中神经元数目。

1. 输入层神经元个数

输入层神经元个数是根据待识别字符的方格个数确定的。在这个例子中，要识别的字母是横 5 竖 7 组成的网格，一共是 35 个数字，所以输入层的神经元个数应该是 35 个。

2. 输出层神经元个数

我们所要识别的字母一共是 26 个，如果按照之前介绍的，我们也可以把他理解为一个分类。本设计是对 26 个英文字母进行识别，故输出层应该为 26 个神经元。

3. 隐含层中神经元数目

在给大家确定隐含层神经元数目之前，首先要注意一点，就是我们这里隐含层的数目是一层。其实，大多数情况下隐含层都只设一层，因为这样已经可以达到我们的要求，而且计算量相对于多个隐含层小很多。

在实际设计中，确定隐含层神经元个数与输入层和输出层个数都相关，根据前面输入和输出神经元的个数本例中隐含层神经元个数可以确定为 31 个。

下面就要开始训练神经网络了，这是使神经网络变“聪明”的过程，我们在训练的时候就是用我们前面所说的每个字母特有的量，同时还要做一些改动，比如字母 A 原来的表示是：

A=［00100010100101010001111111000110001］

现在，我们把方格中的一位或者几位做一下变动，比如将第一行第一个和最后一行最后一个改一下，A 就变成了：

A=［10100010100101010001111111000110000］

这有什么好处呢？打个比方，大家平时写字的时候免不了会写错字，这少一横，那少一撇的。但你如果错得不太离谱，拿给另一个人去看，他还是能认出这是哪个字。那么，我们如何让人工神经元也拥有这种能力呢？对了，就是在训练的时候加入一些

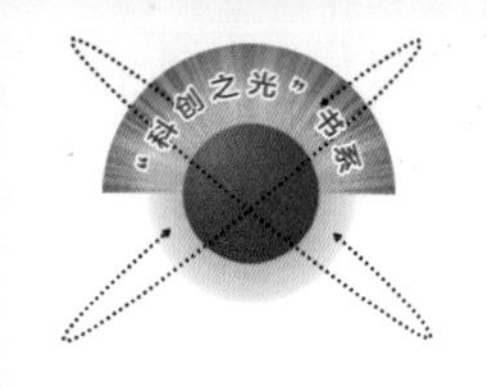

"错字"。

训练完神经网络之后，我们可以用另外一些字母检验效果了：

对字母 A、B、W 进行识别，识别结果如下图所示，左侧就是做了改动的字母，右侧为成功识别的字母。

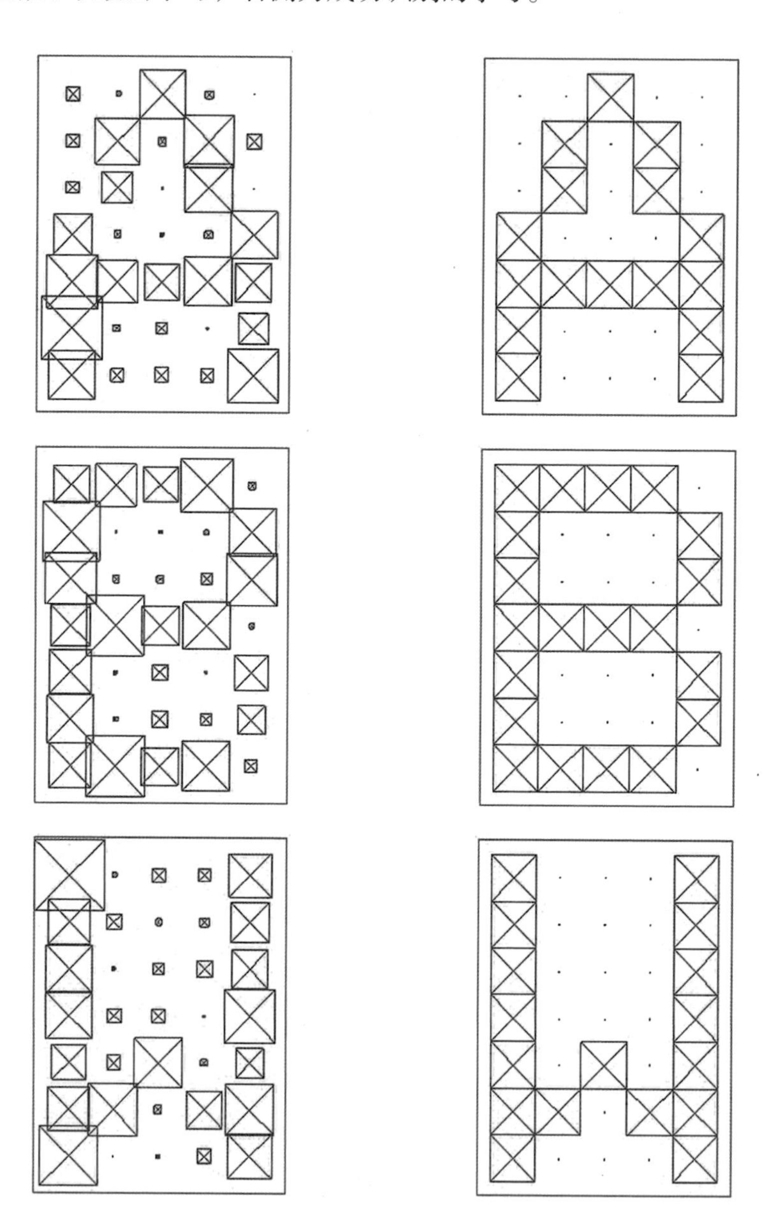

字母 A、B、W 识别结果

通过上图可以看出，我们已经成功地完成了任务，神经网络已经可以识别字母了。

如果我们在训练时对表示字母的特定量加大改动，就能在一定程度上提高神经网络的认知能力，当然这要有个度，加大改动是在一定范围内的。比如，我们在训练时，在训练样本中加入一部分改动了 7 位的字母特定量，然后用训练好的神经网络对所有 26 个字母进行识别，结果如下图所示，第一、三、五行是在方格中部分数字做了改动的字母，第二、四、六行是识别的结果。

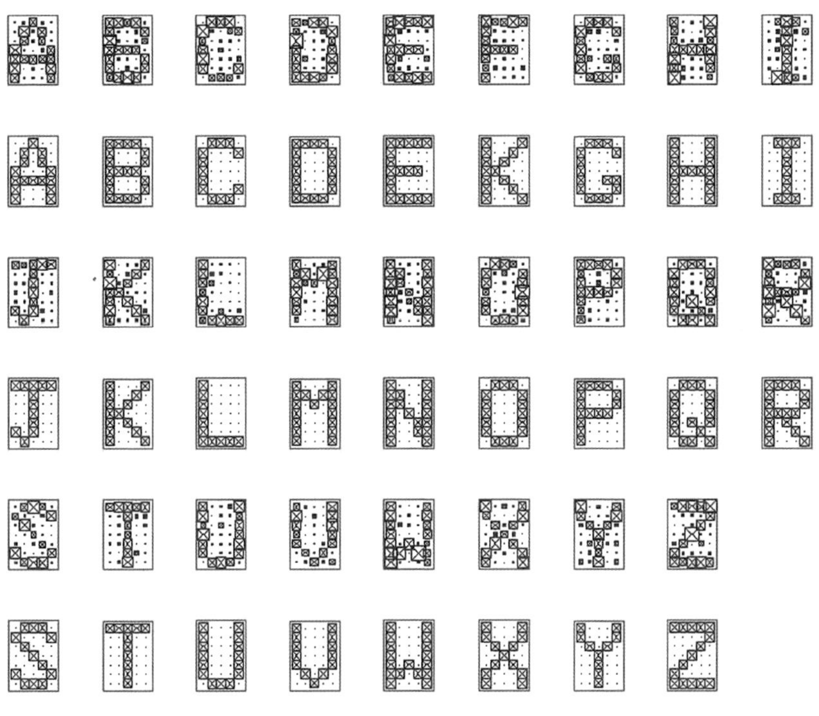

26 个字母识别结果

通过以上例子可以看出，经过改动加大的特定量的训练，人工神经网络模型能够识别“错误”更加离谱的字母，认知能力得到了增强。

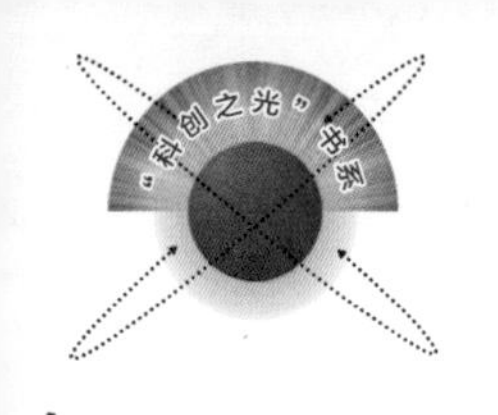

神经网络的应用

近年来，神经网络理论的逐渐成熟，计算机等各方面技术也不断突破和发展，这为神经网络在人工智能领域的应用提供了相当有利的条件，也取得了很多很好的成果。比如，语音识别技术。所谓语音识别说的通俗一点就是“机器的耳朵”。通过这项技术，机器就能听懂人类在说什么，这是人工智能发展的重要一步。

其实，从20世纪开始有关语音识别的研究一直在进行，技术也不限于神经网络技术。很多方法包括神经网络都对语音识别的发展做出了很大的贡献。但是，直到近些年，语音识别技术取得关键性突破，使其走出实验室，走向大众。这里面，神经网络技术功不可没。通过前面的介绍，大家应该知道，进入21世纪之后，人工神经网络领域接连发生了一些关键性的技术突破，深度神经网络（Deep Neural Network，DNN）就是这样一种对传统人工神经网络的重大改进，它对于语音识别的意义在哪里呢？按照科学家的看法，人脑的认知过程是一个深度多层复杂的过程，每深入一层就多一层抽象。而人类大脑处理语音的过程，则毫无疑问是最为复杂的认知过程之一。神经网络中的多层感知机就试图模拟人类大脑神经多层传递处理问题的过程，但通常多层感知机一般也不过3层而已。2006年，Hinton提出了神经网络的深度学习算法，使得至少具有7层的神经网络的训练成为可能，这就是所谓的深度神经网络（DNN）。深度神经网络正是由于能够比较好地模拟人脑神经元多层深度传递的过程，因而它在解决一些复杂问题的时候有着非常明显的突破性的表现。尤其是图形计算器（GPU）能力的突飞猛进使得DNN令人生畏的计算复杂度不再成为问题，所以一些走得比较快的语音厂商已经急不可待地将DNN作为其提高语音服务质量的杀手锏了。

2011 年 8 月，微软亚洲研究院在其学术论文中强调，它们在基于人工神经网络的大词汇量语音识别研究中取得了重大突破。微软宣称，它们的研究人员通过引入 DNN 使得在特定语料库上的语音识别准确率得到了大幅提高，性能的相对改善约为 30%。如果说微软关于 DNN 的技术突破还只是停留在实验室里和学术论文上，那么接下来的突破则已经直接发生在商业系统中了。2012 年的 12 月底，百度发布了以公司名字命名的百度语音助手，与此同时百度声称，其已经将 DNN 应用到其语音助手背后的语音识别服务中了。这是国内第一个宣称将 DNN 应用于在线语音识别服务的案例。由于百度的语音服务一推出就带了 DNN，缺乏纵向比较，因此无从得知 DNN 为其语音服务带来的性能提升到底有多少。但仅仅在百度发布语音助手两周之后，国内另一家新成立的语音公司云知声的公有语音云服务后台也进行了升级，这次它们用基于 DNN 的模型替代了原有的模型。据云知声官方声称，在本次升级后，语音识别错误率降低了 30% 之多，而且识别速度也得到大幅提高。搜狗语音助手的后台语音识别服务正是云知声所提供的，所以搜狗语音助手的重口音用户可能会发现，语音助手仿佛听得更准了，而且反应似乎更快了。这大幅改善了用户体验，也从侧面也印证了 DNN 技术对语音识别性能提升的确有很大作用。

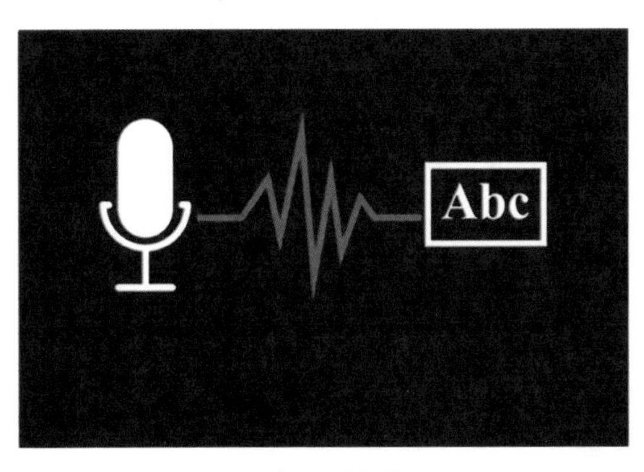

语音识别界面

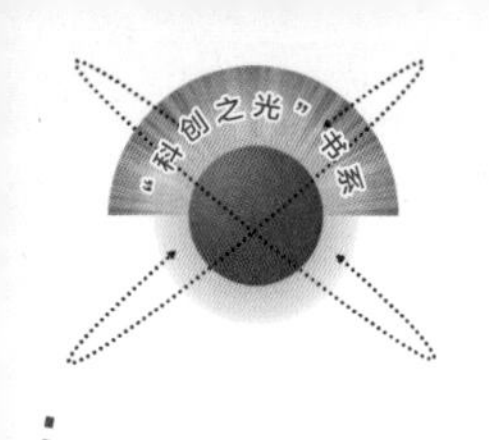

神经网络与人工智能

亚里士多德曾说过，如果机器能干很多活，岂不能让人类解放出来。《星球大战》《黑客帝国》《人工智能》等科幻电影，激发了一代又一代科学家，前仆后继地投入人工智能的研究中，也激发了企业家将其应用于人类生活的热情。神经网络到底和人工智能有什么关系呀？

人工智能的发展，就在起起伏伏、寒冬与新潮、失望与希望之间行走。神经网络作为人工智能非常重要的一个方面，也在很大程度上伴随着人工智能的兴衰而进入高潮和低谷。甚至在一定程度上可以这样说，神经网络和人工智能像一对好兄弟一样，形影不离，相互影响。

回顾神经网络的发展历程，自从人工智能巨擘明斯基指出了感知机的缺陷后，神经网络陷入寒冬。随之而来的，人工智能的研究也不被大家看好，之前良好乐观的氛围转而变得沉闷，人工智能也进入了低谷。果然是一对难兄难弟！不过，话说回来，人工智能之所以进入"冰河期"，"感知机"被指出缺陷是很重要的一个原因，却不是全部。

然而，科学家们并没有就此放弃。20 世纪 80 年代提出了了人工智能数学模型方面的重大发明，这其中就包括著名的多层神

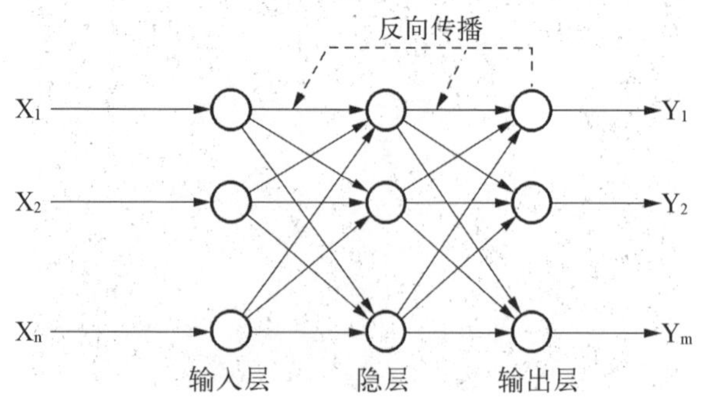

BP 神经网络图

经网络和 BP 反向传播算法，也出现了能与人类下象棋的高智能机器（1989 年）。此外，其他成果包括能自动识别信封上邮政编码的机器，就是通过人工智能网络来实现的，精度可达 99% 以上，已经超过普通人的水平。于是，大家再次看到了人工智能的光明前景。

这些经典神经网络算法的出现使得神经网络日趋成熟，这也为我们今天的应用与发展打下了良好的基础。

后来，由于其他各方面原因，比如计算机走入家庭，人工智能一度再次陷入低谷，神经网络算法似乎也被大家摒弃。但令人欣喜的是有几个学者仍然在坚持研究。如加拿大多伦多大学的杰弗里·亨顿（Geoffery Hinton）教授给多层神经网络相关的学习方法赋予了一个新名词——“深度学习”。这像一剂兴奋剂一样，近年来，人工智能又逐步被大家所追捧。

当 AlphaGo 战胜李世石的消息传来，深蓝之父墨雷·坎贝尔

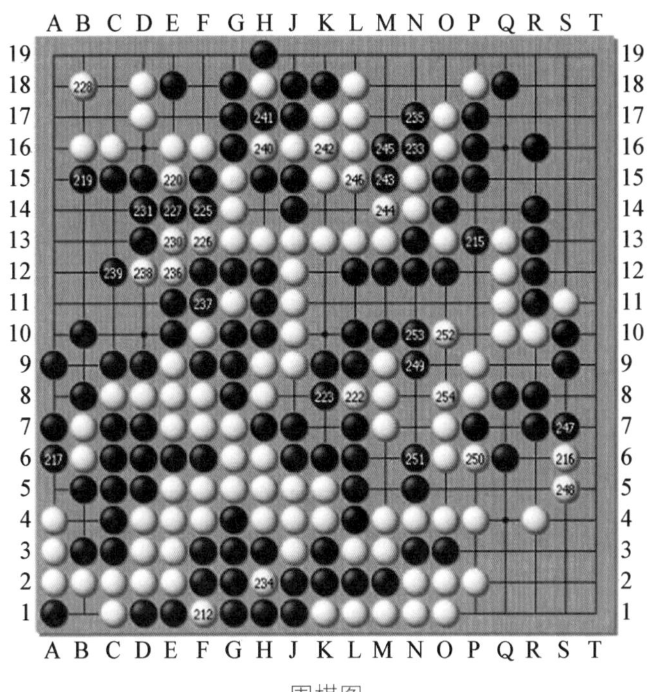

围棋图

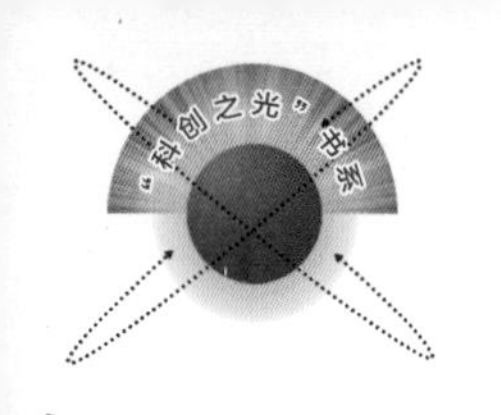

（Murray Campbell）就此评价说："这是人工智能一个时代的结束。"两次人机大战时隔 20 年，这其中最重要的差别在于象棋与围棋的复杂度差异巨大。人工智能之所以能够先战胜国际象棋冠军，在于国际象棋可以穷尽接近所有可能的棋局，而围棋就不一样了。围棋棋局究竟有多少种变化？普林斯顿的研究人员给出了一个最小的数字：19×19 格围棋的合法棋局数为 10^{171}，这个数字接近无穷大。

至此，相信读者已经找到了我们开头问题的答案，神经网络是人工智能的一个很重要的方面。人工智能与神经网络的发展在很大程度上相辅相成。

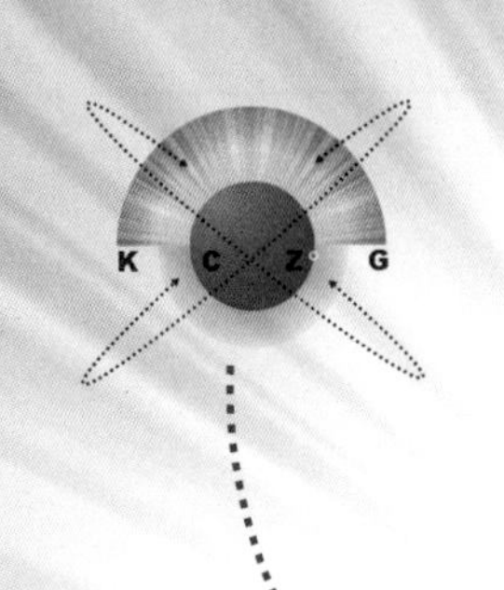

自然语言理解
——机器人与人类沟通的桥梁

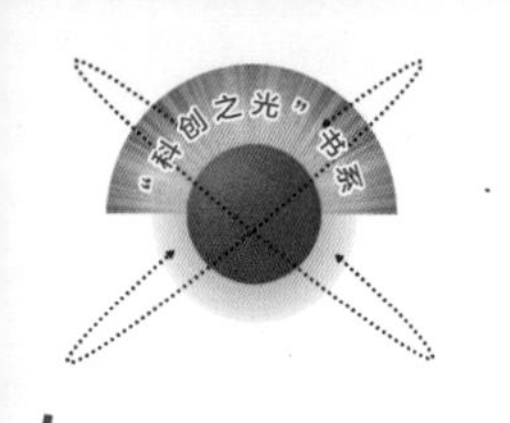

2015 年 7 月 26～31 日，由中国中文信息学会承办的第 53 届国际计算机语言学年会（Annual Meeting of the Association for Computational Linguistics，ACL）在北京召开。国际计算机语言学年会是自然语言处理领域最高级别的国际学术会议，其每年发表的论文反映了自然语言处理领域的最新研究进展和学术动向，受到了学术界和工业界的广泛重视。在这届年会中，有来自谷歌、微软、Facebook 以及百度、阿里巴巴、腾讯在内的国内外著名 IT 企业的 1 200 多名自然语言理解领域的知名专家学者参加了会议。

ACL-IJCNLP

嘉 2015 July 26-31 Beijing, China

The 53rd Annual Meeting of the Association for Computational Linguistics and the 7th International Joint Conference on Natural Language Processing of the Asian Federation of Natural Language Processing

第 53 届国际计算机语言学年会在北京顺利召开

值得一提的是，在大会最受瞩目的终身成就奖颁奖典礼上，由百度公司研发的智能机器人“小度”惊艳亮相。在与嘉宾的互动环节中，能流利地回答出嘉宾提出的各种提问，并且更是客串了“同声翻译”，准确流畅地将嘉宾的中文讲话即时翻译成英文。下图所展示的就是“小度”智能机器人。那么“小度”智能机器人是如何实现与人类的自由对话呢？一般来说，机器人在实现人机交互的功能时，主要流程是语音识别、自然语言理解（Natural Language Understanding，NLU）和机器学习。其中较为核心的便是自然语言理解技术，它是帮助机器人理解自然语言的关键之处。那究竟什么是自然语言理解呢？在本章，我们就来简要谈谈机器人是究竟如何理解语言的。

“小度”智能机器人

自然语言理解是一门融合了语言学、计算机科学以及数学等学科为一体的综合科学，自人工智能的研究开始，自然语言理解便是其中的一个重要的研究领域。其研究目的包括两个方面：一个是为了探索语言交流的本质，另一个则是要能够有效实现人机交互。

什么是自然语言理解

自然语言是人类自身使用的语言，是为充分表达思想、交流信息而自然形成的交流工具。我们平时使用的语言，诸如汉语、英语、日语等都是自然语言。与自然语言相对应的是人造语言。人造语言是由人为规定一些字符集和语法而形成的。世界语和各种计算机程序设计语言都属于人造语言。

小贴士

计算机程序设计语言，通常简称为编程语言，是一组用来定义计算机程序的语法规则。它是一种被标准化的交流技巧，用来向计算机发出指令。这种计算机语言让程序员能够准确地定义计算机所需要使用的数据，并精确地定义在不同情况下所应当采取的行动。

自然语言理解是人工智能中极为重要的研究领域，但是究竟什么是语言理解，目前还缺乏统一和权威的定义。从微观上讲，

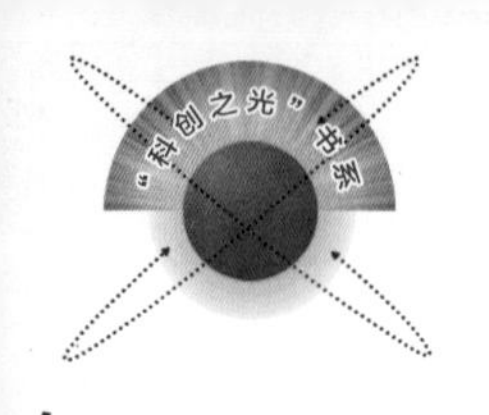

自然语言理解是指从自然语言到机器内部的一个映射；从宏观上说，则是指机器能够执行人类所期望的某些语言功能。这些功能主要包括：

（1）回答问题：计算机能够正确理解以自然语言形式输入的信息，并能够正确回答相关的问题。

（2）摘要生成：对于输入的文本信息，计算机能够生成相应的摘要。

（3）文本释义：计算机能够用不同的词语和句型对输入的信息进行复述或解释。

（4）机器翻译：计算机能够将一种语言翻译成另外一种语言。

自然语言理解是一项艰巨的任务，因为自然语言具备多义性、上下文有关联性、模糊性、非系统性、环境密切相关性、涉及知识面广等特点。一台具备自然语言理解能力的计算机必须像人类一样需要上下文知识，并根据上下文知识和所获取的信息进行推理。目标表示的复杂性、映射的歧义性及句子成分之间交互程度的差异性是造成语言理解困难的主要的三个因素。

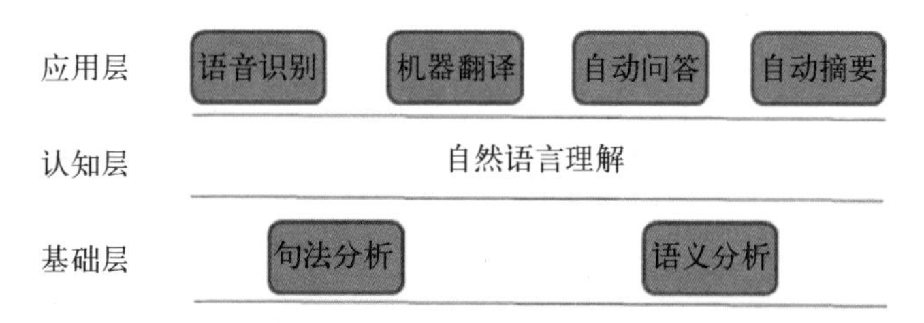

自然语言理解的地位与作用

对自然语言理解展开研究，使机器人能够理解和处理自然语言，那么人—机之间的信息交流就能够以人们所熟悉的本族语言进行，这将是计算机技术的一项重大突破。另一方面，由于创造和使用自然语言是人类高度智能的表现，因此对自然语言理解的研究也将有助于揭开人类高度智能的奥秘，深化对语言能力和思维本质的认识。由此可见，自然语言理解在应用和理论两个方面都具有重要的意义。此外，在当今的信息化社会中，语言信息处理的技术水平和每年所处理的信息总量已成为衡量一个国家现代化水平的重要标志之一。

自然语言理解的成长史

关于自然语言理解的相关研究已经开展了70余年。自然语言理解研究在此期间经历了一个跌宕起伏的过程，主要可分为萌芽、发展与繁荣三个阶段。

萌芽阶段

1946年第一台电子计算机问世之后，英国人布斯（A. Donald Booth）和美国人韦弗（W. Weaver）便开始提出利用计算机进行翻译的想法。这是由于当时正处于美苏冷战的对抗时期，人们希望利用机器来翻译出日益增加的科技资料，随后美苏等国开展了俄—英和英—俄互译的研究工作。机器翻译也由此成为自然语言理解最早的研究领域。

1947年，韦弗在给控制论学者维纳的信中曾指出："建造一部能够做翻译的计算机，即使只能翻译科学性的文章或是翻译出的结果不怎么优雅，也值得一试。"1954年，在IBM公司的协助下，美国乔治敦大学利用IBM-701机进行了第一次机器翻译试验。1964年，美国科学院成立自然语言自动处理咨询委员会，开始调查机器翻译的进展情况。但是在1966年，美国科学院发布的一份报告中指出全自动机译在短时期内不会取得成功，机器翻译的研究工作也由此进入了低潮阶段。

发展阶段

自然语言理解的发展虽然遭遇了瓶颈，但是其研究并未停

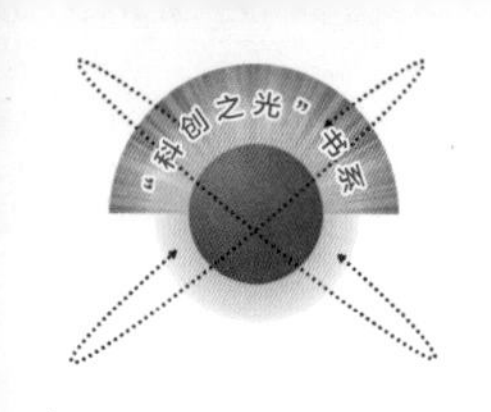

止。20 世纪 60 年代开始，自然语言理解开始在人机对话领域取得了一定的进展。这种人机对话系统可作为专家系统、办公自动化、情报检索等系统的自然语言接口，具有很大的使用价值。

此时自然语言理解的发展主要分为两个阶段。第一阶段是在 20 世纪 60 年代以关键词匹配技术为主。在该时期，系统中预先存放了大量包含某些关键词的模式，每个模式都有一个或多个相对应的解释。当句子输入进系统之后，句子将会被逐个匹配，一旦匹配成功则可以得到该句子的解释，而不会考虑句子中除关键词外的其他成分对句子意义的影响。因此，采用关键词匹配技术的理解系统并不是真正的自然语言理解系统，它既不包含文法分析，也不包含语义分析，只是一种近似的匹配技术。这种方法的优点在于输入的句子可以不遵循一定的文法规则，缺点在于精准性不高，往往会导致错误的分析。在这一时期出现的著名系统包括 1968 年的 SIR 和 ELIZA 系统。其中 SIR 系统是由美国麻省理工学院研制完成，它可以记住通过用户告诉它的事实，然后对这些事实进行演绎并回答出用户提出的问题。而 ELIZA 系统则可以模拟一名心理医生（机器）同一名患者（用户）的谈话。

第二阶段是在 20 世纪 70 年代，主要以句法—语义分析为主，这一时期具有代表性的系统有 LUNAR 和 SHEDLU。LUNAR 系统是第一个允许用户用普通英语同计算机进行对话的人机接口系统，主要用于协助地质学家查找、比较和评价阿波罗 11 飞船带回来的月球标本的化学数据分析。SHEDLU 系统是一个在“积木世界”中进行英语对话的自然语言理解系统。它把句法、推理、上下文和背景知识灵活地结合于一体，模拟一个能够操纵桌子上一些积木玩具的机器人手臂，用户可以通过人—机对话的方式命令机器人放置那些积木块，系统通过屏幕给出回答并显示现场的相应情景。

繁荣阶段

20 世纪 80 年代以后，自然语言理解研究在借鉴了许多人工智能和专家系统中的思想后，引入了知识表示和推理机制，使自然语言处理系统不再局限于单纯的语言句法和词法的研究，而与其所表示的客观世界紧密地联系起来，因此极大地提高了系统处理的正确性。因此一大批商品化的自然语言人机接口系统和机器翻译系统开始出现在市场上。著名的人机接口包括美国人工智能公司（AIC）生产的英语人机接口系统 Intellect 以及美国弗雷生产的 Themis 人机接口。著名的机器翻译系统包括欧洲共同体在美国乔治敦大学开发的 SYSTRAN 以及美国的 META 系统。其中 SYSTRAN 成功地实现了英语、法语、德语、西班牙语、意大利语和葡萄牙语等多种语言的机器翻译。

1990 年 8 月在赫尔辛基召开的第 13 届国际计算机语言大会上，研究人员首次提出了处理大规模真实文本的战略目标，并组织了“大型语料库在建造自然语言系统中的作用”“词典知识的获取与表示”等专题讲座，这预示着自然语言理解迎来了基于大规模语料库的发展时期。语料库语言学真正顺应了大规模真实文本处理的需求，它认为语言学知识的真正源泉是来自生活中的大规模的资料，计算机语言学工作者的工作是使计算机能够自动或半自动地从大规模语料库中获取处理自然语言所需的各种知识。

21 世纪以来，由于互联网的飞速发展，自然语言的计算机处理已经成为从互联网获取知识的重要途径，生活在信息网络时代的人几乎每天都需要跟互联网打交道，都会或多或少地使用自然语言处理的研究成果来获取和挖掘在互联网上的各种知识和信息。当前自然语言理解技术的研究主要有三个特点。

第一，随着语料库建设和语料库语言学的崛起，大规模真实文本处理已经成为自然语言理解的主要战略目标。因为在过去的几十年里，从事自然语言理解开发的多数学者都把自己的目的局限于十分狭窄的专业领域，采用的主要是基于规则的分析方法，这些方法在一定程度上取得了成功，但是在处理大规模真实的文本的时候，则有较大的困难。

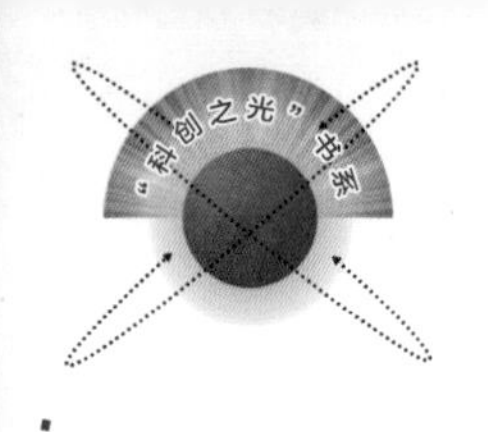

第二，在自然语言理解中越来越多地开始使用机器学习的方法来获取语言知识。传统语言学基本是通过语言学家归纳总结语言现象的手工方法来获取语言知识的。但是人的记忆能力有限，不可能记忆全部的语言数据，因此传统的手工方法不可能获取所有的数据，并且这种方法带有较大的主观性。当前自然语言的研究提倡建立语料库，使用机器学习的方法，从而让计算机能够自动地从浩如烟海的语料库中获取准确的语言知识。

第三，自然语言理解中开始越来越多地使用统计学的方法来分析语言数据，因为传统的人工观察和内省的方法已经不能从浩如烟海的语料库中获取准确可靠的语言知识。

自然语言理解的处理范围

自然语言理解的范围涉及众多的领域，例如语音识别、机器翻译、人机对话以及信息检索等等。这些方向可以主要归纳为如下的四大方向：

（1）语言学方向：把自然语言理解作为语言学的分支进行 。它只研究语言及语言处理与计算相关的方面，而不管其在计算机上的具体实现。这个方向最重要的研究领域是语法形式化理论和数学理论。

（2）数据处理方向：把自然语言理解作为开发语言研究相关程序以及语言数据处理的学科来进行研究。这一方向的早期研究有术语数据库的建设、各种机器可读的电子词典的开发，近年来有大规模语料库的涌现。

（3）人工智能和认知科学方向：把自然语言理解作为在计算机上实现自然语言能力的学科来研究，探索自然语言理解的智能机制和认知机制。这一方向的研究与人工智能以及认知科学关系密切。

（4）语言工程方向：把自然语言处理作为面向时间的、工

自然语言理解已经渗透到生活的方方面面

程化的语言软件开发来研究，这一研究方向被称为“人类语言技术”或“语言工程”。

自然语言的成分

自然语言是音义结合的词汇和语法体系，是人类实现思维活动的物质表现形式。语言是一个符号体系，但是又有别于其他的符号体系。词汇和语法体系是构成自然语言的两大要素。词是构成自然语言的基本单位。语法是语言的组织规律，是用来支配和控制词以构成有意义的、可理解的语句，进而再由语句按照一定的逻辑构成篇章的规则。

词汇分为熟语和词。熟语是一些词的固定组合，例如汉语中的成语。词是由词素所构成，词素是构成词的最小的有意义的单位。除词法外，语法中的另一部分是句法。句法是利用词构造语句的规则，主要由词组构造法和造句法两部分组成。词组构造法是将词搭配成词组的规则。下图是自然语言构成的一个完整图解。

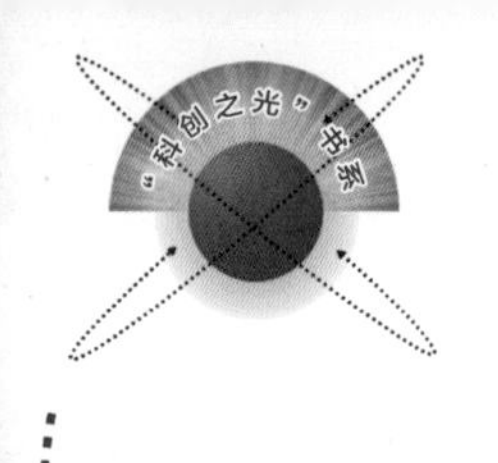

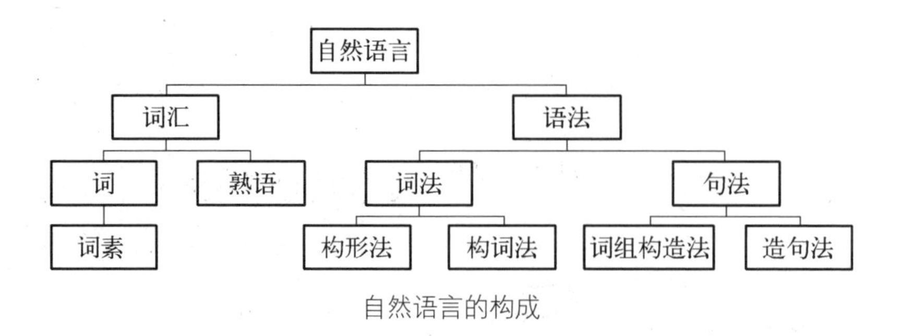

自然语言的构成

自然语言中的每个词都是音、形、义的结合体。词义是由构成词的每个词素的词素义给出的，词形则是由构形法得到的。每个词汇都有其语音形式。一个词的发音由一个或多个音节组合而成，音节又由音素构成。由一个发音动作所构成的最小的语音单位就是音素。音素分为元音音素和辅音音素。在自然语言当中所涉及的音素并不多，一种语言一般只有几十个音素。

自然语言理解过程的层次

语言虽然表示成一连串的文字符号或一串声音流，但是其内部实际上是一个层次化的结构。一个文字表达的句子是由词素→词或词形→词组或句子构成；一个由声音表达的句子则是由音素→音节→音词→音句构成。因此，对自然语言的理解也应当是一个层次化的过程。许多现代的语言学家将这一过程分为三个层次，分别为：词法分析、句法分析和语义分析。若接收到的是语音流，则在上述三个层次之前加上一个语音分析层。

（1）词法分析。词法分析的目的是为了从句子中切分出单词，并找出词汇中的词素，从而获得单词的语言学信息并由此确定出单词的词义。词法分析是理解单词的基础，而句子是用语法规则把单词组织起来的，由此可见词法分析是自然语言理解和处理的基础。词法分析包括两方面的任务：第一是要能正确地把一

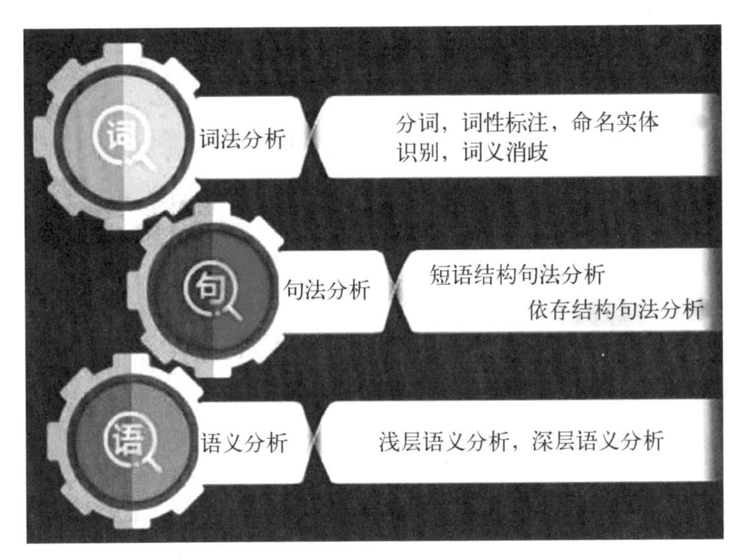

自然语言理解的层次化

串连续的字符切分成一个一个的词；第二则是要能正确判断每个词的词性，以便后续的句法分析的实现。以上两方面上处理的正确性和准确度将对后续的句法分析产生决定性的影响，并会最终决定语言理解的正确与否。

（2）句法分析。句法分析的作用主要有两个：第一是对句子或短语结构进行分析，以确定构成句子的各个词、短语之间的关系以及各自在句子中的作用等，并将这些关系用层次结构加以表达；第二则是对句法结构进行规范化。在语法研究中，自古就有把句子分割为成分层次和词间关系两种分析形式。关于层次成分思想的最早形式化描述来自美国语言学家诺姆·乔姆斯基（Noam Chomsky）。在形式语言理论当中，形式语法被理解为数目有限规则的集合。这些规则可以生成语言当中合格的句子，也可以排除语言中不合格的句子。

（3）语义分析。若是要理解所分析的句子，在进行句法分析后，至少还需要进行语义分析，把分析得到的句法成分与应用领域中的目标表示关联，才能产生正确惟一的理解。语义分析就是通过分析找出词义、结构意义及其结合意义，从而确定

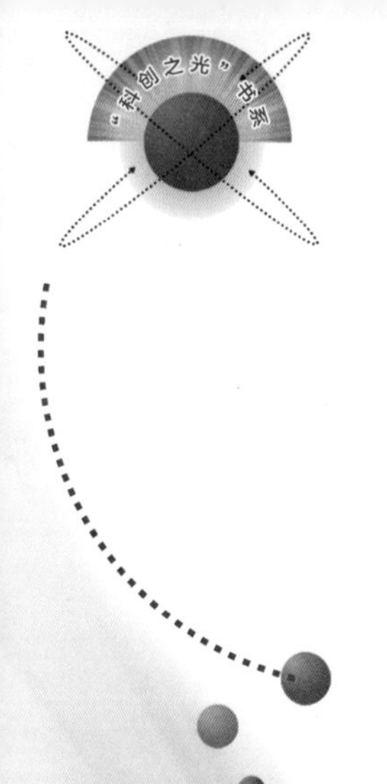

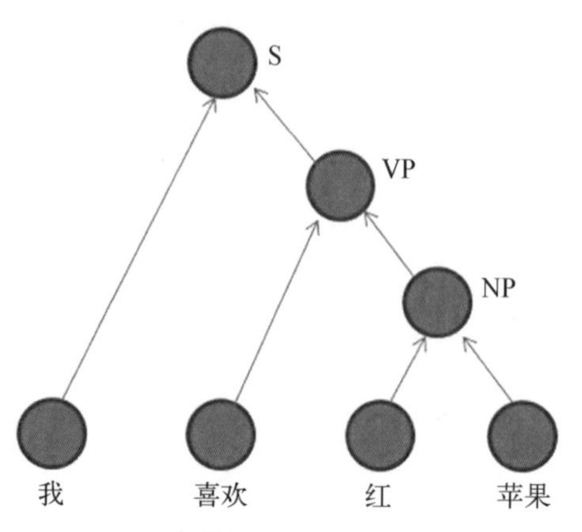

自然语言理解过程

语言所表达的真正含义或概念。语义分析主要包括两个步骤，第一步是要确定每个词在句子中所表达的词义，这涉及词义和句法结构上的歧义问题；第二步则是根据已有的背景知识来确定语义。

什么是自然语言理解的语料库

20世纪90年代，自然语言理解的研究在基于规则的技术中引入了语料库。这是因为自然语言理解的复杂性，各种知识的“数量”浩瀚无际，并且具有高度的不确定性和模糊性，利用规则不可能完全准确地表达理解自然语言所需的各种知识。

1990年8月，在赫尔基辛召开的第13届国际计算机语言学大会上，大会组织者提出了处理大规模真实文本将是今后一个相当长的时期内的战略目标。为实现战略目标的转移，需要在理论、方法和工具等方面实行重大的革新。这种建立在大规模真实文本基础上的研究方法将自然语言处理的研究推向一个崭新的阶段。理解自然语言所需的各种知识恰恰蕴含在大量的真实文本中，通过相应的知识库，从而实现以知识库为基础的智能型自然语言理解系统。研究语言知识所用的各种知识，就必须对语料库进行适当的处理与加工，使之由生语料变为有价值的熟语料。这样，就形成了一门新的学科——语料库语言学（corpus linguistics），可用于对自然语言理解进行研究。下图是美国当代英语语料库。

在自然语言引入语料库的方法中，主要包括了统计方法、基于实例的方法和通过语料加工手段使语料库转化为语言知识库的方法等。其中，统计的方法使机器翻译的正确率达到 60%，汉语切分的正确率达到 70%，汉语语音输入的正确率达到 80%。许多研究人员相信，基于语料库的统计模型不仅能胜任此词类的自动标注任务，而且也能够应用到句法和语义等更高层次的分析上。这种方法有希望在工程上、在宽广的自然语言处理系统上提供一种强有力的补充机制。

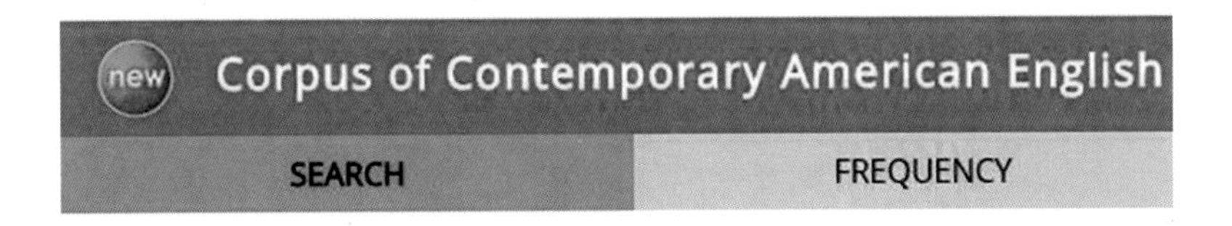

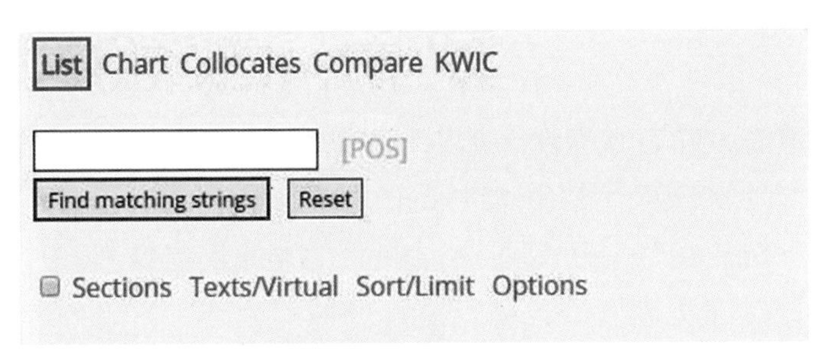

美国当代英语语料库

怎么建立汉语的语料库

汉语文本是基于单字的文本，汉语的书面表达方式以汉字作为最小单位，词与词之间并没有明显的界限标志，这是汉语明显

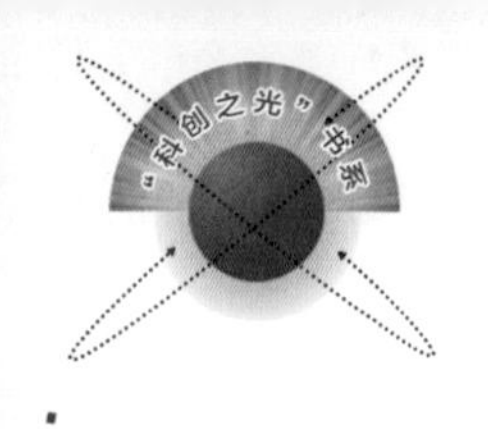

区别于英语、法语、德语等印欧语言的地方。因此，在汉语自然语言的处理过程当中，词是研究的中心问题，凡是涉及句法、语义的研究项目，都要以词为单位来进行。对大规模汉语语料库的加工主要包括分词、词性标注以及词义标注。

（1）汉语分词。在汉语的句子中，词与词之间的边界标志是隐含的。因此，对于大多数的汉语处理系统，第一步就是要识别出这些隐含的词语边界，这个过程就是分词。分词问题是汉语计算机语言学的一个旧的课题，相关研究可以追溯到 20 世纪 80 年代。目前，汉语自动分词的方法主要是以基于词典的机械匹配分词的方法为主，主要包括最大匹配法、逆向最大匹配法以及逐词遍历匹配法，等等。近些年来，也有相关学者提出了无词典分词法、基于专家系统和人工神经网络的分词方法。

汉语分词技术经过多年的发展，虽然已经取得了一些成果，但是在实际应用当中仍然存在着汉语词定义模糊、构词模式自由、汉语词典覆盖能力有限以及汉语语料库资源缺乏等问题。在 1998 年，由国家“863 计划”智能机主题专家组等单位组织的现代汉语分词系统测评中，最高的分词正确率只有 87.42%。

（2）词性标注。词性标注就是在给定句子中判定每个词的文法范畴，确定其词性并加以标注的过程。在自然语言处理中，研究词性自动标注的目的主要有两个，第一是为了对文本进行文法分析或句法分析等更高层次的文本加工提供基础；第二则是通过对标注过的语料进行统计分析等处理，可以抽取蕴涵在文本中的语言知识，为语言学的研究提供可靠的数据，同时又可以进一步运用这些知识，以改进词性标注系统、提高词性标注系统的准确率。

词性的标注方法主要分为两大类：第一类是基于概率统计模型的词性标注方法，另一类是基于规则的词性标注方法。目前，英语的词性标注准确率比较高，可以达到 97% 以上。而汉语的词性标注准确率则比较低，约为 92%。这主要是因为汉语缺乏形态变化，仅仅依靠文本的局部上下文信息，很难准确地标注出词语的词性。此外，语言学家对汉语词性的定义本身还存在着一定的争议，导致人工标注的一致性也比英语更低。

（3）词义标注。所谓词义标注，就是对文本中的每个词根据其所属上下文给出它的语义编码，这个编码可以是词典释义文本中的某个义项号，也可以是义类词典中相应的义类编码。自动词义标注就是利用计算机通过逻辑推理机制，利用上下文环境，对词的词义进行自动判断，选择词的某一正确义项并加以标注的过程。词义标注的难点主要在于多义词的歧义排除。目前，词义标注的方法研究尚处于初级阶段，英语的多义词排歧方法主要有人工智能、基于词典以及基于语料库等方法，近几年来，基于语料库的概率统计方法也逐渐发展起来了。

下图是国家语言文字工作委员会开发的现代汉语语料库。

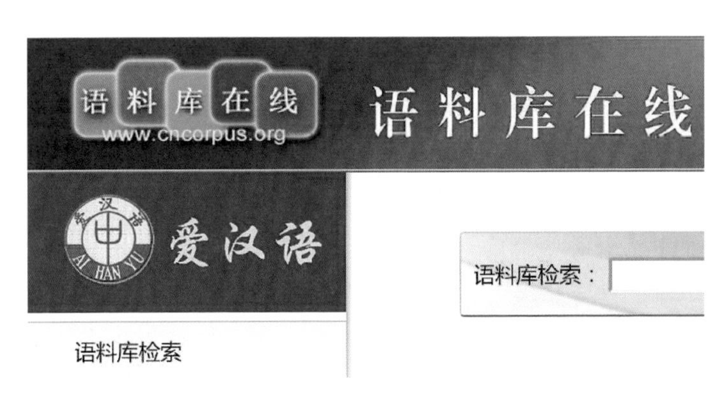

现代汉语语料库

自然语言理解可以干什么

自然语言理解目前已经渗透到了各个领域，并逐步在影响人们的日常生活。现在举出几个典型的应用实例。

（1）机器翻译。机器翻译是使用计算机来实现不同语言之间的自动翻译。一般来说，被翻译的语言被称之为源语言，翻译结

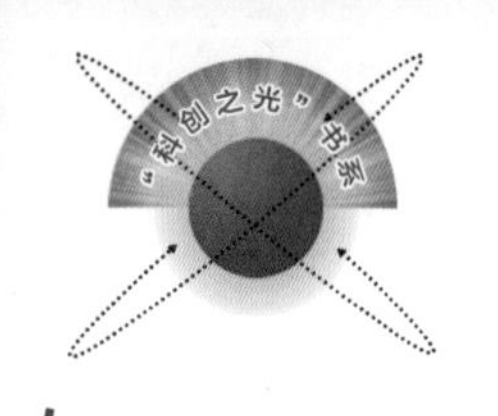

机器翻译

果的语言被称之为目标语言。机器翻译就是从源语言到目标语言的转换过程。从形式上看，机器翻译是一个符号序列的变换过程。机器翻译的方法总体上可以分为基于规则的翻译方法和基于语料库的翻译方法两大类。其中，基于规则的翻译方法使用的主要资源是词典和知识库，而基于语料库的方法使用的主要资源是经过标注的语料库。下图展示的是机器翻译的效果图。

（2）信息检索。信息检索是指从有关文档集合中查找用户所需信息的过程。广义的信息检索是指将信息按照一定的方式组织和存储起来，然后再根据用户的需求从已经存储的文档集合中找出相关的信息。信息检索的基本原理是将用户检索的关键词与数据库文献纪录中的标引词进行对比，当两者匹配一致时，即为命中，检索成功。

信息检索典型的应用是搜索引擎。在以谷歌为代表的“关键词查询＋选择性浏览”的交互式搜索引擎中，用户用简单的关键词作为查询提交给搜索引擎，搜索引擎会为用户提供一个可能的检索目标页面，用户可以浏览该列表并从中选择出能够满足其信息需求的页面加以浏览。目前，下一代的搜索引擎正在朝着智能化、个性化、精准化的方向发展。

小贴士

搜索引擎是指根据一定的策略，运用特定的计算机程序从互联网上搜集信息，在对信息进行组织和处理后，为用户提供检索服务，将用户检索相关的信息展示给用户的系统。

（3）社会计算。社会计算也称为计算社会学，是指在互联网的环境下，以现代信息技术为手段，以社会科学理论为指导，帮助人们分析社会关系，挖掘社会知识，协助社会沟通，研究社会规律，破解社会难题的学科。社会计算是社会行为与计算系统的交互融合，是计算机科学、社会科学、管理科学等多学科交叉所形成的研究领域。

社会媒体是社会计算的主要工具和手段，它是一种在线的交互媒体，有着广泛的用户参与性，允许用户在线交流、协作、发布、共享与传递信息。通过社会媒体，用户之间可以彼此之间在线交流，形成虚拟的网络社区，构成了社会网络。社会网络是一种关系网络，通过个人与群体及其相互之间的关系和交互，发现它们的组织特点、行为方式等特征，从而研究人群的社会结构，以利于他们之间的进一步的共享、交流与写作。下图中的一些常见的社交应用都已经应用了自然语言理解的技术。

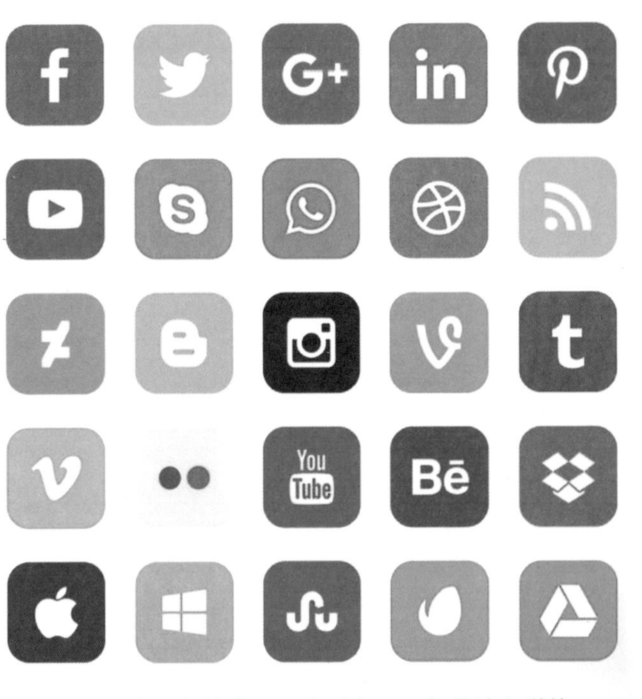

自然语言理解技术已经广泛应用于各类社交媒体

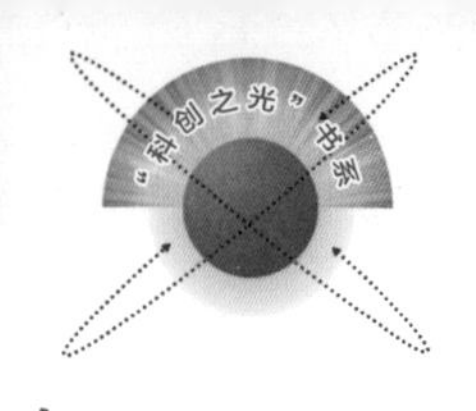

（4）人机交互。人机交互当今最典型的应用是聊天机器人。Cortana 是微软发布的全球第一款个人智能助理。微软想实现的事情是，手机用户与 Cortana 的智能交互，不是简单地基于存储式的问答，而是对话。它会记录用户的行为和使用习惯，利用云计算、搜索引擎和“非结构化数据”分析，读取和“学习”包括手机中的文本文件、电子邮件、图片、视频等数据，来理解用户的语义和语境，从而实现人机交互。

微软公司推出的智能聊天机器人 Cortana

Siri 是一款内建在苹果系统中的人工智能助理软件。此软件使用自然语言处理技术，使用者可以使用自然的对话与手机进行互动，完成搜寻资料、查询天气、设定手机日历、设定闹铃等许多服务。

苹果公司推出的智能聊天机器人 Siri

自然语言理解将来会走向何方

目前，人们主要通过两种思路来进行自然语言处理，一种是基于规则的理性主义，另外一种是基于统计的经验主义。理性主义方法认为，人类语言主要是由语言规则来产生和描述的，因此只要能够用适当的形式将人类语言规则表示出来，就能够理解人类语言，并实现语言之间的翻译等各种自然语言处理任务。而经验主义方法则认为，要从语言数据中获取语言统计知识，并有效建立语言的统计模型。因此只要能够有足够多的用于统计的语言数据，就能够理解人类语言。然而，当面对现实世界充满模糊与不确定性时，这两种方法都面临着各自无法解决的问题。例如，人类语言虽然有一定的规则，但是在真实使用中往往伴随大量的噪声和不规范性。理性主义方法的一大弱点就是可靠性差，只要与规则稍有偏离便无法处理。而对于经验主义方法而言，又不能无限地获取语言数据进行统计学习，因此也不能够完美地理解人类语言。20 世纪 80 年代以来的趋势就是，基于语言规则的理性主义方法不断受到质疑，大规模语言数据处理成为目前和未来一段时期内自然语言理解的主要研究目标。统计学习方法越来越受到重视，自然语言理解中越来越多地使用机器自动学习的方法来获取语言知识。

21 世纪，我们已经进入了以互联网为主要标志的海量信息时代，这些海量信息大部分是以自然语言表示的。一方面，海量信息为计算机学习人类语言提供了更多的“素材”，另一方面，这也为自然语言处理提供了更加宽广的应用舞台。例如，作为自然语言理解的重要应用，搜索引擎逐渐成为人们获取信息的重要工具，涌现出以百度、谷歌等为代表的搜索引擎巨头；机器翻译也从实验室走入寻常百姓家，谷歌、百度等公司都提供了基于海量网络数据的机器翻译和辅助翻译工具；基于自然语言处理的中文输入法也已经成为计算机用户的必备工具；带有语音识别的计算

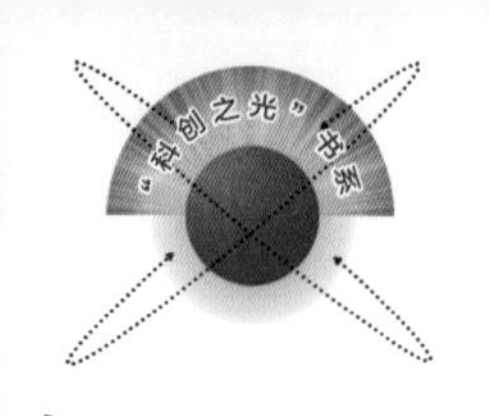

机和手机也正大行其道，协助用户更有效地工作学习。总之，随着互联网的普及和海量信息的涌现，自然语言理解正在人们的日常生活中扮演着越来越重要的作用。

然而，我们同时面临着一个严峻事实，那就是如何有效利用海量信息已成为制约信息技术发展的一个全局性瓶颈问题。自然语言理解无可避免地成为信息科学技术中长期发展的一个新的战略制高点。同时，人们逐渐意识到，单纯依靠统计方法已经无法快速有效地从海量数据中学习语言知识，只有同时充分发挥基于规则的理性主义方法和基于统计的经验主义方法的各自优势，两者互相补充，才能够更好、更快地进行自然语言处理。

自然语言理解作为一个年龄尚不足一个世纪的新兴学科，正在取得突飞猛进的发展。回顾自然语言理解的发展历程，并不是一帆风顺，有过低谷，也有过高潮。而现在正面临着新的挑战和机遇。例如，目前网络搜索引擎基本上还停留在关键词匹配阶段，缺乏深层次的自然语言处理和理解。语音识别、文字识别、问答系统、机器翻译等目前也只能达到很基本的水平。“路漫漫其修远兮”，自然语言理解作为一个高度交叉的新兴学科，不论是探究自然本质还是付诸实际应用，在将来必定会有令人期待的惊喜和异常快速的发展。

自然语言理解是人工智能当中一个重要的研究领域，同时也是一个困难的并极具挑战性的问题。这是因为自然语言理解需要包含大量的知识，包括语言学、语音学等知识，同时还需要它们的相关背景知识。随着语言学、逻辑学、计算机等科学技术的发展，自然语言理解技术将会获得更加广泛的应用。

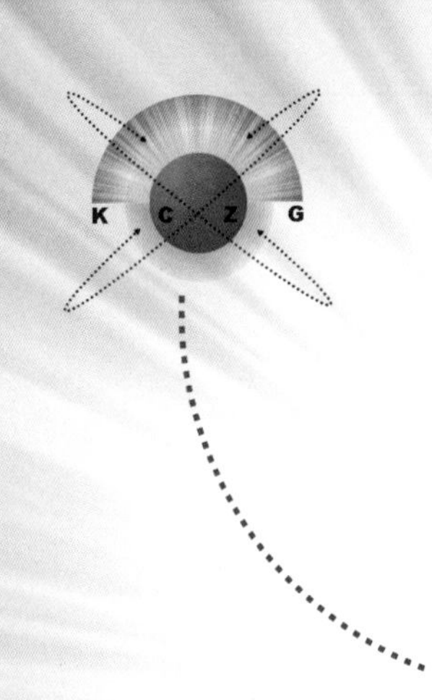

机器学习
——让机器学会思考

“无人驾驶”想必大家都已不再陌生，但仍觉得离现实应用比较遥远，事实上，无人驾驶技术正在飞快地向我们走来，这也是得益于本章要介绍的前沿领域——机器学习（Machine Learning，ML）。2009 年，美国谷歌公司无人驾驶汽车项目正式启动，目标在 2020 年发布一款无人驾驶的汽车。现在，谷歌的测试车辆已经在美国四个城市行驶了 124 万千米的距离。不仅如此，它还学会了从礼貌地鸣笛到感知车辆和行人在内的多项技能。

Google Driverless Car 是谷歌公司的 Google X 实验室研发中的全自动驾驶汽车，不需要驾驶者就能启动、行驶以及停止。目前正在测试，已驾驶了 48 万千米。项目由 Google 街景的共同发明人塞巴斯蒂安·特龙（Sebastian Thrun）领导。谷歌的工程人员使用 7 辆试验车，其中 6 辆是丰田普锐斯，一辆是奥迪 TT。这些车在美国加州的多条道路上测试，其中包括旧金山湾区的九曲花街。这些车辆使用照相机、雷达感应器和激光测距机来“看”其他的交通状况，并且使用详细地图来为前方的道路导航。

谷歌公司的发言人说，这些车辆比有人驾驶的车更安全，因为它们能更迅速、更有效地作出反应。然而，在所有的测试中，

谷歌公司推出的无人驾驶汽车

都有人坐在驾驶座上，以在必要时可以随时控制车辆。2012 年 4 月 1 日，谷歌公司展示了其使用自动驾驶技术的赛车，命名为 10^100（10^{100}，也就是 googol，“google”这个单词的词源）。2012 年 5 月 8 日，在美国内华达州允许无人驾驶汽车上路 3 个月后，机动车驾驶管理处（Department of Motor Vehicles）为 Google 的无人驾驶汽车颁发了一张合法车牌。为了醒目的目的，无人驾驶汽车的车牌用的是红色。

而无人驾驶的核心内容之一就是本章要讲述的内容——机器学习。

机器学习的出现

机器学习是人工智能研究的核心内容之一。它的应用已遍及人工智能的各个分支，如专家系统、自动推理、自然语言理解、模式识别、计算机视觉、智能机器人等领域。

人工智能涉及诸如意识（consciousness）、自我（self）、心灵（mind）、包括无意识的精神（unconscious_mind）等问题。人

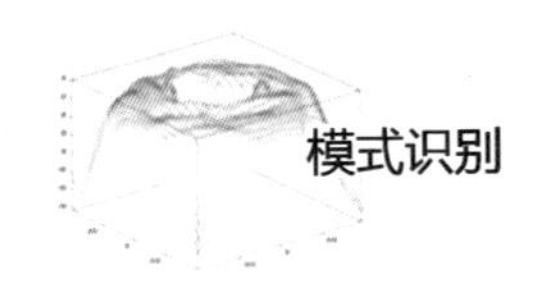

机器学习领域

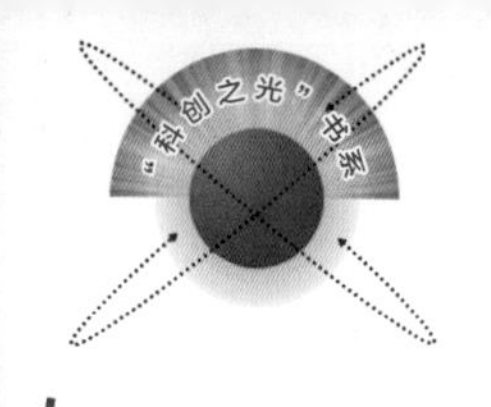

唯一了解的智能是人本身的智能，这是普遍认同的观点。但是我们对我们自身智能的理解都非常有限，对构成人的智能的必要元素也了解有限，所以就很难定义什么是“人工”制造的“智能”了。因此人工智能的研究往往涉及对人的智能本身的研究。其他关于动物或其他人造系统的智能也普遍被认为是人工智能相关的研究课题。

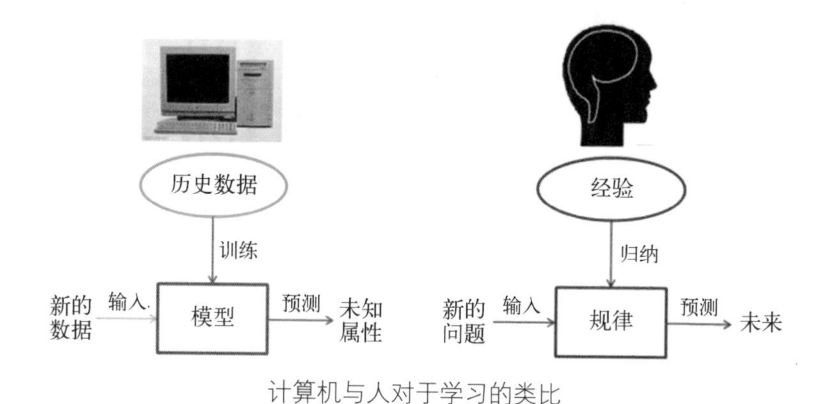

计算机与人对于学习的类比

机器学习是人工智能研究发展到一定阶段的必然产物。从20世纪50～70年代初，人工智能研究处于“推理期”，人们认为只要给机器赋予逻辑推理能力，机器就能具有智能。然而，随着研究向前发展，人们逐渐认识到，仅具有逻辑推理能力是远远实现不了人工智能的。E.A. 费根鲍姆（E.A. Feigenbaum）等人认为，要使机器具有智能，就必须设法使机器拥有知识。在他们的倡导下，20世纪70年代中期开始，人工智能进入了“知识期”。在这一时期，大量专家系统问世，在很多领域做出了巨大贡献。E.A. Feigenbaum 作为“知识工程”之父，在1994年获得了图灵奖。但是，专家系统面临“知识工程瓶颈”，简单地说，就是由人来把知识总结出来再教给计算机是相当困难的。于是，一些学者想到，如果机器自己能够学习知识该多好！实际上，图灵在1950年提出图灵测试的文章中，就已经提到了机器学习的可能，而20世纪50年代其实已经开始有机器学习相关的研究工作，主要集中在基于神经网络的连接主义学习方面，代表性工作主要有 F. 罗森布拉特（F. Rosenblatt）的感知机、B. Widrow 的 Adaline 等。

在 20 世纪六七十年代，多种学习技术得到了初步发展，例如以决策理论为基础的统计学习技术以及强化学习技术等，代表性工作主要有 A.L. Samuel 的跳棋程序以及 N.J. Nilson 的“学习机器”等，20 多年后红极一时的统计学习理论的一些重要结果也是在这个时期取得的。在这一时期，基于逻辑或图结构表示的符号学习技术也开始出现，代表性工作有 P. Winston 的“结构学习系统”、R.S. Michalski 等人的“基于逻辑的归纳学习系统”、E.B. Hunt 等人的“概念学习系统”等。1980 年夏天，在美国卡内基梅隆大学举行了第一届机器学习研讨会；同年，《策略分析与信息系统》连出三期机器学习专辑；1983 年，Tioga 出版社出版了 R.S. Michalski、J.G. Carbonell 和 T.M. Mitchell 主编的《机器学习：一种人工智能途径》，书中汇集了 20 位学者撰写的 16 篇文章，对当时的机器学习研究工作进行了总结，产生了很大反响；1986 年，《机器学习》（*Machine Learning*）创刊；1989 年，《人工智能》（*Artificial Intelligence*）出版了机器学习专辑，刊发了一些当时比较活跃的研究工作，其内容后来出现在 J.G. 卡博（J.G. Carbonell）主编、MIT 出版社 1990 年出版的《机器学习：风范与方法》一书中。总的来看，20 世纪 80 年代是机器学习成为一个独立的学科领域并开始快速发展、各种机器学习技术百花齐放的时期。R.S. Michalski 等人把机器学习研究划分成“从例子中学习”“在问题求解和规划中学习”“通过观察和发现学习”“从指令中学习”等范畴；而 E.A. Feigenbaum 在著名的《人工智能手册》中，则把机器学习技术划分为四大类，即：“机械学习”“示教学习”“类比学习”“归纳学习”。

下图描述的是机器学习算法结构，机器学习的科学基础之一是神经科学，然而，对机器学习进展产生重要影响的是以下三个发现，分别是：

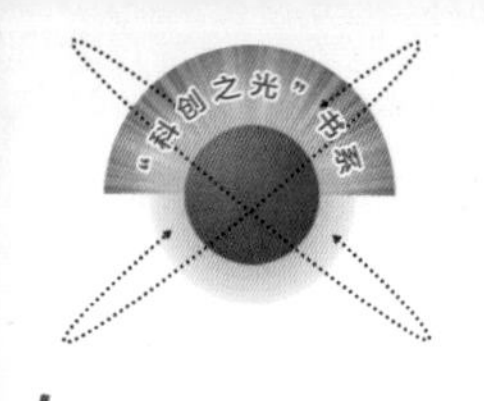

机器学习算法结构

（1）James 关于神经元是相互连接的发现。

（2）McCulloch 与 Pitts 关于神经元工作方式是“兴奋”和“抑制”的发现。

（3）Hebb 的学习律（神经元相互连接强度的变化）。

其中，McCulloch 与 Pitts 的发现对近代信息科学产生了巨大的影响。对机器学习，这项成果给出了近代机器学习的基本模型，加上指导改变连接神经元之间权值的 Hebb 学习律，成为目前大多数流行的机器学习算法的基础。

在机器学习划分的研究中，可以清晰地将机器学习发展历程总结为：以感知机、BP 与 SVM 等为一类；以样条理论、k-近邻、Madaline、符号机器学习、集群机器学习与流形机器学习等为另一类。

在 McCulloch 与 Pitts 模型的基础上，1957 年，Rosenblatt 首先提出了感知机算法，这是第一个具有重要学术意义的机器学习算法。这个思想发展的坎坷历程，正是机器学习研究发展历史的真实写照。1969 年，Minsky 与 Paper 出版了对机器学习研究具有深远影响的著作《感知机》(*Perceptron*)。目前，人们一般的认识是，由于该书提出了 XOR 问题，从而扼杀了感知机的研究方向。然而，该书对机器学习研究提出的基本思想，至今还是正确的，其思想的核心是两条：

（1）算法能力：只能解决线性问题的算法是不够的，需要能够解决非线性问题的算法。

（2）计算复杂性：只能解决玩具世界问题的算法是没有意义的，需要能够解决实际世界问题的算法。

在 1986 年，Rumelhart 等人的 BP 算法解决了 XOR 问题，沉寂近 20 年的感知机研究方向重新获得认可，人们自此重新开始关注这个研究方向，这是 Rumelhart 等人的重要贡献。

机器学习的研究领域

机器学习应用广泛，无论是在军事领域还是民用领域，都有机器学习算法施展的机会。

1. 数据分析与挖掘

“数据挖掘”和“数据分析”通常被相提并论，并在许多场合被认为是可以相互替代的 术语。关于数据挖掘，现在已有多种文字不同但含义接近的定义，例如“识别出巨量数据中 有效的、新颖的、潜在有用的、最终可理解的模式的非平凡过程”；百度百科将数据分析定义为：“数据分析是指用适当的统计方法对收集来的大量第一手资料和第二手资料进行分析，以求最大化地开发数据资料的功能，发挥数据的作用，它是为了提取有用信息和形成结论而对数据加以详细研究和概括总结的过程。”无论是数据分析还是数据挖掘，都是帮助人们收集、分析数据，使之成为信息，并做出判断，因此可以将这两项合称为“数据分析与挖掘”。数据分析与挖掘技术是机器学习算法和数据存取技术的结合，利用机器学习提供的统计分析、知识发现等手段分析海量数据，同时利用数据存取机制实现数据的高效读写。机器学习在数据分析与挖掘领域中拥有无可取代的地位，2012 年 Hadoop 进军机器学习领域就是一个很好的例子。

2012 年，Cloudera 收购 Myrrix，共创 Big Learning，从此，机器学习俱乐部多了一名新会员。Hadoop 和便宜的硬件使得大

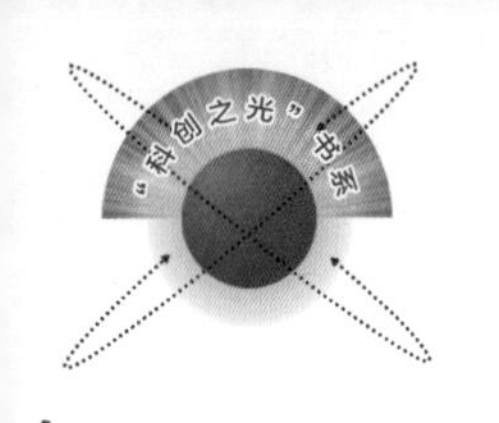

数据分析更加容易，随着硬盘和 CPU 越来越便宜，以及开源数据库和计算框架的成熟，创业公司甚至个人都可以进行 TB 级以上的复杂计算。 Myrrix 从 Apache Mahout 项目演变而来，是一个基于机器学习的实时可扩展的集群和推荐系统。

Myrrix 创始人欧文（Owen）在其文章中提到：机器学习已经是一个有几十年历史的领域了，为什么大家现在这么热衷于这项技术？因为大数据环境下，更多的数据使机器学习算法表现得更好，机器学习算法能从数据海洋中提取更多有用的信息；Hadoop 使收集和分析数据的成本降低，学习的价值提高。Myrrix 与 Hadoop 的结合是机器学习、分布式计算和数据分析与挖掘的联姻，这三大技术的结合让机器学习应用场景呈爆炸式的增长，这对机器学习来说是一个千载难逢的好机会。

2. 模式识别

模式识别起源于工程领域，而机器学习起源于计算机科学，这两个不同学科的结合带来了模式识别领域的调整和发展。模式识别研究主要集中在两个方面：一是研究生物体（包括人）是如何感知对象的，属于认识科学的范畴；二是在给定的任务下，如何用计算机实现模式识别的理论和方法，这些是机器学习的长项，也是机器学习研究的内容之一。下图是计算机视觉与模式识别中的其中一项技术：人脸识别。

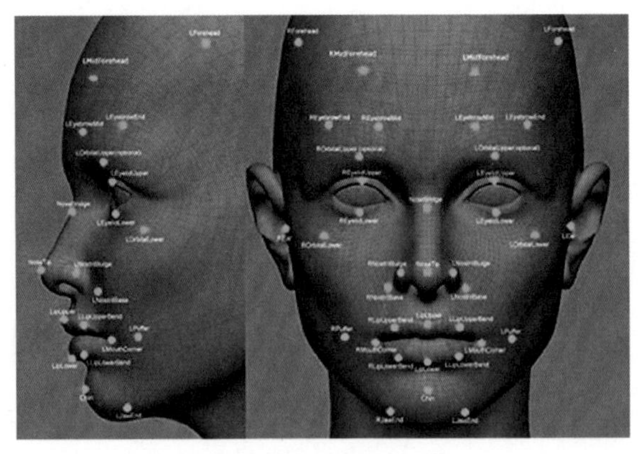

计算机视觉与模式识别

模式识别的应用领域广泛，包括计算机视觉、医学图像分析、光学文字识别、自然语言处理、语音识别、手写识别、生物特征识别、文件分类、搜索引擎等，而这些领域也正是机器学习的大展身手的舞台，因此模式识别与机器学习的关系越来越密切，以至于国外很多书籍把模式识别与机器学习综合在一本书里讲述。

3. 更广阔的领域

目前国外的IT巨头正在深入研究和应用机器学习，他们把目标定位于全面模仿人类大脑，试图创造出拥有人类智慧的机器大脑。

2012年Google在人工智能领域发布了一个划时代的产品——人脑模拟软件，这个软件具备自我学习功能，模拟脑细胞的相互交流，可以通过看YouTube视频学习识别猫、人以及其他事物。当有数据被送达这个神经网络的时候，不同神经元之间的关系就会发生改变。而这也使得神经网络能够得到对某些特定数据的反应机制，据悉这个网络现在已经学到了一些东西，Google将有望在多个领域使用这一新技术，最先获益的可能是语音识别。

与此同时，Google研制的自动驾驶汽车于2012年5月获得了美国首个自动驾驶车辆许可证，自动驾驶车辆行驶过程如下图所示。

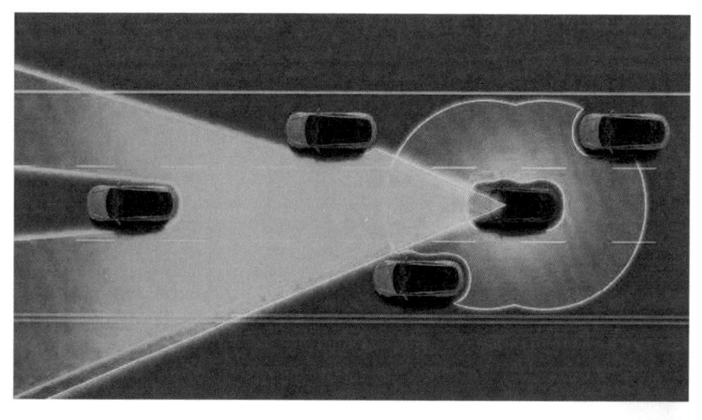

自动驾驶车辆

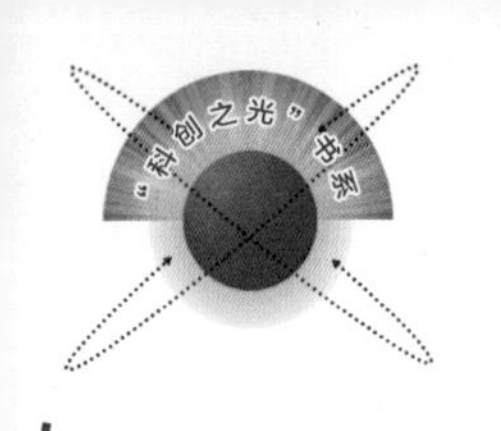

自动驾驶汽车依靠人工智能、视觉计算、雷达、监控装置和全球定位系统协同合作，让电脑可以在没有任何人类主动操作的情况下，通过计算机自动安全地操作机动车辆，Google 认为：这将是一种“比人更聪明的”汽车，不仅能预防交通事故，还能节省行驶时间、降低碳排放量。

2013 年，微软（Microsoft）CEO 高级顾问克雷格·蒙迪（Craig Mundie）在北京航空航天大学学术交流厅发表“科技改变未来”的主题演讲，Mundie 在演讲中谈到了当今 IT 科技的三大挑战：大数据、人工智能和人机互动。他认为随着大数据时代的到来，人们的各种互动、设备、社交网络和传感器正在生成海量的数据，而机器学习可以更好地处理这些数据，挖掘其中的潜在价值。与此同时，他展示了微软研究院在机器学习方面的新产品——英语转汉语实时拟原声翻译，研究过计算语言学的朋友都知道自然语言理解与处理属于机器学习的问题，让计算机理解人类语言可以视同创造出一个机器，该机器拥有与人类一样聪明的智慧。

机器学习在军事上的应用更加广泛，智能无人机、智能无人舰艇、智能无人潜艇陆续研制成功或已投放战场，其他军事领域也有机器学习研究成果的应用，如：美国国防部高级研究计划局的电子战专家正在尝试推出利用机器学习技术对抗敌方的无线自适应通信威胁，其发布了一份概括性机构通告（DARPA-BAA-10-79），内容为“自适应电子战行为学习”计划（BLADE），以研发确保美国电子战系统能够在战场上学习自动干扰新式射频威胁的算法和技术。

机器学习与数学的关系

机器学习离不开数学的支持，以下是几个与机器学习密不可分的数学基础。

1. 微积分

微积分的诞生是继欧几里得几何体系建立之后的一项重要理论，它的产生和发展被誉为“近代技术文明产生的关键之一，它引入了若干极其成功的、对以后许多数学的发展起决定性作用的思想”。在机器学习和数据分析领域，微积分是很多算法的理论基础。

2. 线性代数

线性代数理论是计算技术的基础，在机器学习、数据分析、数学建模领域有着重要的地位，这些领域往往需要应用线性方程组、矩阵、行列式等理论，并通过计算机完成计算。

3. 概率论

概率论是研究随机性或不确定性现象的数学，用来模拟实验在同一环境下会产生不同结果的情况，概率论在机器学习和数据分析领域有举足轻重的地位。

4. 统计学

统计学是收集、分析、表述和解释数据的科学，作为数据分析的一种有效工具，统计方法已广泛应用于社会科学和自然科学的各个领域，也是机器学习中非常重要的一门学科。

5. 离散数学

离散数学是数学的几个分支的总称，研究基于离散空间而不是连续的数学结构，离散数学广泛应用于机器学习、算法设计、信息安全、数据分析等领域。

小贴士

机器学习需要的核心数学知识有微积分、线性代数、概率论、统计学和离散数学等，但不是等同于全部知识。随着今后人类对机器学习的深入研究，将有更多的数学分支进入机器学习领域。因此，仅掌握大学数学知识是不够的，还需要向更高层次进军，对于非数学专业毕业的朋友来说，还应该学习其他数学分支

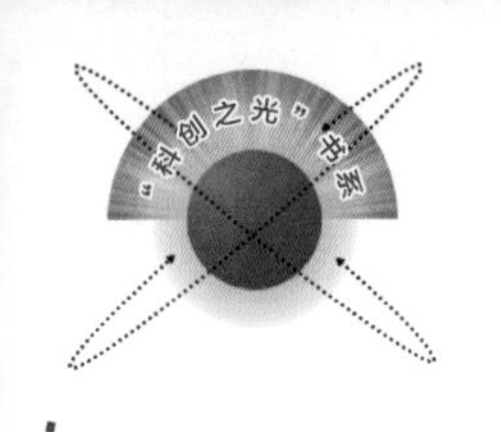

理论，比如说泛函分析、复变函数、偏微分方程、抽象代数、约束优化、模糊数学、数值计算等。

机器学习方法

自机器学习在人工智能领域得到发展与应用以来，已经产生了一批较为成熟的机器学习方法，在此举几个例子。

1. 统计机器学习

统计机器学习是近几年被广泛应用的机器学习方法，事实上，这是一类相当广泛的方法。更为广义地说，这是一类方法学。当我们获得一组对问题世界的观测数据后，如果不能或者没有必要对其建立严格物理模型，我们可以使用数学的方法，从这组数据推算问题世界的数学模型，这类模型一般没有对问题世界的物理解释，但是，在输入输出之间的关系上反映了问题世界的实际，这就是“黑箱”原理。一般来说，“黑箱”原理是基于统计方法的（假设问题世界满足一种统计分布），统计机器学习本质上就是“黑箱”原理的延续。

2. 集群机器学习

1990 年，Schapire 证明了一个有趣的定理：如果一个概念是弱可学习的，充要条件（充分与必要条件）是：它是强可学习的。这个定理的证明是构造性的，证明过程暗示了弱分类器的思想。所谓弱分类器就是比随机猜想稍好的分类器，这意味着，如果我们可以设计这样一组弱分类器，并将它们集群起来，就可以成为一个强分类器，这就是集群机器学习。这个学习理念立即获得人们的广泛关注，其原因不言自明，弱分类器的设计总比强分类器设计容易，特别是对线性不可分问题更是如此。由此成为机器学习重要的经典。

3. 符号机器学习

自 1969 年明斯基出版《感知机》（*Perceptron*）一书以后，

感知机的研究方向被终止。到 1986 年 Rumelhart 等发表 BP 算法，近 20 年间，机器学习研究者在做什么事情呢？这段时间正是基于符号处理的人工智能的黄金时期，由于专家系统研究的推动，符号机器学习得到发展，事实上，这类研究方法除了建立在符号的基础上之外，从学习的机理来看，如果将学习结果考虑为规则，每个规则将是一个分类器，尽管这些分类器中有些不一定满足弱分类器的条件，但是，它应该是 Hebb 路线的延续。

近几年，由于数据挖掘的提出，符号机器学习原理有了新的用途，这就是符号数据分析，在数据挖掘中称为数据描述，以便与数据预测类型的任务相区别（从任务来说，这类任务与机器学习是一致的）。但由于符号机器学习在泛化能力上的欠缺，这也为它在与基于统计的机器学习方法竞争中免遭到淘汰找到了出路。

4. 增强机器学习方法

增强机器学习（reinfo rcementlearning）的本质是对变化的环境的适应。应该说，这是一种“古老”的机器学习思想。在 1948 年，维纳（Wiener）的著作《控制论》中，就讨论了该问题，而在以后的控制理论的研究中，这发展成为重要的研究课题—— 自适应控制。由于控制理论研究问题的焦点在于控制品质，且其使用的数学工具是微分方程，因此，对非线性问题，使用计算机进行数值求解存在着本质性的困难。这也是这类机器学习长期未引起计算机科学家注意的原因。

直到 20 世纪 70 年代，Holland 在讨论进化计算时，需要考虑控制物种群体的染色体数量，以便淘汰对变化环境不适应的个体，为此，提出使用桶队算法解决该问题。桶队算法在 Holland 提出的分类器系统中扮演着对变换环境适应的角色。

以后，在 20 世纪 90 年代初，Sutton 提出将这类机器学习建立在马尔科夫（Markov）过程上，并称其为增强机器学习方法。该方法是根据环境变化对系统的刺激，并作为系统输入，然后，利用基于统计的方法优化转移概率，并使系统适应新的环境。

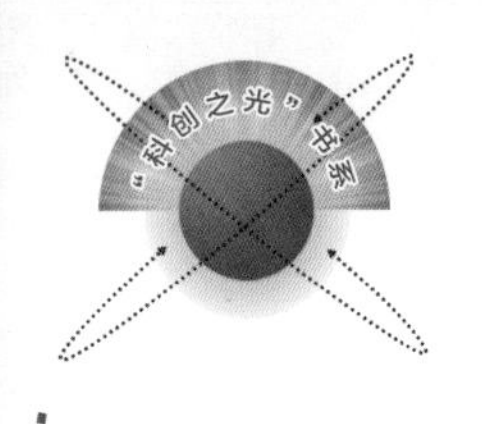

机器学习的实现技术之一：深度学习

随着机器学习在人工智能领域的广泛应用，新的学习方法，即深度学习诞生了。深度学习的概念源于人工神经网络的研究，含多隐层的多层感知器就是一种深度学习结构。深度学习通过组合低层特征形成更加抽象的高层表示属性类别或特征，以发现数据的分布式特征表示。深度学习的突破将更加推动人工智能的发展，下图表示的是深度学习与人工智能、机器学习共同的发展历程。

深度学习的概念由 Hinton 等人于 2006 年提出。基于深度置信网络（DBN）提出非监督贪心逐层训练算法，为解决深层结构相关的优化难题带来希望，随后提出多层自动编码器深层结构。此外，Lecun 等人提出的卷积神经网络是第一个真正多层结构学习算法，深度学习中的“深度”就是说神经网络中众多的层，它利用空间相对关系减少参数数目以提高训练性能。

深度学习是机器学习研究中的一个新的领域，其动机在于建立、模拟人脑进行分析学习的神经网络，它模仿人脑的机制来解释数据，例如图像，声音和文本。

深度学习推动 AI 的发展

深度学习使得机器学习能够实现众多的应用，并拓展了人工智能的领域范围。深度学习摧枯拉朽般地实现了各种任务，使得似乎所有的机器辅助功能都变为可能。无人驾驶汽车，预防性医疗保健，甚至是更好的电影推荐，都近在眼前，或者即将实现。

机器学习的应用案例

机器学习是当前科技行业的一大流行词，因为它代表着计算机学习方式的一大跃进。福布斯盘点了机器学习技术的十大使用案例。

小贴士

从根本上说，机器学习算法是指机器先获得一组“教学”数据，然后被要求利用那些数据去回答问题。机器学习不断扩充它的教学数据，它识别（不管准确与否）的每一张照片都会被添加到教学数据组，程序因而能够逐渐变得更加“智能”，变得更加善于完成任务。这实际上就是学习的过程。机器学习就像处理芯片有了人脑一样的学习能力。

会学习的芯片

1. 数据安全性

恶意软件是一个越来越严峻的问题。2014年，卡巴斯基实验室称，它每天检测到的新恶意软件文件数量达到32. 5万

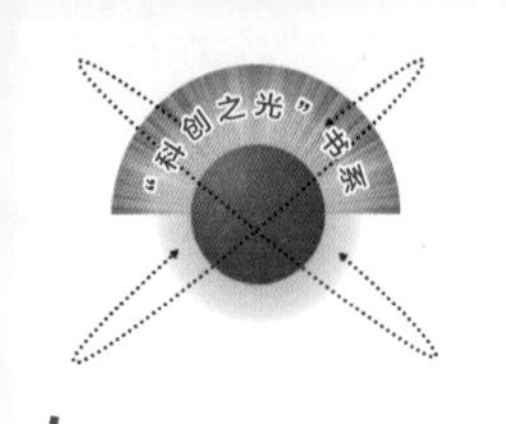

个。不过，以色列深度学习技术公司 Deep Instinct 公司指出，各个新恶意软件通常都有跟旧版本一样的代码——只有 2%～10% 的恶意软件文件出现迭代变化。其学习模型能够辨别那 2%～10% 的变异恶意软件，在预测哪些文件是恶意软件上有着很高的准确率。在其他情况下，机器学习算法能够发现云端数据如何被访问方面的模式，能够报告或可预测安全问题的异常情况，机器学习算法就像是一把虚拟钥匙，帮助人们把关数据安全，如下图所示。

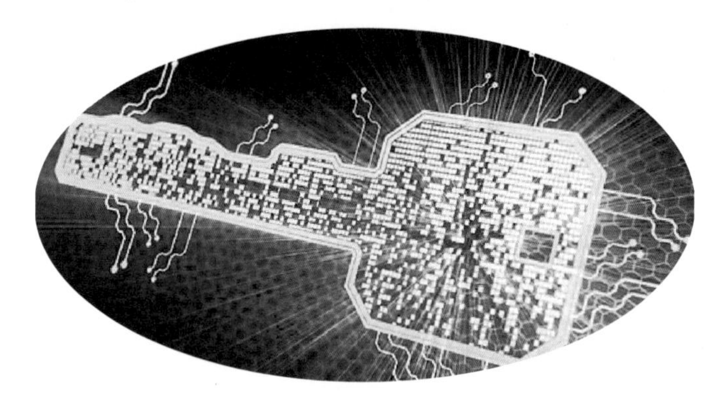

数据安全

2. 个人安全

人们坐飞机或者出席重要的公共活动，肯定要排队去等候安检。不过，机器学习正被证明是一项很有价值的安检资产，能够帮助避免误报情况，以及发现机场、体育场、音乐会等的人工安检人员可能会遗漏的东西或者安全隐患。它能够大大加速安检流程，同时也能够提高人们在重要活动以及公共场所中的人身安全。

3. 金融交易

许多人都非常渴望能够预测股票市场的走势，因为这样就能够占得先机大赚特赚。相比人类，机器学习算法要更接近于预测市场走势。很多知名的交易公司都在利用专有系统来预测和高速执行高交易量的交易。在处理分析海量的数据和交易执行速度上，人类显然无法与机器相提并论。

4. 医疗保健

相比人类，机器学习算法能够处理更多的信息，发现更多的模式。机器学习能够被用来理解大群体疾病的风险因素。Medecision 公司开发的算法能够通过鉴别 8 个变量来预测糖尿病患者可避免的住院治疗，下图表现的是机器学习算法帮助医生对患者进行全面诊断和预测。

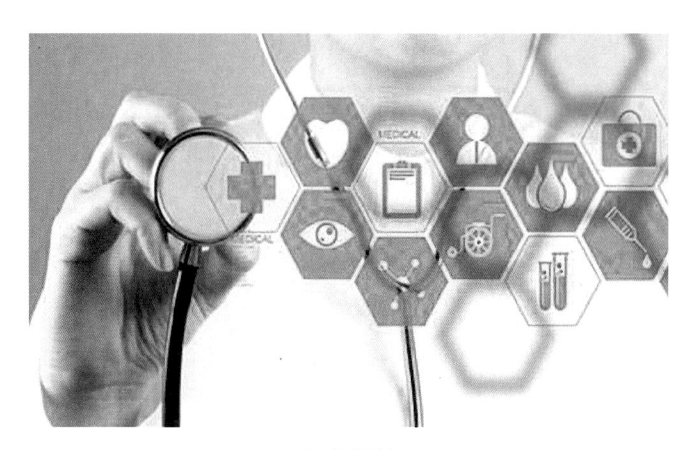

医疗保健

5. 个性化营销推广

只有在充分了解顾客的需求后，企业才能提供更好的服务，制作更优质的产品。这是个性化营销的基础。也许，你曾碰到过这样的情况：你在网络商店上浏览某件产品，但没有买，而过了几天后，你在浏览各个不同的网站上都会看到那款产品的数字广告。这种个性化营销其实只是冰山一角。企业能够进行全方位的个性化营销，如具体给顾客发送什么样的电子邮件，给他们提供什么直效邮递和优惠券，给他们“推荐”什么产品。这一切都是为了提高交易达成的可能性。

6. 在线搜索

谷歌及其竞争对手正利用机器学习来不断提升旗下搜索引擎的理解能力，这可能是该技术最著名的使用案例。你每

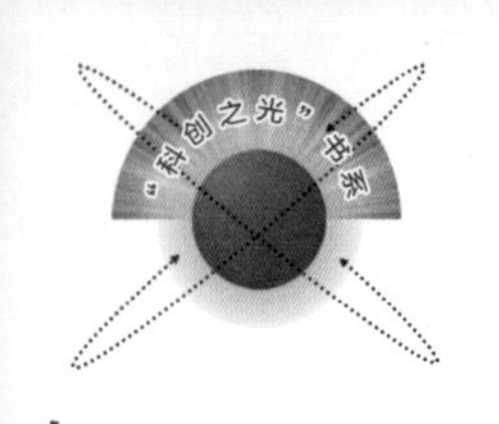

一次在谷歌上进行搜索，该程序就会观察到你对搜索结果的响应方式。如果你点击最上面的那条搜索结果，且停留在该结果指向的网页上，那谷歌就可以断定你得到了你想要寻找的信息，该搜索是成功的。而如果你点击第二页的搜索结果，又或者没有点击当中的任何搜索结果而输入新的搜索词，那谷歌可以断定其搜索引擎没能给你带来你想要的搜索结果——该程序能够从那一错误中学习，以便未来带来更好的搜索结果。

7. 诈骗检测

机器学习正变得越来越擅长发现各个领域的潜在诈骗案例。例如，PayPal 正利用机器学习技术来打击洗黑钱活动。该公司拥有工具来比较数百万笔交易，能够准确分辨买家卖家之间的正当交易和欺诈交易。

8. 产品服务推荐

相信大家一定在网上购买商品的时候遇到过商品推荐，智能机器学习算法会分析你的活动，并将其与数百万其他的用户的活动进行比较，从而判断你可能会喜欢购买什么产品。这些推荐技术正变得越来越智能，例如，它们能够判断你可能是买特定商品作为礼物（而非买给自己），又或者识别出有不同电视观看偏好的其他家庭成员。

9. 自然语言处理（NLP）

自然语言处理，正被用于各个领域的各类令人兴奋的应用当中。有自然语言的机器学习算法能够替代客户服务人员，能够更加快速地给客户提供他们所需的信息。它正被用于将合同中艰深晦涩的法律措辞转变成简单易懂的普通语言，也被用于帮助律师整理大量的信息，提高案件准备效率。

10. 智能汽车

IBM 最近对汽车行业的高管的调查结果显示，有 74% 的人预计智能汽车将会在 2025 年正式上路行驶。智能汽车将不仅仅整合物联网，还会了解车主和它周围的环境。它会自动根据司机的需求调整内部设置，如温度、音响、座椅位置等。它还会报告故障，甚至会自行修复故障，会自动行驶，会提供交通和道路状况方面的实时建议。

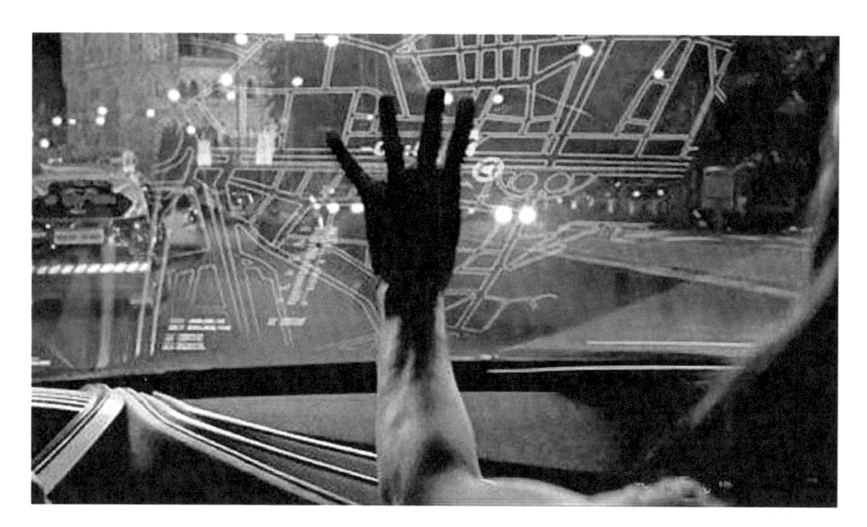

智能汽车

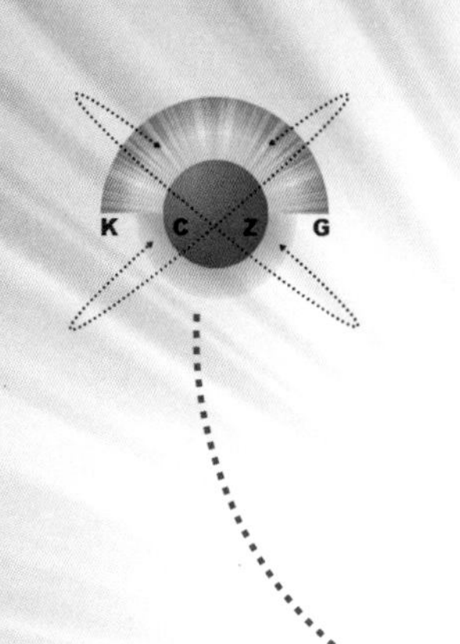

大数据与云计算
——深度学习的矿石和平台

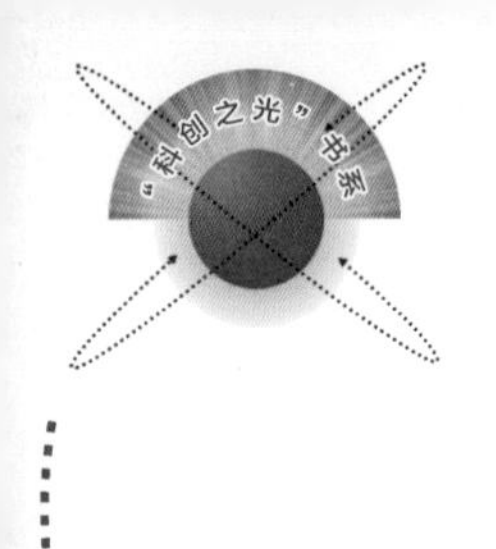

在人工智能和互联网的强大助力之下，一个崭新的时代蓬勃到来。在这样一个时代，我们将体验一种别样的风情，感受大数据和云计算带给我们的独特魅力！

这段美妙的旅途将从两个小案例开始。在这两个小故事中，我们将陶醉于大数据和云计算带给我们奇思妙想中。现在我们开始吧！

案例 1：神奇的数据——大数据预测分析与犯罪预防。

还记得 2002 年上映的电影《少数派报告》吗？预测犯罪还只存在于科幻电影中。犯罪分子并不担心：警察对犯罪的预测性分析会对他们造成多大的影响。但到了今天，这些曾被认为天马行空的设想逐渐变得现实起来了。尽管还不能到达《少数派报告》那种神奇程度。

你知道吗？关于犯罪预测起因竟是源于对地震的预测。大家都知道，对于地震的预测非常困难。不过，对于余震的预测则要容易得多。在地震发生后，随后在附近地区发生余震的概率很大。这个由圣克拉拉大学的助理教授 George Mohler 开发的数学模型用来对余震发生的模式进行识别，从而能够预测新的余震。而犯罪数据也符合类似的模式，所以采用这个模型同样可以预测犯罪。洛杉矶警察局把过去 80 年内的 130 万个犯罪记录输入了模型。如此大量的数据帮助警察们更好地了解犯罪的特点和性质。数据显示，当某地发生犯罪案件后，不久之后附近发生犯罪案件的概率也很大。这一点很像地震后余震发生的模式。当警察们把一部分过去的数据输入模型后，模型对犯罪的预测与历史数据吻合得很好。

洛杉矶警察局已经采用了数据分析来标明洛杉矶的犯罪高发地区。然而，这些信息只能对已经发生的犯罪案件进行记录。现在有了大数据，警察们可以预测犯罪了。洛杉矶警局利用 Mohler 教授的模型进行了一些试点来预测犯罪多发的地点。通过和美国加州大学以及 PredPol 公司的合作，他们改善了软件和算法。如今，他们可以通过软件来预测犯罪高发地区。这已经成为警察们的日常工作之一。不过，让警察们能够相信并且使用这个软件可不是件容易的事。

起初，警察们对这个软件并不感冒。在测试期间，根据算法预测，某区域在一个 12 小时时间段内有可能有犯罪发生，在这个时间段，警察们被要求加大对该区域进行巡逻的密度，去发现犯罪或者犯罪线索。一开始，警察们并不愿意让算法指挥来指挥去地去巡逻。然而，当他们在该区域确实发现了犯罪行为的时候，他们对软件和算法认可了。如今，这个模型每天还在有新的犯罪数据输入，从而使得模型的预测越来越准确。

大数据分析不单单只有这一种能力，它还能够用来打击类似骗保的行为。达勒姆（ Durham）的警察局就利用大量的保险数据，能够找出了一批虚构车祸进行骗保的案件。通过数据分析，他们打掉了一个利用虚构车祸进行骗保的犯罪团伙。

犯罪数据不仅仅能够利用来预防犯罪，还能够帮助从一个更高的角度理解犯罪发生的原因。例如，IBM 的安全顾问，前警察 Shaun Hipgrave 在接受 BBC 采访时提道："当你利用大数据，你能够看到一个正常家庭和一个问题家庭的区别，你能看到是缺乏学校教育的结果。这样我们可以真正从源头上找到降低犯罪的办法。"

案例 2：不一样的游戏——云游戏

你是否想玩大型游戏却苦于游戏太大？你是否抱怨游戏画质太渣，没有良好的用户体验？你又是否嫌弃网速太差被队友骂？不要担心，不要抱怨，体验一把云游戏，感受不一样的游戏体验吧！

根据官方的介绍，通过"云游戏"平台，如图 9-2 所示为云游戏平台。你根本无需下载，只需像看电影在线点播那样，稍等瞬间就开始在线玩体积超过 10G 的超大型 3D 游戏！而且即便你的电脑只有性能很一般的集成显卡，内存 CPU 硬盘空间很吃紧，也能流畅地体验最新的配置要求特别 BT 的 3D 新游戏，无需安装，无需配置，非常简单。可谓是低配置、怕麻烦玩家们的福音。

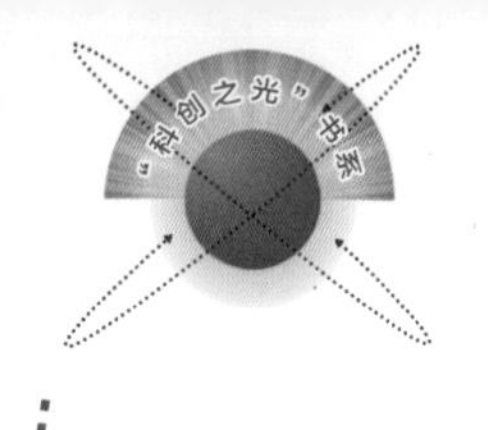

云游戏

云游戏是以云计算为基础的游戏方式，在云游戏的运行模式下，所有游戏都在服务器端运行，并将渲染完毕后的游戏画面压缩后通过网络传送给用户。在客户端，用户的游戏设备不需要任何高端处理器和显卡，只需要基本的视频解压能力就可以了。就现今来说，云游戏还并没有成为家用机和掌机界的联网模式，因为至今 X360 仍然在使用 LIVE，PS 是 PS NETWORK。但是几年后或十几年后，云计算取代这些东西成为其网络发展的终极方向的可能性非常大。如果这种构想能够成为现实，那么主机厂商将变成网络运营商，它们不需要不断投入巨额的新主机研发费用，而只需要拿这笔钱中的很小一部分去升级自己的服务器就行了，但是达到的效果却是相差无几的。对于用户来说，他们可以省下购买主机的开支，但是得到的确是顶尖的游戏画面（当然对于视频输出方面的硬件必须过硬）。你可以想象一台掌机和一台家用机拥有同样的画面，家用机和我们今天用的机顶盒一样简单，甚至家用机可以取代电视的机顶盒而成为次时代的电视收看时代。

案例 3：大数据、云计算、人工智能的实践者——百度外卖

外卖这个行业正在被技术悄然改变，百度外卖依靠其雄厚的大数据、人工智能技术，将外卖运营得异彩纷呈，让人拍案

叫绝。

大数据与云计算如何推动人工智能的发展？百度外卖就是一个很成功的案例——依靠先进的智能决策控制技术，实现业务高效运转，很难想象，这个工作将如何展开，如下图所示。除了智能决策控制技术，看似简单的外卖系统还需要融合大量的先进技术，从数据中心，到云计算、云存储平台，再到应用层的部署、大数据的应用、模型的建立，等等。比如快递员，一次外卖订单的分配需要权衡各种因素，需要根据定位数据、路况数据、餐厅出餐速度数据、快递员个人特征数据、路线规划数据进行大量计算分析。

一般来说，一次订单的分配往往需要进行上亿次的计算，这是典型的大数据应用场景。基于分布式运算、实时流式计算与大数据分析，百度外卖将每日数百万级的订单分配到各个骑士手中，完成外卖的闭环打造。

在百度外卖日常的运营中，产生的数据也是以海量计的，这些数据被赋予了重要的使命。通过对过往数据的分析，百度外卖

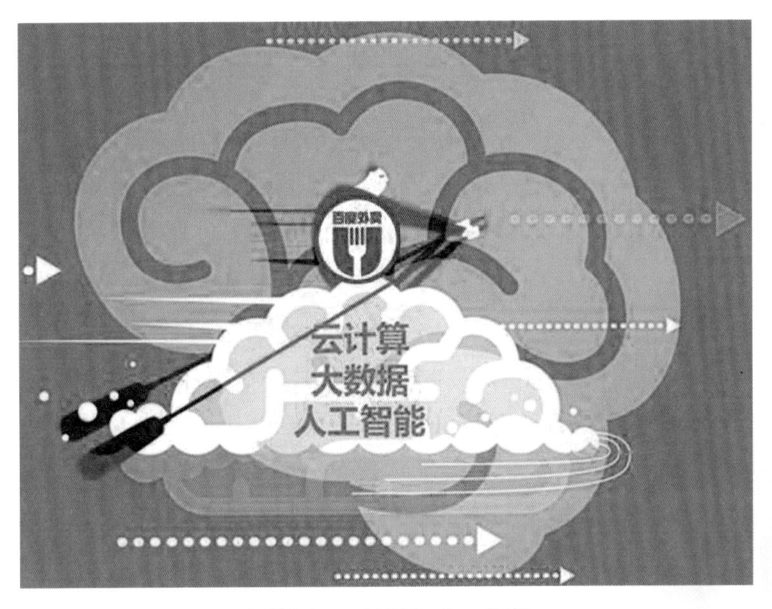

大数据、云计算与人工智能

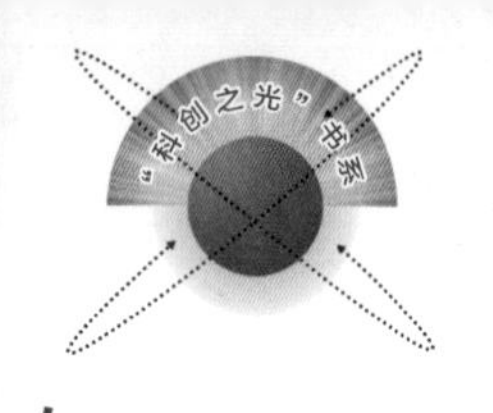

可以精准的发现和定位各种问题，从而寻找解决方案。

除此之外，通过大数据与人工智能技术，百度外卖建立了一套先进的模拟系统，可以对外卖的整个流程进行反复重演、推导和预测。对于整个外卖流程的不断优化可以平滑的进行，所有的流程升级、业务升级，可以直接在充满智慧的模拟系统中验证可行性，业务升级可以以天为单位，每天迭代升级。

新时代的开启——大数据

大数据背后的秘密

在未来几年中，各种新的、强大的数据源会持续爆炸式地增长，它们将会对高级分析产生巨大的影响。例如，仅仅依靠人口统计学和销售历史来分析顾客的时代已经成为了历史。事实上，每一个行业中，都将出现或者已经出现了至少一种崭新的数据源。其中一些数据源被广泛应用于各个行业，而另外一些数据源则只对很小一部分行业和市场具有重大意义。这些数据源都涉及了一个新术语，该术语受到人们越来越多的关注，该术语便是——大数据，如下图所示。

大数据如雨后春笋般地出现在各行各业中，如果能够适当地使用大数据，将可以扩大企业的竞争优势。如果一个企业忽视了大数据，这将会为其带来风险，并导致在竞争中渐渐落后。为了保持竞争力，企业必须积极地去收集和分析这些新的数据源，并深入了解这些新数据源带来的新信息。专业的分析人士将有很多的工作要做，将大数据和其他已经被分析了多年的数据结合在一起，并不是一件容易的事情。

某快餐公司通过大数据视频分析等候队列的长度，然后自动变化电子菜单显示的内容。如果队列较长，则显示可以快速供给的食物；如果队列较短，则显示那些利润较高但准备时间

大数据电子菜单

相对长的食品。

初识大数据

对于“大数据”，研究机构 Gartner 给出了这样的定义：“大数据”是需要新处理模式才能具有更强的决策力、洞察发现力和流程优化能力来适应海量、高增长率和多样化的信息资产。麦肯锡全球研究所给出的定义是：一种规模大到在获取、存储、管理、分析方面大大超出了传统数据库软件工具能力范围的数据集合，具有海量的数据规模、快速的数据流转、多样的数据类型和价值密度低四大特征。

大数据技术的战略意义不在于掌握庞大的数据信息，而在于对这些含有意义的数据进行专业化处理。换而言之，如果把大数据比作一种产业，那么这种产业实现盈利的关键，在于提高对数据的“加工能力”，通过“加工”实现数据的“增值”。

从技术上看，大数据与云计算的关系就像一枚硬币的正反面一样密不可分。大数据必然无法用单台的计算机进行处理，必

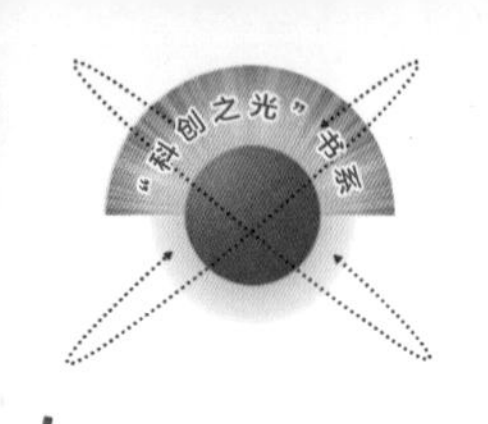

大数据时代

须采用分布式架构。它的特色在于对海量数据进行分布式数据挖掘。但它必须依托云计算的分布式处理、分布式数据库和云存储、虚拟化技术。

随着云时代的来临，大数据也吸引了越来越多的关注。分析师团队认为，大数据通常用来形容一个公司创造的大量非结构化数据和半结构化数据，这些数据在下载到关系型数据库用于分析时会花费过多时间和金钱。大数据分析常和云计算联系到一起，因为实时的大型数据集分析需要像 MapReduce 一样的框架来向数十、数百甚或数千的电脑分配工作。

大数据需要特殊的技术，以有效地处理大量的容忍经过时间内的数据。适用于大数据的技术，包括大规模并行处理（MPP）数据库、数据挖掘、分布式文件系统、分布式数据库、云计算平台、互联网和可扩展的存储系统。

10 多年前，音乐元数据公司 Gracenote 收到来自苹果公司的神秘忠告，建议其购买更多的服务器。Gracenote 照做了，而后苹果推出了 iTunes 和 iPad，Gracenote 从而成为元数据的帝国。在车内听的歌曲很可能反映你真实的喜好，Gracenote 就拥有此种技术。它采用智能手机和平板电脑内置的麦克风识别用户电视或者音响中播放的歌曲，并可检测掌声或嘘声等反应，甚至还能检测用户是否调高了音量。这样，就可以研究用户真正喜好的歌曲，听歌的时间和地点。Gracenote 拥有数百万歌曲的音频和元数据，因而可以快速识别歌曲信息，并按音乐风格、歌手、地理位置等分类。其实大数据比你伴侣更懂你的音乐品味，如下图所示。

大数据更懂你的品味

解密大数据中的“大”和“数据”

现在让我们先做一个小测验！在你继续阅读之前，请先停下片刻，并思考这个问题：术语“大数据”中，哪部分是最重要的？是（1）“大”，（2）“数据”，（3）两者同等重要，还是（4）都不重要？ 请花 1 分钟时间来思考这个问题，如果你已经锁定了自己的答案，请继续阅读后面的内容。同时，想象一下正在播放着“参赛者正在思考”音乐的游戏节目场景。

好了，既然你已经锁定了答案，让我们来看一下它是否正

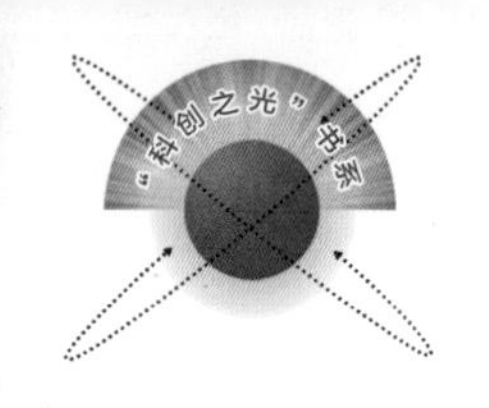

确。这个问题的答案应该选（4），其实“大”和“数据”都不是大数据中最重要的。根本而言，最重要的应该是企业如何来驾驭这些大数据。你的企业对大数据进行的分析，以及随之采取的业务改进措施才是最重要的。无论如何，拥有大量的数据本身并不会增加任何价值。也许你拥有的数据比我拥有的数据多，可那又如何？事实上，拥有任何一个数据集，无论它们多大或者多小，其自身都不会带来任何价值。被收集来的数据如果从不使用，不会比存放在阁楼或地下室的垃圾更有价值。如果不投入具体的环境中并付诸使用，数据将毫无意义。对于任何大量或少量的大数据，大数据的威力体现在如何处理这些数据上。如何分析这些数据？基于这些洞察又将采取怎样的行动？如何利用这些数据来改变业务？或许因为读了很多炒作大数据的文章，很多人开始相信正是由于大数据的大容量、高速和多样性，才使得它们比其他数据更具有优势且更重要。但这并不正确。其实，在很多大数据中，毫无价值或者价值很小的内容所占的比例要比以往数据源中高得多。当你把大数据精简至实际需要的容量时，它们将不再显得如此庞大。但这并不重要，因为不管它是保持原始大小，还是被处理后变得很小，容

大数据之争

量并不重要，重要的是如何处理它。

重要的不是它的容量，而是你如何使用它！我们并不关注大数据的数据量很大这样的事实，也不关注大数据确实会带来很多内在价值的事实。这些价值体现在你如何分析它们，并采取怎样的措施来提升你的业务。

回顾一下 1936 年的美国总统大选可能有助于理解大数据的复杂性。当时民主党人艾尔弗雷·德兰登（Alfred Landon）与时任总统的富兰克林·罗斯福（Franklin Roosevelt）竞选下一任总统。大声望的杂志《文学文摘》担任了选票预测的任务，之所以说它是大声望，是因为《文学文摘》在以往连续四届美国总统大选中都能成功的预测总统宝座的归属。这一次《文学文摘》再一次采用老办法进行民意调查，不同于前几次调查，这次调查把范围扩展得更广。当时大家都是相信数据集合越大，预测结果就会越准确。最后《文学文摘》计划寄出 1 000 万份调查问卷，覆盖当时 1/4 的选民。最终该杂志在两个多月内收到了惊人的 240 万份回执，在统计完成以后，《文学文摘》宣布，艾尔弗：雷德兰登将会以 55：41 的优势击败富兰克林·罗斯福赢得大选。

然而，真实的选举结果与《文学文摘》的预测大相径庭：罗斯福以 61：37 的压倒性优势获胜。让《文学文摘》觉得更讽刺的是，新民意调查的开创者乔治·盖洛普（George Gallup），仅仅通过一场规模小更多的问卷——一个 3 000 多人的问卷调查，却得出了准确得多的预测结果：罗斯福将会稳操胜券。盖洛普的 3 000 人“小”抽样，居然挑翻了《文学文摘》240 万的“大”调查，这让专家学者和社会大众跌破眼镜。

显然，盖洛普抽样的成功有它独到的办法，而从数据体积大小的角度来看，“大”并不能决定一切。民意调查时基于对投票人的大范围采样。这意味着调查者需要处理两个难题：样本误差和样本偏差。

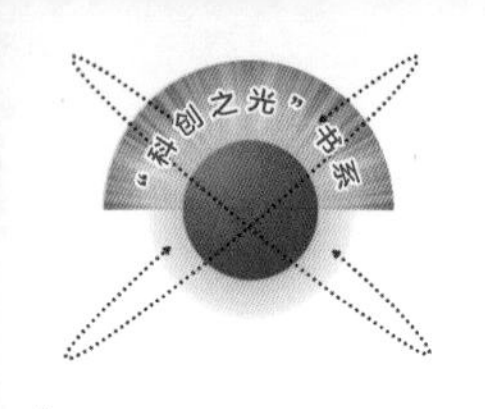

奇特的大数据

1. 数据量大（Volume）

第一个特征是数据量大。大数据的起始计量单位至少是 P（1000 个 T）、E（100 万个 T）或 Z（10 亿个 T）。

2. 类型繁多（Variety）

第二个特征是数据类型繁多。包括网络日志、音频、视频、图片、地理位置信息等等，多类型的数据对数据的处理能力提出了更高的要求。

3. 价值密度低（Value）

第三个特征是数据价值密度相对较低。如随着物联网的广泛应用，信息感知无处不在，信息海量，但价值密度较低，如何通过强大的机器算法更迅速地完成数据的价值“提纯”，是大数据时代亟待解决的难题。

4. 速度快、时效高（Velocity）

第四个特征是处理速度快，时效性要求高。这是大数据区分于传统数据挖掘最显著的特征。

既有的技术架构和路线，已经无法高效处理如此海量的数据，而对于相关组织来说，如果投入巨大采集的信息无法通过及时处理反馈有效信息，那将是得不偿失的。可以说，大数据时代对人类的数据驾驭能力提出了新的挑战，也为人们获得更为深刻、全面的洞察能力提供了前所未有的空间与潜力。

生活中的大数据

生活中的大数据无处不在，让我们看一看大数据的神奇表现吧。

大数据之数字化社区“新管家”

“城管通”全名城市管理系统，是基于大数据开发的一款软件，这款软件需安装在城管工作人员的手机上，直接和指挥部平台系统相连，是利用大数据处理分析方式而建立的“数字城管”的一个典型实例。

“城管通”的主要职责是利用数据处理、分析群众投诉事件。处理事件一般分为七个步骤：事件发起、派单、接单、到达现场、处置、结论、评估。例如路面两旁的大树被大雪压断，交通出现拥堵，这时群众报警或是通过 12345 热线，就可直接把消息派到指挥中心，指挥中心将很快派人处理类似这样的事情。由城管人员通过手机上的“城管通”派单反应情况，可达到同样的效果。

利用“城管通”，工作人员还可将现场处理的情况通过平台及时反应给指挥中心，这样以来，不仅可以跟踪工作轨迹，还可根据处理时长对该事件进行初步评估测试，分析出容易出问题的设施等，真正做到各类型事件的有效追溯。

大数据与社会事业

现代生活利用大数据解决问题，使人们在当今城市的快节奏生活更加便捷。众所周知，以前人们到医院挂号、就诊配药等都要一次次排队，就医难成为现代不少人的无奈。而如今，随电子医疗时代的到来，很多百姓可以通过网上预约挂号，使用一张 IC 卡就能轻松付费，患者的信息也能够及时的进入信息系统形成各类诊疗数据。患者病例记录通过医疗机构标准化，就可以形成多方位的大数据。

医生根据患者的基本资料、诊断结果、处方、医疗保险等数据，将这些不同数据综合起来，通过大数据决策处理软件，医生将为患者选择最佳的医疗护理解决方案。

大数据与热门电视节目

印度有一档非常受欢迎的电视节目 Satyamev jayate，如下图所示。该节目整理分析社会大众对于争议话题的各种意见，并使用这些数据推进改革。

虽然节目直播没多久，但是来自各方的反馈数据不容小觑。来自印度电视和世界各地的 YouTube 上的观众 400 万；超过 1. 2 亿人在其网站、Facebook、Twitter、YouTube 和移动设备上连接

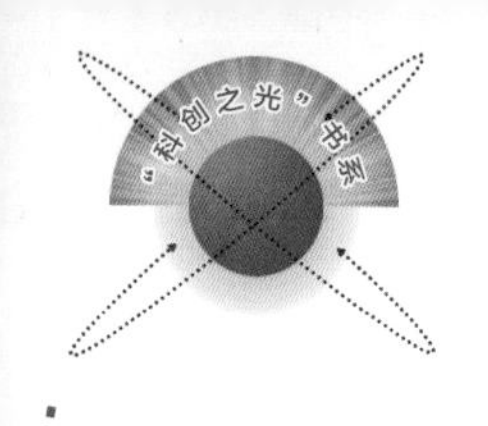

印度颇受欢迎的电视节目

Satyamev jayate；超过 800 万的人通过 Facebook、网络注释、文本消息及电话热线等方式发送 14 万个回应，每周超过 10 万新观众进行回应。

大数据分析（IT 分析工具）

大数据概念应用到 IT 操作工具产生的数据中，可以使 IT 管理软件供应商解决太广泛的业务决策。IT 系统、应用和技术基础设施每天每秒都在产生数据。大数据非结构化或者结构数据都代表了“所有用户的行为、服务级别、安全、风险、欺诈行为等更多操作”的绝对记录。

大数据分析的产生旨在 IT 管理，企业可以将实时数据流分析和历史相关数据相结合，然后大数据分析并发现它们所需的模型。反过来，帮助预测和预防未来运行中断和性能问题。进一步来讲，企业可以利用大数据了解使用模型以及地理趋势，进而加深对重要用户的洞察力。企业也可以追踪和记录网络行为，轻松地识别业务影响；随着对服务利用的深刻理解，加快利润增长；同时跨多系统收集数据发展 IT 服务目录。

大数据分析的想法，尤其在 IT 操作方面，大数据对于发明并没有什么作用，只是我们一直在其中。Gartner 已经关注这个话题很多年了，他们已经强调，如果 IT 正在引进新鲜灵感，他们将会扔掉大数据老式方法开发一个新的 IT 操作分析平台。

大数据的发展趋势

趋势一：数据的资源化

资源化是指大数据成为企业和社会关注的重要战略资源，并已成为大家争相抢夺的新焦点。因而，企业必须要提前制订大数据营销战略计划，抢占市场先机。

趋势二：与云计算的深度结合

大数据离不开云处理，云处理为大数据提供了弹性可拓展的基础设备，是产生大数据的平台之一。自 2013 年开始，大数据技术已开始和云计算技术紧密结合，预计未来两者关系将更为密切。除此之外，物联网、移动互联网等新兴计算形态，也将一起助力大数据革命，让大数据营销发挥出更大的影响力。

趋势三：科学理论的突破

随着大数据的快速发展，就像计算机和互联网一样，大数据很有可能引发新一轮的技术革命。随之兴起的数据挖掘、机器学习和人工智能等相关技术，可能会改变数据世界里的很多算法和基础理论，实现科学技术上的突破。

趋势四：数据科学和数据联盟的成立

未来，数据科学将成为一门专门的学科，被越来越多的人所认知。各大高校将设立专门的数据科学类专业，也会催生一批与之相关的新的就业岗位。与此同时，基于数据这个基础平台，也将建立起跨领域的数据共享平台。之后，数据共享将扩展到企业层面，并且成为未来产业的核心一环。

趋势五：数据泄露频发

未来几年数据泄露事件的增长率也许会倍增，除非数据在其源头就能够得到安全保障。可以说，在未来，每个财富 500 强企业都会面临数据攻击，无论它们是否已经做好安全防范。而所有

企业，无论规模大小，都需要重新审视今天的安全定义。在财富500强企业中，超过50%将会设置首席信息安全官这一职位。企业需要从新的角度来确保自身以及客户数据安全，所有数据在创建之初便需要获得安全保障，而并非在数据保存的最后一个环节，仅仅加强后者的安全措施已被证明于事无补。

趋势六：数据管理成为核心竞争力

数据管理成为核心竞争力，直接影响财务表现。当"数据资产是企业核心资产"的概念深入人心之后，企业对于数据管理便有了更清晰的界定，将数据管理作为企业核心竞争力，持续发展、战略性规划与运用数据资产成为企业数据管理的核心。数据资产管理效率与主营业务收入增长率、销售收入增长率显著正相关，此外，对于具有互联网思维的企业而言，数据资产竞争力所占比重为36. 8%，数据资产的管理效果将直接影响企业的财务表现。

比如从专业分析的角度来看NBA。

专业篮球队会通过搜集大量数据来分析赛事情况，然而他们还在为这些数据的整理和实际意义而发愁。通过分析这些数据，可否找到两三个制胜法宝，或者至少能保证球队获得高分?

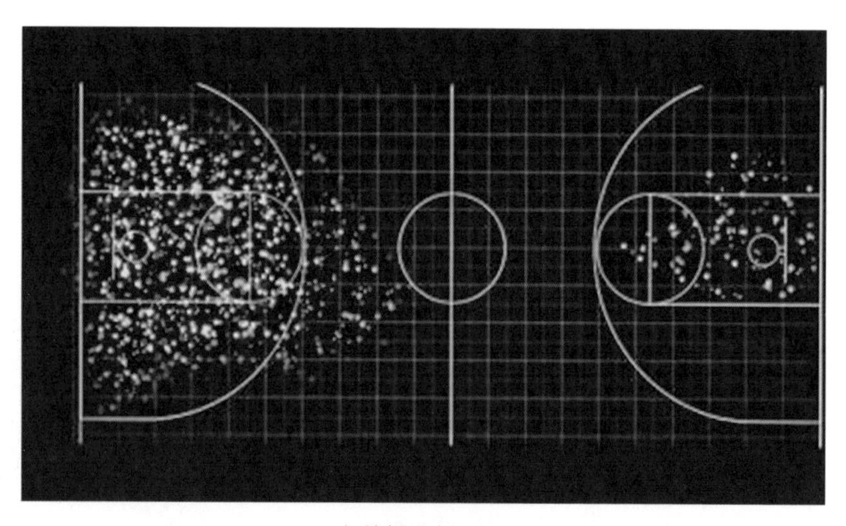

大数据分析 NBA

Krossover 公司正致力于此。

在每场比赛后，教练只需要上传比赛视频。接下来，来自Krossover 团队的大学生将会对其分解。等到第二天教练再看昨晚比赛时，他只需要检查任何他想要的——数据统计、比赛中的个人表现、比赛反应，等等。通过分析比赛视频，毫不夸张地分析所有的可量化的数据。

神奇的工具——云计算

初识云计算

云计算是继 1980 年代大型计算机到客户端-服务器的大转变之后的又一种巨变。

云计算是分布式计算（Distributed Computing）、并行计算（Parallel Computing）、效用计算（Utility Computing）、网络存储（Network Storage Technologies）、虚拟化（Virtualization）、负载均衡（Load Balance）、热备份冗余（High Available）等传统计算机和网络技术发展融合的产物。

云计算（cloud computing）是基于互联网的相关服务的增加、使用和交付模式，通常涉及通过互联网来提供动态易扩展且经常是虚拟化的资源。

美国国家标准与技术研究院（NIST）定义为：云计算是一种按使用量付费的模式，这种模式提供可用的、便捷的、按需的网络访问，进入可配置的计算资源共享池（资源包括网络、服务器、存储、应用软件、服务），这些资源能够被快速提供，只需投入很少的管理工作，或与服务供应商进行很少的交互。XenSystem 以及在国外已经非常成熟的 Intel 和IBM，各种“云计算”的应用服务范围正日渐扩大，影响力无可估量。

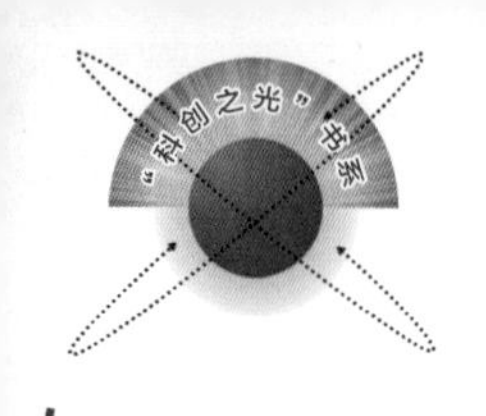

云计算的奇特之处

云计算是通过使计算分布在大量的分布式计算机上，而非本地计算机或远程服务器中，企业数据中心的运行将与互联网更相似。这使得企业能够将资源切换到需要的应用上，根据需求访问计算机和存储系统。

好比是从古老的单台发电机模式转向了电厂集中供电的模式。它意味着计算能力也可以作为一种商品进行流通，就像煤气、水、电一样，取用方便，费用低廉。最大的不同在于，它是通过互联网进行传输的。被普遍接受的云计算特点如下。

1. 超大规模

“云”具有相当的规模，Google 云计算已经拥有 100 多万台服务器，Amazon、IBM、微软、Yahoo 等的“云”均拥有几十万台服务器。企业私有“云”一般拥有数百上千台服务器。“云”能赋予用户前所未有的计算能力。

2. 虚拟化

云计算支持用户在任意位置、使用各种终端获取应用服务。所请求的资源来自“云”，而不是固定的有形的实体。应用在“云”中某处运行，但实际上用户无需了解也不用担心应用运行的具体位置。只需要一台笔记本或者一个手机，就可以通过网络服务来实现我们需要的一切，甚至包括超级计算这样的任务。

3. 高可靠性

“云”使用了数据多副本容错、计算节点同构可互换等措施来保障服务的高可靠性，使用云计算比使用本地计算机可靠。

4. 通用性

云计算不针对特定的应用，在“云”的支撑下可以构造出千变万化的应用，同一个“云”可以同时支撑不同的应用运行。

5. 高可扩展性

“云”的规模可以动态伸缩，满足应用和用户规模增长的需要。

6. 按需服务

“云”是一个庞大的资源池，你按需购买；云可以像自来水，电，煤气那样计费。

7. 极其廉价

由于“云”的特殊容错措施可以采用极其廉价的节点来构成“云”。“云”的自动化集中式管理使大量企业无需负担日益高昂的数据中心管理成本，“云”的通用性使资源的利用率较之传统系统大幅提升，因此用户可以充分享受“云”的低成本优势，经常只要花费几百美元、几天时间就能完成以前需要数万美元、数月时间才能完成的任务。

云计算可以彻底改变人们未来的生活，但同时也要重视环境问题，这样才能真正为人类进步做贡献，而不是简单的技术提升。

神奇的云计算

1. 云物联

“物联网就是物物相连的互联网”，云物联如下图所示。这有两层意思：第一，物联网的核心和基础仍然是互联网，是在互联网基础上的延伸和扩展的网络；第二，其用户端延伸和扩展到了任何物品与物品之间，进行信息交换和通信。

物联网的两种业务模式：（1）MAI（M2M Application Integration），内部 MaaS；（2）MaaS（M2M As A Service），MMO，Multi-Tenants（多租户模型）。

随着物联网业务量的增加，对数据存储和计算量的需求将带来对“云计算”能力的要求。

（1）云计算：从计算中心到数据中心在物联网的初级阶段，PoP 即可满足需求；

（2）在物联网高级阶段，可能出现 MVNO/MMO 营运商（国

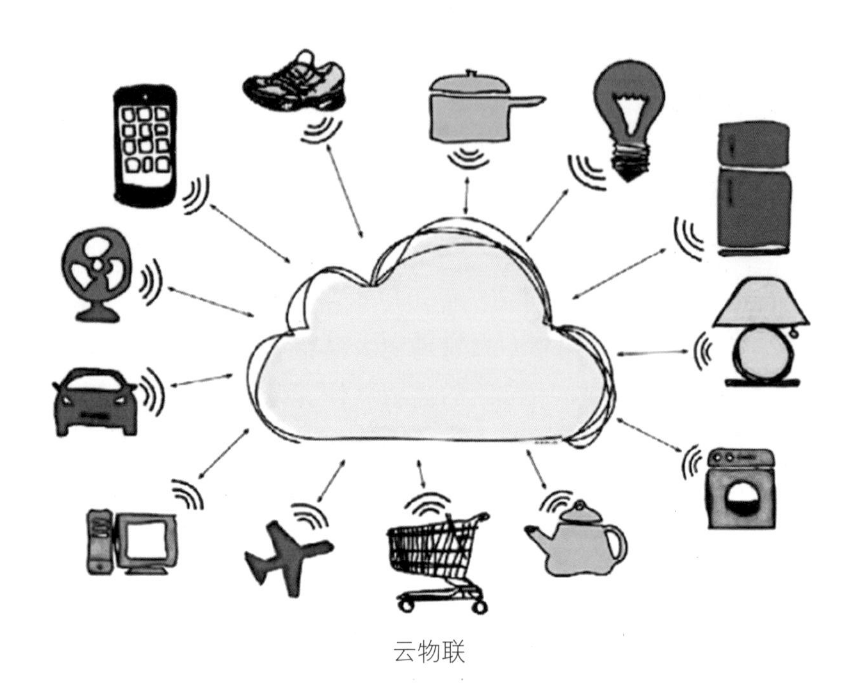

云物联

外已存在多年），需要虚拟化云计算技术，SOA 等技术的结合实现互联网的泛在服务：TaaS（everyTHING As A Service）。

2. 云安全

云安全（Cloud Security）是一个从“云计算”演变而来的新名词。云安全的策略构想是：使用者越多，每个使用者就越安全，因为如此庞大的用户群，足以覆盖互联网的每个角落，只要某个网站被挂马或某个新木马病毒出现，就会立刻被截获，云安全如下图所示。

云安全

“云安全”通过网状的大量客户端对网络中软件行为的异常监测，获取互联网中木马、恶意程序的最新信息，推送到 Server 端进行自动分析和处理，再把病毒和木马的解决方案分发到每一个客户端。

3. 云存储

云存储是在云计算概念上延

伸和发展出来的一个新的概念，是指通过集群应用、网格技术或分布式文件系统等功能，将网络中大量各种不同类型的存储设备通过应用软件集合起来协同工作，共同对外提供数据存储和业务访问功能的一个系统。当云计算系统运算和处理的核心是大量数据的存储和管理时，云计算系统中就需要配置大量的存储设备，那么云计算系统就转变成为一个云存储系统，所以云存储是一个以数据存储和管理为核心的云计算系统。

大数据、云计算如何促进人工智能的发展

随着人工智能技术研究的不断深化，其正在逐渐成为新一轮技术变革的核心，而大数据、云计算等新技术反过来也在支撑人工智能在应用领域的落地，那么我们先来看一看大数据，云计算技术是如何促进人工智能的工业应用的?

人工智能利用传感器实现智能化，为了让数据做得好，让机器更聪明，而不是说取代人类，比如无人驾驶的目的是无忧驾驶，是为了预防系统性风险。

如今对于人工智能，人们已经进入到寻求人工智能变现的阶段，基于这一现状，整体人工智能以数据为基础，成为数据智能，中国的云端产业升级也是来自于数据智能新一波浪潮的推动。

云计算相当于人工智能的大脑，是人工智能的神经中枢。云计算是基于互联网的相关服务的增加、使用和交付模式，通常涉及通过互联网来提供动态易扩展且经常是虚拟化的资源。

大数据相当于人的大脑从小学到大记忆和存储的海量知识，这些知识只有通过消化，吸收、再造才能创造出更大的价值。

打个比方，人工智能为一个人吸收了人类大量的知识，不断地深度学习、进化成为一方高人。人工智能离不开大数据，更是基于云计算平台完成深度学习进化。

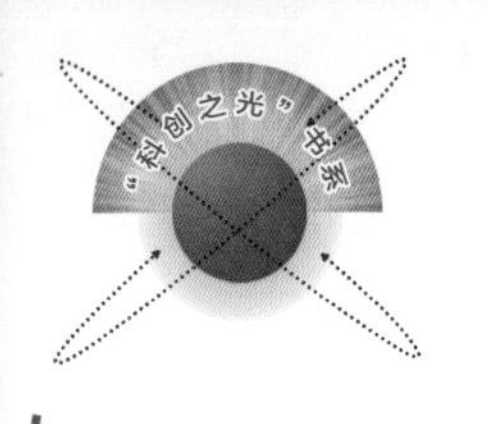

大数据、云计算与人工智能的关系

综上，通过物联网产生、收集海量的数据存储于平台，再通过大数据分析，甚至更高形式的人工智能，为人类的生产、生活所需提供更好的服务。

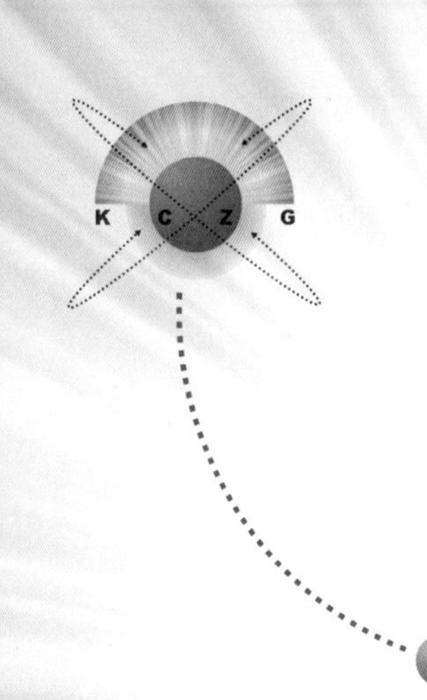

智能家居
——真正“懂”你

想象一下生活场景——从一天开始到下班，当然，还有你时不时的出差。

场景一：早上一醒来，根据昨晚睡眠状况播放的音乐把你从梦中唤醒，灯光自动打开，窗帘缓缓开启。步入洗漱间，浴室热水已调到舒适温度，镜子上具体显示出你的睡眠和身体状况，并对你今天的行程和饮食提供建议，对家人的基本情况也实时显示。厨房电器也已准备好丰盛的早餐。

场景二：快下班了，你对着手机说："我要下班了。"然后，家中的电器根据今天的路况计算出你到家的大概时间，并提前将停车库车门打开，将热水器中水打开，并为你冲好了一杯喜欢的拿铁咖啡。你一回到家，冲个热水澡，喝杯咖啡，准备好好享受下这温馨时刻。你眼角动了一下，电视立刻知道是你喜欢的足球赛要开始了，于是自动帮你调到那个频道。有点遗憾的是，你喜欢的球队输球了，结束后，轻缓的音乐响起，静静地陪着你。旁边的机器人小 i 还为你拿了瓶红酒，默默地坐在一边。你慢慢睡着了，音乐渐渐关掉，房间灯的亮度也慢慢变暗，沙发自动倒下去，变成一张床，你舒服地睡着了。

场景三：准备出差，突然手机提醒：你的身份证还没有带，

智能家居生活场景

你还准备回来一趟吗？垃圾不用倒了，我帮你倒出去就可以了。

上述美妙的生活场景就是我们对智能生活的期待，是一个能与你交流、真正“懂”你的家居生活。这一切，基于人工智能系统实现的自学习、自感知，自主地进行各种行为。

智能家居来了

智能家居可理解为以住宅为平台安装有智能家居系统的居住环境，最终目的是为满足人们对安全、舒适、方便和符合绿色环境保护的需求。完整的智能家居包含家居布线系统、家庭网络系统、智能家居（中央）控制管理系统、家居照明控制系统、家庭安防系统、背景音乐系统、家庭影院与多媒体系统、家庭环境控制系统等。其中，智能家居（中央）控制管理系统、家居照明控制系统、家庭安防系统是必备系统。

《2016—2022 年中国智能家居市场研究及发展趋势研究报告》显示，虽然智能家居概念已传入中国近 30 年时间，但中国市场真正有厂商进入智能家居市场是在 2003 年左右，也陆续有一些智能家居系统推向市场。

智能家居在国内虽是新兴的行业，但崛起之势有目共睹。科技公司如华为、小米，电商平台如阿里巴巴、京东，互联网公司如腾讯、百度、360，传统家电厂商如海尔、美的等都争相进入这片“蓝海”。其中华为推出的是 OpenLife 智能家居开放生态平台，阿里巴巴、京东、腾讯主要是通过电商平台销售智能家居产品，并提供自己的智能物联平台，它们进入智能家居领域的方式主要是提供技术平台；传统家电厂商主要是通过将互联功能加入已有的成熟产品，来提高用户体验。

真正的智能家居核心是系统自身的智能化，能够自主分析与执行，能够独立判断环境、适应环境、动态调整，哪怕智能化程度还不够特别高级。人们需要的是能够为自己分解压力、减少人为干预

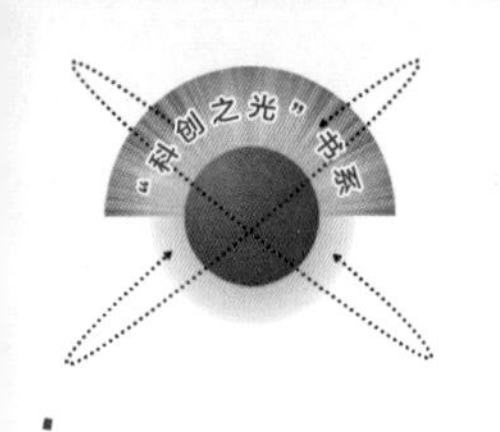

的智能，否则，手机和遥控控制空调的区别又能有多大呢?

在智能家居未来的发展趋势中，发展的核心应为实现真正的智能化。在当今传统控制已经发展到较高水平的情况下，如何将智能融入智能家居系统，使其能够具有一定意义和程度上的“思维”能力，将是影响智能家居发展的重要因素。

人工智能包括智能家居的根本出发点和最终落脚点都是人，都是为了让人们拥有更美好的生活。借助人工智能技术，可以减少无意义的劳动，让自己做更喜欢的事情，达到社会的真正高效、智能。

智能家居发展三个阶段

智能家居出现至今已经有几十年的时间，大致经历了三个阶段。

第一个阶段是联网，或者单品的智能化。将所有家具连接到人的手机上，实现远程控制。最初大部分企业进军智能家居时会选择其作为入口。一般而言，传统家电企业以智能冰箱、智能空调、智能洗衣机等家电用品引起关注，而互联网企业主要以路由器、电视盒子、摄像头等智能产品让人驻足。

第二个阶段是联动，即不同类产品之间信息可以互通共享，从而打破智能家居的“信息孤岛”。比如，室内灯打开后，智能窗帘也会随之关闭。

以上两个阶段，都需要人工操控，无法真正解决用户需求，所以称之为弱联动的智能化。

第三阶段即以人工智能为代表。智能家居本身即是一个平台，也是一个系统，可以实现自学习、自感知，即产品与产品之间的互通互联不再需要人的干预，均能自主地进行各种操作，从而由原来的被动智能转向主动智能。相当于给智能家居装上更为智能的人工大脑，从而让智能家居可以更好地了解用户的心思。

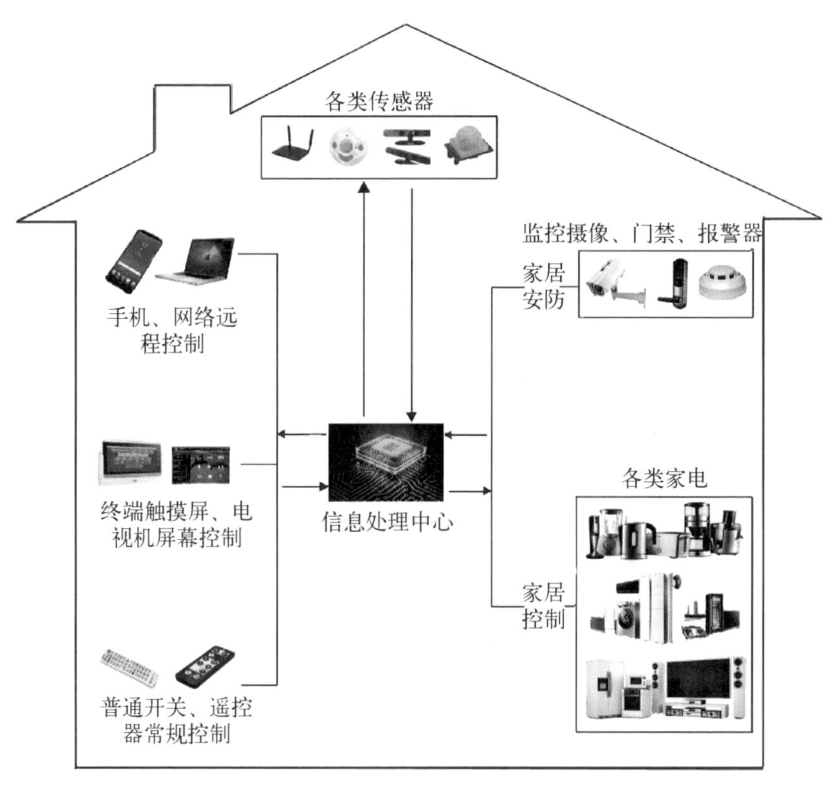

智能家居系统阐述

（图片来源：《智能家居：商业模式+案例分析+应用实战》，2016）

这些是建立在数据挖掘的基础上，最后的效果能达到自然的人机交互，机器可以理解或者执行主人想做的事情。正如前面描述的场景，下班回到家，所有的门、灯、热水、咖啡，全实现自动打开，围绕人来提供服务。

其实，智能家居的控制方式比较直观地反映了智能家居的发展阶段。

那么，什么是人工智能电器呢？

人工智能电器是指电器通过人工智能技术与互联网连接，并通过大数据运营，让电器具有语音识别、图像识别等功能，从而通过人体指令让电器具有自动推荐、选择的功能，并学习用户的使用习惯，以实现更精准的人体操控和互动。

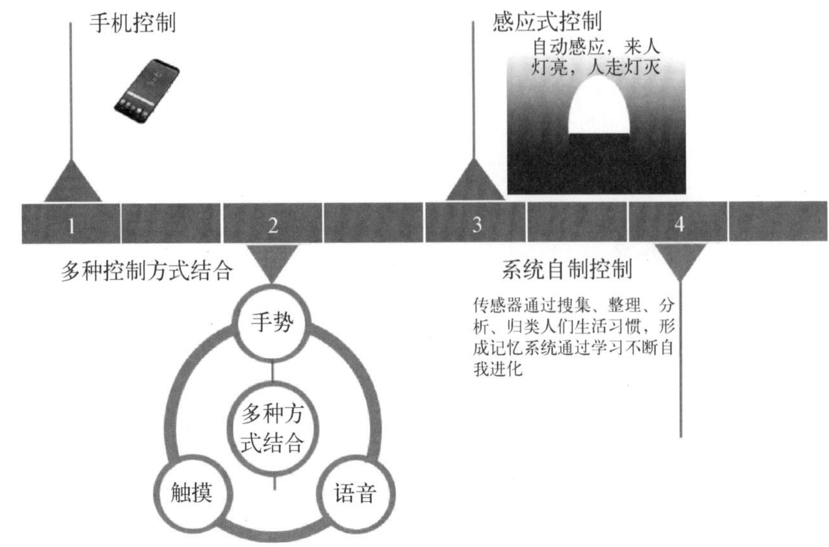

智能家居控制方式

（图片来源：《智能家居：商业模式 + 案例分析 + 应用实战》，2016）

人工智能电器意味着智能家居取得了较大进步，主要体现在以下几方面。

1. 实现了语音的智能交互

语音交互作为人最习惯的交互方式，被认为是推动人工智能走向认知计算的必由之路。以人工智能电视为例，不仅可以实现语音交互，还可以实现语义理解，对用户发出的指令进行判断、分析，并给予实时的反馈。比如，用户想看某一个电视节目，直接说出节目名称，电视即可快速搜索，实时播放。

2. 深度学习

大量的数据和强大的运算能力让深度学习得以快速发展。

其发展主要得益于两个外部条件：一个是半导体技术的发展，图形处理器 GPU 芯片的发明实现了大规模并行计算，解决了计算量超大的问题；另一个是随着大数据时代的来临，获得训练神经网络所需的数据成本大大降低。

电器可以根据用户一段时间使用的情况，进行习惯的归纳，做好推荐工作，实现用户的“量身定制”，具有用户自己的个人特性。

智能照明系统

到底什么是智能照明呢？让我们先看一下什么是照明系统。权威的定义至今还在探讨之中。国际上，国际电工委员会IEC专门成立了为照明系统提供指导的咨询小组AG2，提出照明系统的定义：照明系统是光源、灯具和相关部件的组合，其相互作用以满足多种多样的照明应用需求，如人体舒适性、安全、环境友好和节能。照明系统可以包括物理元器件、元器件之间的通信、用户界面、软件，以及提供中央控制和监控功能的网络。

在我国，半导体照明技术评价联盟（TEAS）成立了专门的工作组，对照明系统进行了定义：以提供照明为基础的系统，包括自然光照明系统、人工照明系统及二者结合构成的系统，该系统可利用控制技术、网络通讯及传感技术等，实现照明应用的安全性、节能性、便利性、舒适性、艺术性。

智能照明系统的本质是电子化和网络化的结合，不仅可以实现照明系统的智能控制、自动调节和情景照明，也可以加入互联网，衍生更多高附加值的服务。

家居智能照明系统以计算机网络控制平台为核心，采用数字化、模块化及分布式的总线架构，实现对照明灯的控制及管理。通过网络总线，系统的中央处理器（Central Processing Unit，CPU）与各控制模块间保持实时的信息通信，并可以根据外围环境的变化进行远程及自动化管理。

家居智能照明系统由信息采集处理器、智能控制器（Room Control Unit，RCU）、终端灯和信息显示4大模块构成，并利用组网、通讯、控制及综合管理技术对终端灯进行控制及管理。家居智能照明系统的核心为智能控制器，其可以接受能实时反馈家居环境信息的外接传感器信号，并通过数据交换，将指令传感到终端灯和信息显示在响应的控制面板。

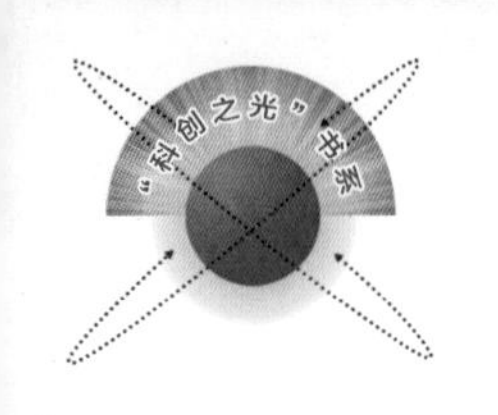

智能照明系统应用范围很广，包括所有的家居场所，如客厅、卧室、书房、厨房等，其设计时应充分考虑舒适及节能的特性，应具备以下功能：

（1）定时控制。除了普通的定时功能外，要充分考虑到一些安全作用，如长期无人居住，则定时开启灯光可起到安全警示作用。

（2）感应控制。现在很多场所已经实现，特别是一些公共场所的公共区域，实现人到灯亮、人走灯关，也可起到节能作用。

（3）场景调控。这是个性化的需求，根据不同场景，不同爱好，设定不同的照明模式，并营造出舒适的环境。

（4）远程控制。主要是通过一些移动设备，对家居照明的运行实现无线的远程控制。

需要强调的是，并不是简单地把照明设备加入智能程序就可以实现智能照明，而是必须拥有完善的控制系统，要兼顾创新技术与实用产品的结合。在整个智能家居系统中，要从单一的照明智能化，发展到与其他家用电器的联动控制，从而实现全面组网。另外，要充分发挥人的主观能动性，人与照明之间将进行更多的互动与创新，实现家居智能照明的人性化与个性化的完美结合。

未来，作为智能家居的重要组成部分，智能灯泡除了可以调光、调色外，还可以通过集中控制器连接到家里的无线网络，与互联网或社交网站相连，提供天气预报、约会提醒等服务。

目前用于智能照明的通信手段有很多，有线技术主要有PLC、RS485、Ethernet（IEEE 802. 3）、EIB/KNX、LonWorks、DALI、DMX512 和 C-Bus 等；无线技术主要有 ZigBee、蓝牙、WiFi、红外、普通 RF 和 Z-wave 等。相信未来智能照明发展的趋势是一个兼容的局面。

智能照明是未来照明的重要发展方向，但目前全面评估智能照明产品性能的指标和方法仍极度欠缺，标准体系的建设处于起步阶段。

智能安防系统

在安防行业，人工智能技术的应用也越来越广泛。越来越多的安防企业也开始提倡“智能安防”的概念，并围绕它形成了一系列的产品和解决方案。

安防系统每天产生海量图像和视频信息，这些信息冗余问题催生了带有人工智能的计算机视觉技术在安防领域的应用。该技术可以对图像视频进行自动分析、识别、跟踪、理解和描述，并在安防监控系统中演变为视频智能分析应用。视频智能分析可以在不需要人为干预的情况下，利用计算机视觉和视频监控分析方法对摄像机拍录的图像序列进行自动分析，主要基于目标特征，包括目标检测、目标分割提取、目标识别、目标跟踪，以及对监视场景中目标行为的理解与描述，得出对图像内容含义的理解以及对客观场景的解释，从而指导和规划行动。

视频智能分析在安防行业产品中有一项重要应用，就是人脸分析。抓取画面中的人员面部数据，通过智能分析获得如年龄、性别、行进方向等信息，与大数据库比对进行黑名单预警。

目前，根据图像来源，人脸识别技术的应用场景大致可分为静态、动态、各种终端身份识别。若图像的来源是一幅静态图像，我们称之为静态人脸识别；若基于视频中的人脸照片，我们称之为动态人脸识别，其主要用于进行远距离、快速、无接触式的重点人员布控预警系统，是人脸识别和智能视频监控相结合的产物。与简单的静态场景相比，动态场景中人脸识别受影响的因素更多（复杂光照变化、人脸姿态变化以及多变的背景等）。虽然挑战性最大，但其是安防市场中应用前景最广阔、最热的一个方向。

从某种意义上来讲，目前的智能安防依旧停留在被动防御上，比如说，发现有人撬门了，便会报警。未来的智能家居安防系统将会更倾向于防患于未然，高容量高分辨率的摄像头，如天

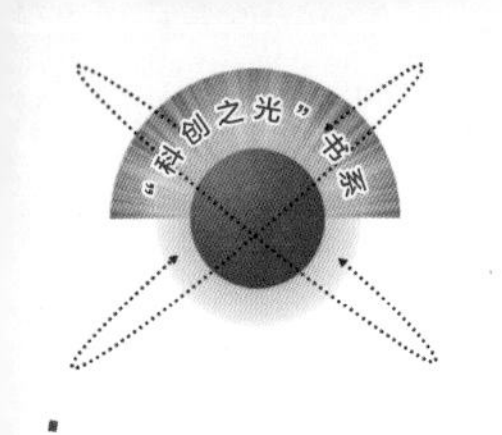

网一样，覆盖几乎所有的公共领域。当然，在这个过程中，我们也会对不同智能摄像头赋予不同权限。

智能环境监测系统

智能家居环境监测系统为用户提供全面、可靠、方便的环境信息。一般而言，智能环境监测系统具有如下特点。

1. 多对象监测

为了提供全面的环境信息，环境监测系统通常需要对多个对象进行监测，如：温湿度、光线强度、有害气体浓度、火灾信息以及非法入侵等。

2. 多点监测

由于环境中的被测对象在时间和空间上具有分布不均匀性，同一对象在不同时间和不同地点具有不同的属性值。为了实现监测的全面性和精度性，有时需要对同一对象进行多点监测。

3. 系统灵活

当增加或减少监测对象或者监测点时，系统需要具有良好的灵活性，实现环境的智能化处理。

智能家居环境监测系统一般由管理中心、控制中心节点、路由器节点以及传感器节点组成，一般采用无线网络传输。

传感器采用单独模块设计，根据室内大小放置多个传感器在不同的位置；采用基于 Zigbee 技术的无线网络传输，将各个传感器采集到的数据通过 Zigbee 网关传送到互联网；利用智能家居系统的界面，可随时查看相关参数的各项数值；根据需求，通过无线网络发送指令到相应执行器，对设备进行控制。

那么，常见的与人体安全、舒适相关的环境参数有哪些呢？如何进行控制呢？

1. 温度

作为人体对周围环境最敏感的要素之一，温度需要重点监测。通过用户设置温度传感器，自动采集被监测区域的温度信息，并将采集到的信息发送到控制中心节点。数据处理完毕后再发送到智能家居管理中心。然后，按照用户的生活习惯等参数控制空调等设备，实现室内温度的控制。

2. 湿度

目前，湿度调节主要通过空调和加湿器，由用户手工操作完成，其智能化与自动化程度都不够，与温湿度监测类似。在用户的配置下，湿度传感器节点自动采集被检测区域的湿度信息，并最终将采集的湿度信息发送到智能家居管理中心。经过处理后，控制空调与加湿器等设备的工作，从而实现室内湿度的智能控制。

3. 一氧化碳气体

一氧化碳气体监测主要是从安全角度考虑的。传感器节点设置与温湿度传感器设置类似。当燃气设备发生煤气泄漏时，威胁家庭人员生命安全。当监测到一氧化碳气体浓度大于一定阈值时，一氧化碳气体传感器节点会立即发送报警信号到智能家居管理中心，在启动家庭报警器的同时，打开门窗，保持室内空气流通，保证家庭成员生命安全。另外，还可以根据不同浓度范围，找到泄露源，提供建议操作。

4. 火灾

火灾情况监测也是智能家居环境监测系统的必不可少部分。每个房间均设置火灾传感器节点，以实时监测被监测区域的火灾信息情况。一旦监测到火灾信息，就发送紧急报警信息到管理中心，将启动报警系统，通知用户火灾信息。并根据火势大小，传送到相应的消防中心。

5. 非法入侵

从保护居住人员的生命财产安全的角度，非法入侵检测传感器是不可少的。这些传感器安装在隐蔽的地方，如门、窗、车库、花园等，来实时监测非法入侵的情况。当监测到非法入侵事件时，传感器信号被发送到管理中心，管理中心将启动报警系

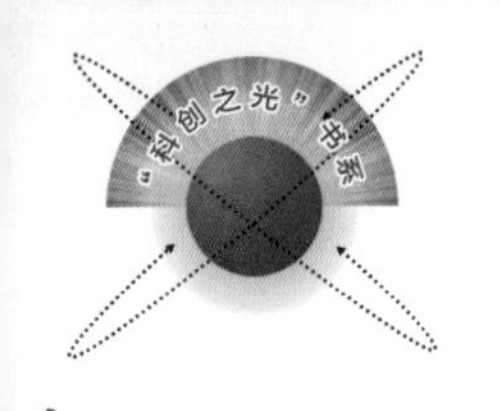

统，保障家庭财产不受损失。

此外，还有粉尘颗粒传感器、甲醛传感器等用于环境监测。

智能能源管控系统

传统的家庭用电形式主要是：家庭用户从电网取得电能，供给用电负载，通过计量表统计家庭用电数量，供电局通过查抄电表收取用电费用。与此不同，智能家居将新型可再生能源（如：风电、光伏等）引入家庭用电结构，为用电负载提供新的电源，加强了用电保障。

传统家居与智能家居的比较如下表所示。智能家居是智能电网的一个实验领域。通过实现分布式电源的安全接入，从根本上改变了用户的用电结构。通过智能电表检测设备，除了实现信息采集的全覆盖，也为用户主体、用电设备、电网公司之间的互动通讯打下了基础。从而使家庭能源从传统的被动调节转变为主动调节，实现人性化用电。

传统家居与智能家居能源比较

家居形式	供电电源	负荷种类	电能传输方向	通信
传统家居	电网单一供电	传统家用电器	单向传输	单向/无通信
智能家居	电网、分布式电网、储能系统三者协调供电	智能家电电动汽车	双向传输	双向通信

（表格来源：李大兴等，智能家居能源管理系统，2016）

智能家居的能源管理主要从三个方面实现节能减排。第一是节约型管理，对不必要的负荷及时关闭；第二是设备改善型管理，将一些用能设备换成节能设备，如节能灯具和变频空调；第三是优化调度型管理，通过优化调度设备用能情况来实现成本最低或者能耗最优。能耗最优可以为用电量最小，或者分布式电源使用效率最大。

优化调度是能源管理的核心技术，也是与人工智能相结合的重要研究课题。目前的调度算法主要从三个方面对用电设备进行调度，进而实现这一目标：（1）减少家庭用电总量；（2）充分利用分布式电源；（3）响应供电公司的电价信号。电力公司为了实现负荷的削峰填谷，实施阶段电价。在用电低谷（如凌晨）降低电价吸引用户用电，在用电高峰（如下班回到家）提升电价从而减少非必要性用电。通过响应电价信号，一些非必要用电设备可以从高电价时段调节到低电价时段，从而减少电费支出。也可以在电价高峰阶段将分布式发电和储能电量卖给电网，赚取差额利润。

智能家居能源优化问题仍然面临三个挑战：（1）确定用户的舒适度需求是电器设备优化控制的基础，而用户需求具有很强的主观性，易受人的心情、运动行为、身体状态、环境情况等因素影响。大多数现有方法关注用户对家居环境需求较少，主要通过用户设定或统计历史数据作为控制目标，在实际的应用中这会对控制效果带来不好的影响；（2）家居环境具有个体差异及随机动态的特性，与楼宇、工厂等建筑能源优化领域一般需构建精确化的环境模型不同，受到成本和隐私的限制，智能家居中无法对每个用户生成定制的家居系统模型；（3）智能家居能源优化作为一个多阶段、多随机因素的问题，家居电器设备控制策略的制定受很多因素的影响，如用户是否在家、外界环境和用户需求的变化等，其实际优化还有太多的路要走。

适合老年人的智能家居

卫生部疾病预防控制局 2011 年发布的《老年人跌倒干预技

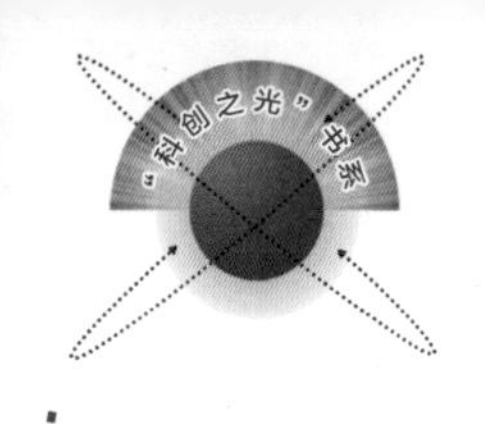

术指南》中指出，跌倒为我国伤害死亡的第四原因，且在 65 岁以上的老年人中为首位原因。同时有报道表示，起夜和下楼是最易导致老人摔倒并造成致命伤害的原因。

显然，设计适合老年人的智能家居很有必要。设计时，需要考虑如下原则。

1. 简洁性原则

在针对智能照明产品的功能及造型设计中，必须从老年人自身行为特征的角度去考量，充分考虑他们在认知能力、记忆力、视觉、体能等各方面机能都有所下降的事实。

比如南孚老人智能起夜灯采用红外热探测技术自动感应人体行动和周围光线。白天感光不会开启，晚上有人经过感应范围内就自动点亮，老年人在起夜使用的过程中完全不需要特地操作或记忆什么，只要遵循平时正常的起夜步骤即可。人离开感应范围灯光在 20 秒后自动熄灭，光线柔和舒适，不影响睡眠。

2. 情境感知性原则

通过传感器获得关于用户所处环境的相关信息，进一步了解用户的行为动机。通过情境感知，自适应地为用户提供服务。

韩国三星公司在 2015 年发布 SleepSense 睡眠感应器。通过感应方式来监测人的心跳与呼吸频率，包括睡眠中的状态。

要说明的是，睡眠监控设备不应有多余的设置，让人去适应新的产品，可以在现有的生活必需产品中添加功能。如将监测设备添加在家庭必备的照明系统中就是一个不错的选择。

3. 容错性原则

针对老年智能产品的设计，误操作的提示最好能容易让人接受，同时适当添加一些引导和提示，要尽量避免老年人受到不必要的心理和生理打击，为老年人创建一个无障碍的交互使用环境。

在产品设计领域，以人为本的设计理念贯穿产品设计的整个周期，要求设计的核心是人。在使用产品的过程中，尤其是智能产品，不是以人去适应产品的方式而存在。让老人在使用过程中能更为轻松地与智能产品进行交互对话，让产品能对老人的需求作出快速反应并支持老人的各项功能活动。

智能家居未来趋势

1. 智能电器不等于智能家居

随着一些智能电器的普及，很多人把智能电器当做智能家居，认为买了几台智能电器，就是享受智能家居生活了。其实，智能电器的本质还是家用电器，不过在电器上增加了一些智能的技术，实现了远程控制。或者说，是一种智能硬件与家居产品的物理结合，与采用人工智能的第三阶段的智能家居还有很长的路要走。

真正的智能家居是一个平台，是要具备人类的智能，能真正感知和读懂人的想法，并能根据用户的一些信息，如年龄、姓名、学历、工作等，来自动分析出用户的生活习惯，并形成思维，进而提供需要的服务。比如，当你回到家后，想到开灯灯就亮了，想自己静一会，灯就暗了；想给朋友打个电话了，手机就放到你面前了，想洗澡了，水温就自动调好了。所有的这些行为，都不需要用户自己再去操控，智能家居可以自主完成，可谓想主人之所想，做主人之想做。

当然，在这个过程中，要对某些设计做一些考虑，是否真有必要。比如：伸手就可以够到的东西，与能源消耗不成正比，如何来更好平衡，是下一步研究的重要课题。

2. 未来的技术突破

作为人工智能实现的核心，算法仍将成为未来人工智能行业最大的竞争领域。目前，人工智能算法，在工程学算法方面取得较大的进展和突破，但在认知层面的算法仍有待加强，这是未来

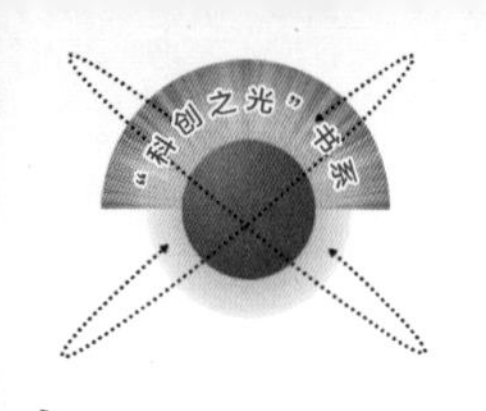

核心竞争领域。

特别需要指出的是，人工智能作为一种能力，一种人们想法的实现手段，其本质还是服务于人，还是为人完成工作。所以，要充分依靠人的创造力，充分利用“人类智能+人工智能”组合，让人工智能走得更远，更好地履行其本质工作。

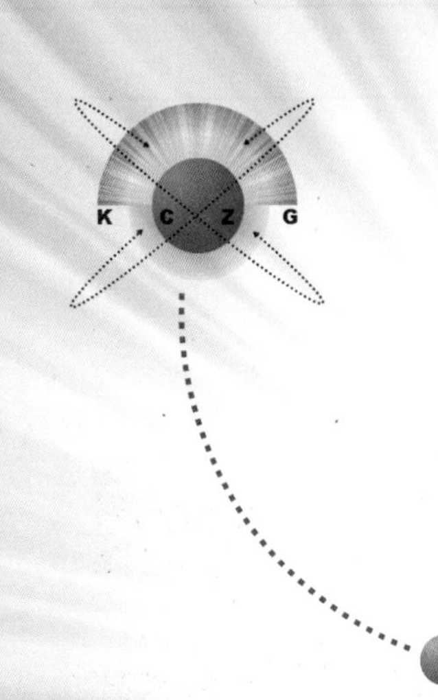

智能城市

——三元空间互融平台

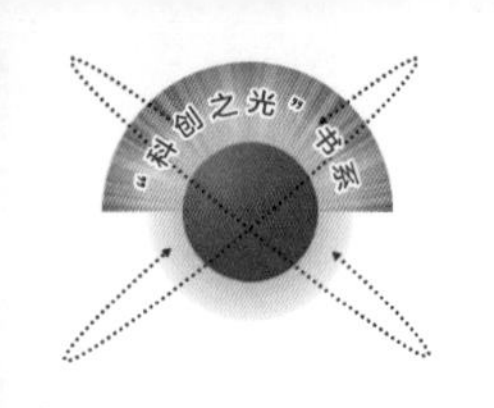

"2015 年上海科技情报服务宣传周"期间上海图书馆举办一系列主题为"科技点亮生活：人工智能与智慧城市"的展示活动，涉及生物识别、高级智能机器人、无人驾驶、无人机、区域人流智慧分析与预警、深度学习等六个领域，对建设智慧城市中所用到的人工智能等前沿技术进行揭示。

"科技点亮生活：人工智能与智慧城市"展示活动
（图片来源：上海图书馆）

展示活动还特别打造了一个体验展示中心，里面汇集了最新发布的相关前沿技术产品：实体服务机器人可实现与用户进行文字、语音、体感、人脸、指纹等多种智能人机交互方式；智能市长桌以智能化的信息生态系统为基石，打通了各大部门之间的数据壁垒，使城市决策者能够全面掌握城镇化进程的阶段性问题；人脸识别系统可实现视频安全监控中的智能预警，避免踩踏事件的发生；水下机器人可进行水下自主导航航行，完成扫描管道裂缝等水下观测功能。此外，还有无人驾驶飞机、无人艇、气体检测仪，等等。这些人工智能设备从信息的获取、处理、决策到控制等各方面，都为智慧城市的建设发挥着重要的技术支持作用。

智能城市的定义

IBM 对“智慧城市”的定义为：运用信息和通信技术手段感测、分析、整合城市运行核心系统的各项关键信息，从而对包括民生、环保、公共安全、城市服务、工商业活动在内的各种需求做出智慧响应。

工信部电信研究院通信标准研究所的定义为：将现有资源进行整合，包括数据的智慧整合、应用整合、感知网络整合。

《全球趋势 2030》给出的定义为：利用先进的信息技术，以最小的资源耗费和环境退化为代价，实现最大化的城市经济效率和最美好的生活品质而建立的城市环境。

国家发改委、工信部、科技部、公安部、财政部、国土部、住建部、交通部八部委印发的《关于促进智慧城市健康发展的指导意见》中定义“智慧城市”：智慧城市是运用物联网、云计算、大数据、空间地理信息集成等新一代信息技术，促进城市规划、建设、管理和服务智慧化的新理念和新模式。

由 47 位院士和 180 多名专家经两年多的深入调研、研究与分析，编写的《中国智能城市建设与推进战略研究》对“智能城市”和“智慧城市”区别进行了更透彻分析，并给出“智能城市”的定义：运筹好城市三元空间（CPH），提高城市发展与市民生活水平。①

该书指出：应把城市智能化发展看作由三元空间耦合关联而成的复杂系统：第一元空间为物理（Physical）空间，由城市所处的物理环境和城市物质组成；第二元空间为人类社会（Human）空间，即人类决策与社会交往空间；第三元空间为赛博（Cyber）空间，即计算机和互联网组成的“网络信息”空间。城市智能化

① 鉴于目前有些人对“智能城市”和“智慧城市”没有区分，或者认识不够透彻，在本节后面部分除特别引用外，统一采用“智能城市”的提法。

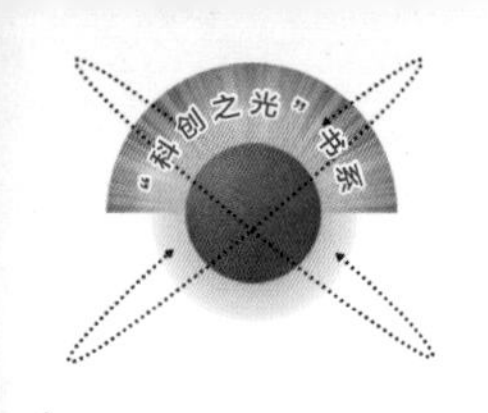

应理解为三元空间同步推进、彼此促进的过程。

智能城市的主要特征有：（1）以人为本；（2）全面感知；（3）互联互通；（4）深度整合；（5）协同运作；（6）智能服务。

智能城市按推进的途径和结构，可分为五个层次，如下图所示。从第三层次即智能应用系统着手，向上向下分别深入拓展，实现“三元空间”的互通互融。

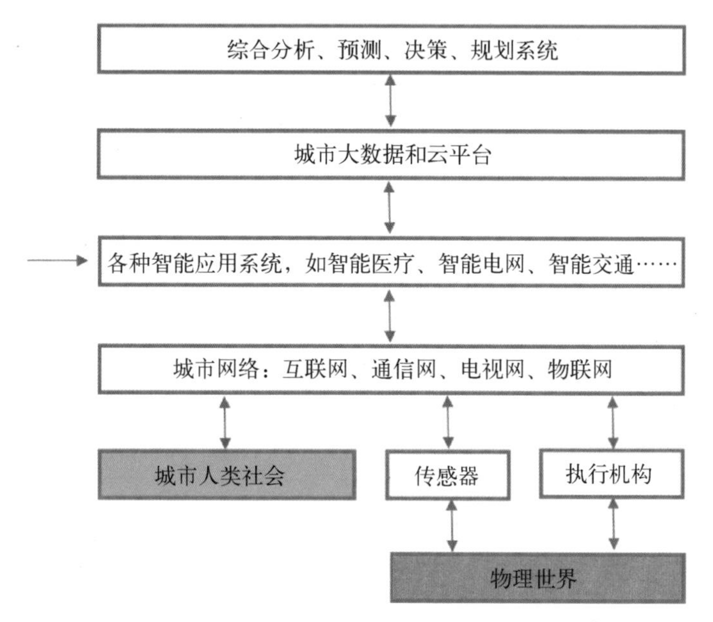

智能城市重点建设内容
（图片来源：《中国智能城市建设与推进战略研究》，2015）

据统计，2012～2015年，我国已先后发布三批近300个国家智能城市试点。

目前各地实施的智能城市建设基本上是在各种应用的离散框架下进行信息资源的处理，是一种分解问题、各个击破的思维模式。智能城市强调综合集成的一体化知识。建设智能城市实质上是让一个城市又好又快又省的巧妙发展的过程。

中国电子科技集团公司董事长熊群力指出，以前的智能城市建设更多是信息化、低层次的信息化，新型智能城市则以全程全时、城市治理、高效有序、数据开放、共融共享、经济发展、绿色开元、网络空间安全等为目标，推进新一代信息技术与现代城市深度融合，是一种新的社会生态。

经过快速发展，智能城市已逐渐从概念走进现实。随着应用的增多和数据量的增长，智能城市建设对人工智能技术的需求越来越大，从“2016 中国智慧城市国际博览会”传出信念，以生态科技、智能机器人、无人车、无人机为代表的人工智能技术将成为智能城市发展的下一个风口。

作为智能城市发展所依赖的关键技术之一，人工智能可以从海量数据中提取有效信息，提高信息处理的速度、效率，可为更智慧的决策和行动提供支持，达到提高政府公共服务水平、企业竞争力和市民生活质量的目标，可谓通往智能城市的智慧之门。

未来，人工智能会成为智能城市的一种基础服务。这种服务会像电力一样通过网络进行传输。人们对人工智能也会像对待日用品一样顺手。当越来越多的人使用人工智能，它就会变得更加聪明。它变得更聪明后，也会有更多人使用。

2017 年 6 月 6 日，京津冀协同发展专家咨询委员会组长、中国工程院主席团名誉主席徐匡迪院士在出席“中国城市百人论坛 2017 年会”时表示，雄安新区将采用绿色交通系统、智能化城市管理系统、智能建筑群等先进科学技术，并参照包括巴黎 2050 规划在内的国际化城市设想。

其实，智能城市的全部秘密，不外乎搭建数据平台，再通过人工智能的赋能，向公众提供更好的服务平台。

智能城市的发展阶段

“我国多数城市还处于智慧城市建设的一个探索阶段，还存在缺乏顶层设计、技术标准不统一、数据整合共享难、智能基础设施建设落后、社会公众获得感不突出等方方面面的问题，严格

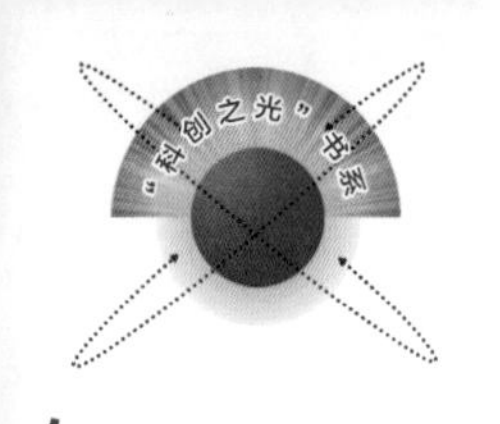

意义上讲，很多‘智慧城市’其实还处于数字城市、信息化城市的发展水平，距离‘智慧’还有很长的路要走。”国家信息中心副主任周民说。

智能城市的发展一般会经历这样几个阶段：第一阶段是智能化基础设施的建设，主要包括物联网建设、云计算中心建设等等，只有实现数字化，才能谈智能化的问题。从服务性来说，城市管理、城市公共设施、基础服务设施的数字化最为关键。第二阶段是智能城市建设的融合阶段，将不同领域的城市基础服务信息实现互联和互通，借以形成泛在的城市服务。第三阶段是智能城市的内生发展阶段，实现更透彻的感知、更广泛便捷的互联互通、更深入的智能化城市服务。

中国城市科学研究会数字城市工程研究中心副主任徐振强博士认为，智慧城市，本质上是城市开发和运营模式的协同创新，是实现城市关键的主体、要素和指标，以此来维持自我纠错、不断自主完善的持续性状态，包含城市规划、建设、管理和运营等全流程的政策、方法、方案和实施。空间生态的自组织是实现智慧城市的理想静态架构。协同经济是构建智慧城市动态运行的要素作用形式。

现在的市政网络从建设到管理都是各自为政，没有形成城市管理的集成，按照智能城市标准还属低级阶段。比如发生火灾，传感器只能把火警传达到消防指挥中心，传达不到城市供水系统，故供水系统不会因火灾而指令提升火场地的水压和保障水量；如果桥梁发生断裂，传感器可以把信息反映到交通指挥中心，但没法通知医院第一时间的救助，等等。

人工智能与智能城市

人工智能是智能城市发展所依赖的关键技术之一。

人工智能可以从海量数据中提取有效信息，提高信息处理的速度、效率，可为更智慧的决策和行动提供支持，达到提高政府公共服务水平、企业竞争力和市民生活质量的目标，可谓通往智能城市的智慧之门。

让我们来看看智能城市的第三层次，即智能应用系统，包括智能电网、智能交通、智能医疗、智能建筑等对我们生活有哪些影响吧。

智能电网

智能电网最本质的特点是：电力和信息的双向流动性，并由此建立起一个高度自动化和广泛分布的能量交换网络；把分布式计算和通信的优势引入电网，实现信息实时交换和达到设备层次上近乎瞬时的供需平衡。

目前，世界各国正在掀起智能电网建设的热潮。美国智能电网的建设重点有三个：（1）注重电网基础设施的升级和更新，从而实现可靠供电；（2）将信息、通信、计算机等方面的技术优势最大限度地应用于电力系统；（3）通过先进的表计改进其基础设施，并进一步实现电力企业与用户间的互动。

欧洲智能电网的主要关注点是将智能电网建设作为提高新能源利用率的重要平台，以应对能源、气候和环境问题。

我国智能电网的主要关注点是保障国民经济持续高速发展的能源供给。这具体包括两方面：（1）加强输电环节的建设，从而解决我国能源和负荷分布不平衡的问题；（2）加强配电和用电环节的建设；提高电力供应的可靠性和电能质量。

迄今为止智能电网尚未形成一个统一的公认的定义。

智能电网具有与电力用户互动、适应多种电源送电需求、支持成熟电力市场、满足高质量电能需求、资产优化、自我修复以及反外力破坏和攻击等七大特征。

智能电网作为下一代电网，在发、输、配、用环节以及通信

方式等方面与传统的电网存在着显著的区别，具体如下表所示。

智能电网与传统电网的区别

项　目	传统电网	智能电网
发　电	集中式发电：主要是将传统化石能源转化为电能	集中式与分布式并存，将可再生能源转化为电能
输　电	超高压输电	特高压输电
配　电	常规变电站	智能变电站
用　电	单向用电	供需互动
通信方式	单向通信	双向通信
控制方法	常规控制	智能控制
电力体制	不成熟	成熟

（表格来源：梅生伟等，智能电网中的若干数学与控制科学问题及展望，2013）

根据目前智能城市对智能电网的需求，对其中关键支撑技术进行梳理，包括：信息通信技术、分布式能源发电并网技术、绿色输变电工程技术、先进储能技术、主动配电网和微网技术、需求响应技术、电动汽车和电网互动技术、智能用电和用户用能行为分析技术、智能电网业务互动技术、城市能源互联网技术等。下面重点对人工智能技术涉及的需求响应技术、智能用电和用户用能行为分析技术、智能电网业务互动技术进行说明。

1. 需求响应技术

需求响应主要是通过价格信号或激励机制引导用户做出响应进而调整用电方式。需求响应与传统的发电跟踪负荷变化的运行模式不同，其将大量用电负荷的响应行为作为系统运行备用以平抑功率波动，来有效解决或减轻系统备用短缺、输配电能力不足等问题，从而提高供电可靠性，电力负荷响应的灵活性及电网与用户间的互动性也进一步提升。

需求响应技术是智能电网领域的核心部分之一，是促进电力供需平衡、实现削峰填谷、提高整体效益的有效途径。依据人工智能理论，将需求响应技术划分为基于进化算法、神经网络和多智能体（Agent）系统等多种类型。基于人工智能理论建立的需求响应系统，已成功应用于负荷控制、优化、预测和用户互动领域。作为需求侧管理的特殊领域，需求响应在我国尚处于起步阶段。

2. 智能用电及用户用能行为分析技术

智能用电是综合利用高级量测、实时通信、负荷协调控制和需求侧响应等技术，形成电网与用户“三流合一”（电力流、信息流、业务流）的实时互动的新型供用电关系。智能用电的基础是用电信息采集系统。

用户用能行为分析技术是指采用大数据分析技术，根据智能电表汇聚的海量用户信息，对用户用能行为进行分析监测，建立用户用能行为分析模型的基础上，对用户用电量进行挖掘，从而使能源企业可以针对用户的行为习惯制定出更加有效的营销策略和调控方案，也可以调动用户调整用电方式，更多参与此用电过程。

3. 智能电网业务互动技术

智能电网业务互动要求智能电网与包括最终用户在内的城市中其他各个业务系统实现互动，主要技术包括信息和通信支撑技术、互动业务系统框架、业务流设计、相关通信和应用接口标准规范等。其中互动业务系统框架指面对城市中各业务系统条块分割的现状，如何在系统架构层次实现智能电网与智能城市的业务互动，而业务流设计和相关通信、应用接口标准，主要指智能电网与智能城市互动业务的具体技术实现。

智能交通

有人预言，隐匿于城市毛细血管的交通网络，有可能是第一

个被搁置在人工智能底座的社会系统。

在迅猛的城市化发展中，交通是所有人的切肤之痛：在中国，有大约超过 50 个城市面临不同程度的拥堵，城市越大拥堵越严重。不只是中国大城市，交通问题是世界大型城市的共同顽疾。

智能城市特别重要的是解决交通问题。

智能交通的目标是通过信息协同实现交通系统的便利便捷、运行高效、安全可靠、节能环保。重点建设包括：通过交通与土地使用的一体化规划实现交通需求的最小化，从根本上提升交通效率、降低交通能耗和污染；建立多种交通方式的协同决策、协同控制、协同运营；在信息化支撑基础上实现实时的最优化管理与控制；通过信息发布实现出行个体的决策最优化，让市民能根据交通系统运行的实际情况合理选择出行时间、交通方式等，以人的主观能动性克服系统自身的瓶颈问题；通过对个体交通需求的全面掌握、精确分析，促进交通组织的个性化，如推行定制公交服务等。

当数据成为新经济的底层驱动后，解决交通这样的复杂社会问题，政府也要对人工智能敞开怀抱。通过“人工智能 + 社会治理”，用数据为城市“画像”，才是每天诞生的海量城市数据的最佳归宿。

具体到交通领域，无论约租车、移动地图，还是共享单车、实时公交，都将成为智能城市升级路上的重要一环。

事实上，判别智能城市的一大标准，即是各个领域决策层——尤其政府决策部门对于数据的驾驭程度。

滴滴研究院院长何晓飞曾经指出：“如果我们能搜集到更多的数据，未来有一天我们甚至能够知道每一个乘客，每一个司机的意愿。如果我们能够更加准确的甚至预测人的心理，那么我们可以把整个城市的交通管理得更加有秩序。”

官方数据显示，如今百度地图每日提供的位置服务超过 720 亿次，每日导航服务超过 2 亿千米，其自身也从单纯解决陌生地认路，演化到如今的智能导航。从出行前的时间预测和不同需求的个性化路线选择，到出行中精准的实时避堵路线推荐，它都以一种模拟“老司机”思维方式的思路：通过建立交通大脑，记忆数百亿次不同用户的出行旅程，将智能“反哺”到每一次用户的具体出行之中。

另外，百度地图还通过聚合群体智慧，通过数据积累对本地经验路线了如指掌：通过人工智能对比用户路线和规划路线，找出差异，统计用户最多走法，如老司机一般得到局部经验路线，提供更优方案。而“老司机经验 + 个性化偏好”的智能化设定，无疑可以充分满足不同用户的差异化出行需求。

在人工智能处理交通数据这件事上，目前较为成熟的也许是并不惹眼的实时公交领域——每日至少两次的高频应用，让各种实时公交应用的累积数据并不亚于打车类软件：就像滴滴让人们习惯了“掐点”坐车，通过大数据与深度学习，实时公交应用也可以实现公交数据的实时整合，让用户能清晰获取每日赖以出行的公交车信息，如现在走到哪了，是否正在堵车，什么时候到站，甚至整条线路的实时通行状况，以此决定什么时候离开办公室或者家前去等车比较合适。毫无疑问，这种基于人工智能的资源匹配，对于城市公共交通出行效率，出行选择率以及城市承载率都意义深远，也势必得到决策部门的重视。

在人工智能的加入下，科技企业与政府数据的共享，无疑是能否促进智能交通网络的关键——中国各级政府掌握着全社会信息资源的 80%，拥有海量且高质量的数据，当它们与科技企业的数据和人工智能相结合后，产生的正向社会效应将难以估量。

高德地图副总裁董振宁指出，通过大数据与机器学习将一个复杂的公交模型做出很多更细分的模型，用细分模型来做机器学习和引擎的计算。此外，基于实时定位数据、实时交通数据、用户在手机上行为选择的数据，对用户行为进行分析，算出更优的

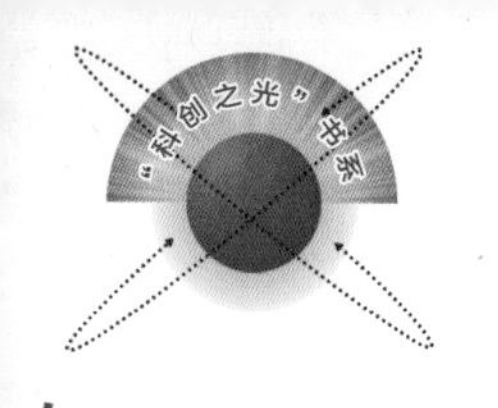

道路，实际上这就是一种人工智能的方式。

在机器学习能力方面，人工智能公交导航还运用左右大脑双层机器学习能力。左脑学习出行模型，根据用户地域、市场、距离、工具等不同场景学习不同的出行决策，形成出行决策模型。右脑学习用户行为偏好，根据用户的定位数据、出行数据、反馈数据来为用户提供省时、便利以及舒适性的偏好决策模型。

在智能交通这个领域，还有一块即是交通信号控制。部分行业人士认为，如何通过信号控制，提高路口的通行效率是解决问题的关键，而这也是智能城市建设发展中最为基础的关键一环。

2016 年杭州的云栖大会上，王坚博士用了一个形象的例子来解释人工智能的愿景："世界上最遥远的距离是红绿灯跟那个交通监控摄像头的距离，它们都在一根杆子上，但是从来就没有通过数据被连接过。"通过人工智能的加入，摄像头与红绿灯就具有了智慧，可以"自动"指挥交通，然后通过机器学习不

红绿灯与交通监控摄像头的距离被趣称为"世界上最遥远的距离"

断迭代优化，计算出更“聪明”的解决方案，有望让“堵城”不再那么堵。

目前，杭州市政府公布了“城市大脑”计划，通过安装一个人工智能中枢——杭州城市数据大脑，让数据帮助城市来做思考和决策，将杭州打造成一座能够自我调节、与人类良性互动的城市。项目专家介绍，城市大脑是目前全球唯一能够对全城视频进行实时分析的人工智能系统，通过阿里云 ET 的视频识别算法，使城市大脑能够感知复杂道路下车辆的运行轨迹，准确率达 99% 以上。

交通拥堵问题是城市大脑面临的第一个难题，但交通方面的应用还只是城市大脑的“新生儿”阶段，未来“幼儿园”水平的城市大脑强大到什么程度，肯定会超出我们的想象。人工智能的优势是可以进行机器自我学习和提升。比如，手机地图、道路线圈记录的车辆行驶速度和数量，公交车、出租车等运行数据在一个虚拟的数字城市中构建算法模型，通过机器学习不断迭代优化，计算出更“聪明”的方案，红绿灯的设置、通行效率的提升甚至道路的修建方案都可以由“机器”决定。

智能医疗

人工智能的核心能力实际上是人类自身已拥有的能力，但与人类相比，最大优势在于计算能力的高效，尤其在数据密集型、知识密集型、脑力劳动密集型行业领域。

基于人工智能的智能医疗的具体应用主要以下面四种模式为主。

1. AI+ 辅助诊疗

即将人工智能技术用于辅助诊疗中，充分利用 AI 的高效计算能力，让计算机“学习”专家医生的医疗知识，模拟医生的思维和诊断推理，从而给出可靠诊断和治疗方案。人工智能学习的

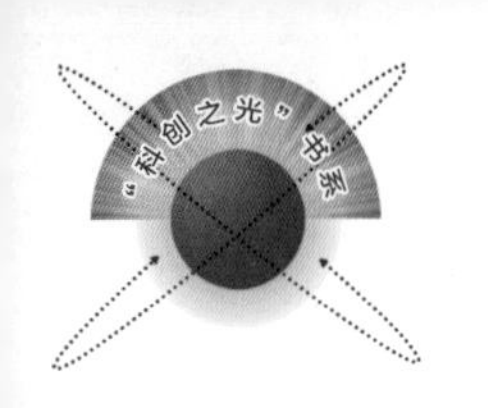

信息，来自大量有经验的医生，可以从不同患者那里梳理出有共性的信息，而且，人工智能软件工作效率远远高于人脑，能够更快速地找到数据的模式和相似性，从而帮助医生和科学家发现最关键的信息。

2. AI+ 医学影像

人工智能技术具体应用在医学影像的诊断上。

3. AI+ 药物挖掘

将深度学习技术应用于药物临床前研究，除了可以达到快速、准确地挖掘和筛选合适的化合物或生物，还可以缩短新药研发周期、降低新药研发成本、提高新药研发成功率。

4. AI+ 健康管理

目前从全球 AI+ 医疗创业公司来看，主要集中在风险识别、虚拟护士、精神健康、在线问诊、健康干预以及基于精准医学的健康管理。

人工智能技术将促使医疗行业出现更加专业化、精细化的分工，将出现线上人工、线下人工、线上机器和线下机器等四种类型。医务工作者将从大量的诊疗业务中被解放出来，将走向复杂度更高、服务更细致的岗位，诸如，不规则疑难病症的诊断和高端上门服务；而一批规则度高、判别难度不大的诊断都将由相应机器实施。

智能建筑

智能建筑可以定义为，将建筑本身作为搭建平台，在其中集成了建筑设备、办公自动化及通信网络系统，借助于集成结构、系统协调、服务功能、管理模式的最优组合，让用户们体验一个舒心、便利、高安全、高效能的建筑环境。

亚洲智能建筑学会根据具体功能将智能建筑分为 10 个功能模块，被称为质量环境模块（Quality Environment Module,

QEM），并使用“M+序号”来表示，如下表所示为智能建筑功能模块。

智能建筑功能模块

序号	功能模块	作用
M1	环境模块	健康、节能
M2	空间模块	提高利用率、灵活应用建筑空间
M3	费用模块	降低运行费用
M4	舒适模块	达到用户体验舒适目标
M5	工作模块	工作效率高
M6	安全模块	降低安全事故发生概率，并降低损失程度
M7	文化模块	打造优秀的文化内涵背景
M8	高新技术模块	发挥高新技术成果
M9	结构模块	从布局及结构方面进行优化
M10	健康和卫生模块	查杀病毒

智能建筑主要分为三大系统，分别是办公自动化系统：包括管理型办公自动化系统、事务型办公自动化系统、决策型办公自动化系统；楼宇自动化系统：包括防灾与安保系统、能源环境管理系统、电力供应管理系统、物业管理服务系统；信息通信系统：包括结构化综合布线系统、计算机网络系统。这三大系统之间可以通过一定的智能化系统集成技术使各系统之间信息和资源共享，使建筑内部资源能够得到合理的运用。

下面以智能建筑的几个子系统为例，对智能建筑进行进一步的阐述。

视频监控系统由五个部分组成，分别是图像采集、视频传输、视频控制、视频显示及录像。

门禁控制系统通过读卡器、读卡器接口模块、门禁控制器、数据库管理软件平台等设备对整个系统进行管理和控制。其中，

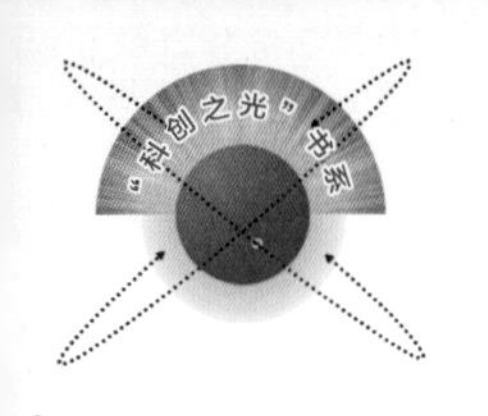

门禁控制器是实现分布式控制管理的核心。

楼宇自动化控制系统是将建筑物内的智能照明、供配电、暖通空调、电梯、安防、电机等设备进行监测和控制的自动化控制系统。

公共广播系统一般有两种功能：一是正常情况下的广播背景音乐等，二是广播紧急消防火灾等。若发现火灾，公共广播系统要与消防自动控制系统联动，除了将火灾的分区或楼层信息提供给广播主机，并通过分区或信号楼层的广播扬声器播放消防广播，提醒人们有火灾发生并播报疏散指引广播外，还要与消防局等取得联动。

车位引导系统能够引导车主尽快找到空余车位，节约停车时间，利于车辆管理。

如果把城市比作大树，智能建筑犹如大树的树叶。城市公共服务设施的保障，可以让智能建筑得到更好的发展；而智能建筑越多，城市的舒适、便捷、节能的普及率就越高。

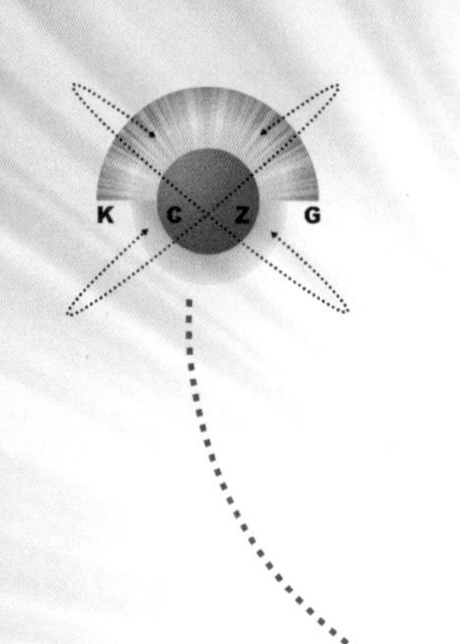

智能医疗
——让我们都有一个健康助理“大白”

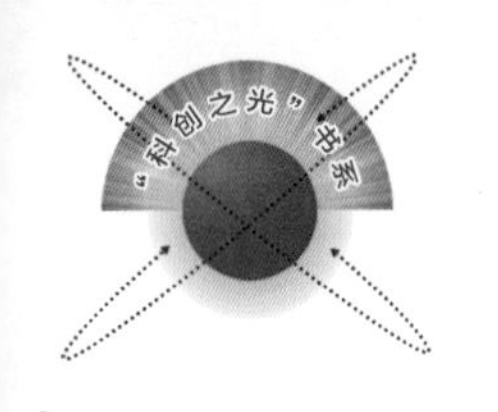

在迪士尼出品的奥斯卡最佳动画片《超能陆战队》中，私人健康助理“大白”萌化了众多观众（下图）。作为一个医护智能机器人，影片中的“大白”不仅像貌可爱、滑稽、温暖，更可以对人体健康状况做出判断与治疗。类似“大白”的人工智能医疗机器人在科幻电影中已经屡见不鲜。在现实中，人工智能也已经从概念和技术研发走向应用，而医疗领域是人工智能应用最快的领域之一。这归功于技术的快速发展和人类对健康的渴望。一方面，图像识别、深度学习、神经网络等关键技术的突破带来了人工智能技术新一轮的发展。大大推动了以数据密集、知识密集、脑力劳动密集为特征的医疗产业与人工智能的深度融合。另一方面，随着社会进步和人们健康意识的觉醒，人口老龄化问题的不断加剧，人们对于提升医疗技术、延长人类寿命、增强健康的需求也更加急迫。而实践中却存在着医疗资源不均，药物研制周期长、费用高，以及医务人员培养成本过高等问题。对于医疗进步的现实需求极大地刺激人工智能技术在医疗中的应用，目前 AI 已经开始应用于新药研发、辅助疾

《超能陆战队》中的“大白”

（图片来源：http：//baike.baidu.com/link?url=F1hDBOV6M_NZ04LuWrfv-5u2bJqcx2jlGhCgyPEaPhcunjocdHtQMZ5w1vqCJdnVUJhajgNNoFpQVSCc4O62coovpPPGuhUjngVrkeM_HVq）

病诊断、健康管理、医学影像、便携设备、康复医疗和生物医学研究等领域，尤其是在辅助医学影像诊断、肿瘤辅助诊疗领域，已接近于临床推广。

AI 在辅助疾病诊疗领域大显身手

将人工智能技术用于辅助诊疗中，就是让计算机“学习”专家医生的医疗知识，模拟医生的思维和诊断推理，从而给出可靠诊断和治疗方案。辅助诊疗是人工智能在医疗领域最重要也是最核心的应用。

1. AI 辅助医学影像诊断

人工智能在医学影像诊断应用主要分为两部分：一是图像识别，应用于感知环节，其主要目的是将影像进行分析，获取一些有意义的信息；二是深度学习，应用于学习和分析环节，通过大量的影像数据和诊断数据，不断对神经元网络进行深度学习训练，促使其掌握诊断能力。利用 AI 技术辅助医学影像诊断可更加精确，并可预测疾病未来发展，这一应用已接近于临床。

美国微软公司一直在努力研究数字医学影像识别。从 2014 年起，它们就开始研究脑肿瘤病理切片的识别和判断，辅助分析和判断患者肿瘤已经发展到了什么阶段。近两年基于“神经网络＋深度学习”模式，实现了对大尺寸病理切片的图片处理；并基于对细胞层面的图像识别，实现了对病变腺体的识别。另一家耳熟能详的美国谷歌（Google）公司也于 2014 年收购 DeepMind（就是研发 AlphaGo 的公司），致力于利用深度学习的图像识别技术辅助眼科疾病的早期诊断，特别是糖尿病视网膜病变和老年黄斑变性（AMD）疾病的辅助识别。

还有一家名为 Enlitic 的美国公司，2016 年被美国麻省理工学院主办的著名期刊《MIT 科技述评》（*MIT Technology Review*）

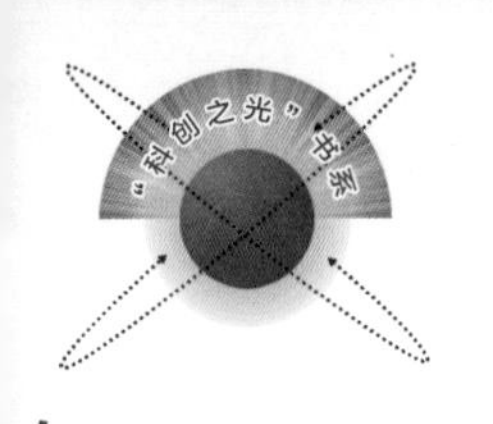

评为全球最智慧的50家公司之一。Enlitic公司借助深度学习从海量数据中获取诊断特征点，利用AI辅助影像诊断，提高了肺癌的诊断准确率；Enlitic公司通过人机协作来提高病理诊断的高效和精确性，结合AI系统与病理学家共同识别HE染色切片来诊断乳腺癌前哨淋巴结转移，使该病的误诊率降至0.5%；Enlitic公司还应用深度学习进行骨骼损伤检查，AI技术可从X线片中自动识别出骨骼损伤的部位和程度。

（1）首款心脏核磁共振影像人工智能分析软件Cardio DL美国已批准应用于临床。2017年1月10日，美国食品和药品监督局（FDA）首次批准了一款心脏核磁共振影像人工智能分析软件Cardio DL，这款软件将深度学习用于医学图像分析，并为传统的心脏MRI扫描影像数据，提供自动心室分割分析，这一步骤与传统上放射科医生需要手动完成的结果一样精准。这一基于深度学习的人工智能医学影像分析系统，已经进行了数以千计的心脏案例的数据验证，该算法产生的结果与经验丰富的临床医生分析结果不相上下。这款人工智能心脏MRI医学影像分析系统，不但得到了FDA 510（k）的批准，还得到了欧洲的CE认证和批准，这标志着该软件将被允许应用于临床，这可以说是人工智能用于医学影像诊断的标志性事件。

（2）人工智能辅助诊断确认皮肤癌。2017年年初，美国斯坦福大学的一个联合研究团队实现了人工智能诊断皮肤癌，确诊率达到99%。通过深度学习的方法，研究人员用近13万张痣、皮疹和其他皮肤病变的图像训练机器识别其中的皮肤癌症状，再与21名皮肤科医生的诊断结果进行对比后，结果发现这个深度神经网络的诊断准确率与人类医生不相上下，可达到91%以上。

在美国，皮肤癌是最常见的癌症之一。每年约有540万美国人罹患皮肤癌。以黑色素瘤为例，如果在5年之内的早期阶段检测并接受治疗，存活率在97%左右；但在晚期阶段，存活率会剧降到14%。因而，早期筛查对皮肤癌患者来说生死攸关。

一般情况下，患者来到医院或诊所后，医生会基于视觉诊断进行临床筛查，再对疑似病变部位依次进行皮肤镜检查、活体组织切片检查和病理学诊断。医生使用皮肤镜进行检查，但由于各种各样的原因，很多人并不会及时为皮肤上出现的一些细小症状而跑一趟医院。因而，基于人工智能的家用便携式皮肤癌诊断设备将大大提高早期皮肤癌的筛查覆盖率，挽救更多人的生命。但是，癌症诊断，差之毫厘，谬以千里，人工智能能够胜任将黑色素瘤从普通的痣中筛选出来的任务？ 这项研究给出了肯定的答案。在未来，我们或许可以在手机上下载一个APP，开个摄像头让机器医生帮我们看一看，这是不是皮肤癌的早期症状。

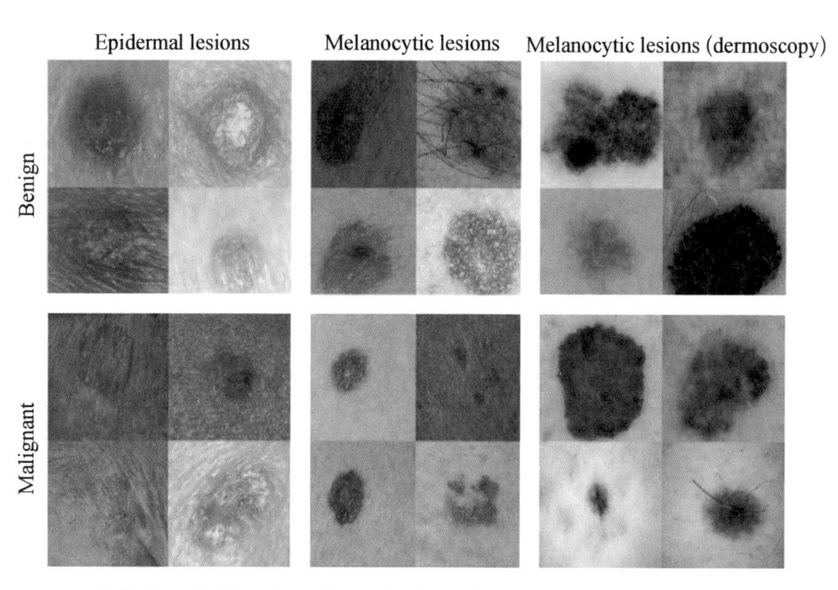

良性和恶性的上皮细胞 / 黑色素细胞 / 皮肤镜下的黑色素细胞
（图片来源：Dermatologist-level classification of skin cancer with deep neural networks. science，2017，542（2）：115-120）

2. AI 辅助临床诊疗

说到人工智能辅助临床诊疗，就要提到美国 IBM Watson 这一全球人工智能皇冠上的“明珠”，它已经尝试将人工智能应用

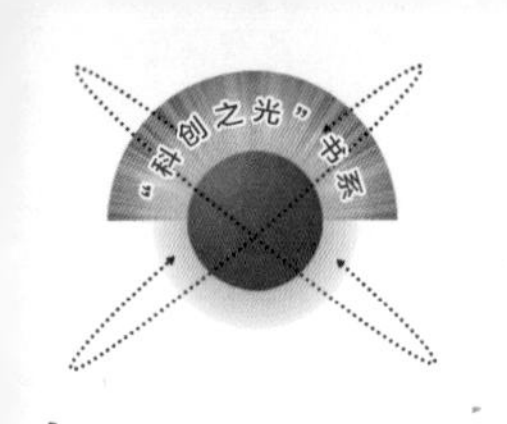

于疾病诊疗。IBM 在医疗领域的布局可以追溯到 20 世纪 40 年代，那时就开始建立医疗数据采集系统。2006 年，开始了 IBM Watson 的试验。自 IBM 2008 年提出“智慧地球”的概念后，加速在医疗学术、解决方案上的合作。IBM Watson 数据库已成为全球最大的非政府医疗健康数据库——包括 1 亿份患者病历，3 000 万份影像数据以及 2 亿份保险记录，数据总量超过 60 万 TB，覆盖人数约 3 亿。IBM Watson 可以在 17 秒内阅读 3 469 本医学专著、248 000 篇论文、69 种治疗方案、61 540 次试验数据、106 000 份临床报告。

（1）IBM Watson 确诊罕见白血病。

2016 年，日本东京大学医学研究院利用 Watson 诊断罕见白血病，只用了 10 分钟。患者为一名 60 岁的女性，最初根据诊断结果，显示她患了急髓白血病。但在经历各种疗法后，效果并不明显。 根据日本东京大学医学院研究人员 Arinobu Tojo 的说法，他们利用 Watson 系统来对此病人进行诊断。系统通过比对 2 000 万份癌症研究论文，在 10 分钟得出了诊断结果：患者得了一种罕见白血病，Watson 还提供了适当的治疗方案。利用人工智能技术实现了辅助疾病快速诊断，诊断结果更加准确。

（2）IBM Watson Oncology 医疗决策支持系统辅助肿瘤诊断。

自 2012 年起，IBM Watson 与美国斯隆凯特琳癌症中心开展合作，共同开发癌症智能诊断项目 Watson Oncology。斯隆凯特琳的癌症专家和研究人员花费了 1.5 万小时，上传了数千份病人的病历、近 500 份医学期刊和教科书、1 500 万页的医学文献，把 Watson Oncology 训练成了一名杰出的“肿瘤医学专家”。Watson Oncology 可以整合病人的各项信息，如病史、基因测序结果等到数据库里，与以往病例进行匹配，最终给出诊断结果和个性化的治疗方案。随后 Watson Oncology 系统被部署到了一些顶尖的医疗机构，如美国克利夫兰诊所和 MD 安德森癌症中心，提供基于证据的医疗决策系统。2015 年 7 月，IBM Watson

Oncology 成为 IBM Watson health 的首批商用项目之一，正式将肿瘤解决方案进入商用。2016 年 8 月 IBM 宣布已经完成了对胃癌辅助治疗的训练，并正式推出使用。目前 Watson 提供诊治服务的病种包括乳腺癌、肺癌、结肠癌、前列腺癌、膀胱癌、卵巢癌、子宫癌等。

AI 提供健康咨询和管理

可移动 AI 远程医疗技术一方面可为患者提供医疗咨询，同时可评估患者健康状况，为个体设计个性化的健康管理计划。其核心技术是自然语言处理和深度学习。利用自然语言处理技术识别患者语音症状描述，基于疾病数据库、患者体征数据库和外部环境数据库的海量数据分析；利用深度学习技术，提供医疗护理建议、预测疾病发生的类型、概率和程度。目前主要集中在风险识别、虚拟护士、精神健康、在线问诊、健康干预以及基于精准医学的健康管理。

（1）风险识别：通过获取信息并运用人工智能技术进行分析，识别疾病发生的风险及提供降低风险的措施。（2）虚拟护士：收集病人的饮食习惯、锻炼周期、服药习惯等个人生活习惯信息，运用人工智能技术进行数据分析并评估病人整体状态，协助规划日常生活。（3）精神健康：运用人工智能技术从语言、表情、声音等数据进行情感识别。（4）移动医疗：结合人工智能技术提供远程医疗服务。（5）健康干预：运用 AI 对用户体征数据进行分析，定制健康管理计划。

多家公司致力于将 AI 用于医疗咨询行业，用智能聊天机器人来为用户提供医疗健康的专业咨询。Google 旗下 DeepMind 投资的英国 BabylonHealth 公司，开发了一种在线就诊 AI 系统，能够基于用户既往病史与用户和在线 AI 系统对话时所列举的症状，给出初步诊断结果和具体应对措施。此外，该 AI 系统还能提醒

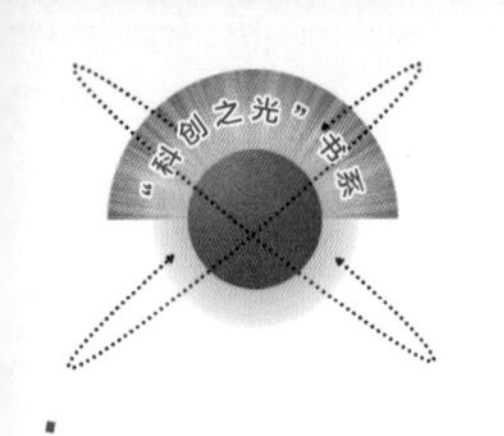

用户定时服药，并实时监测用户的身体状况。该解决方案可将患者就诊时间缩短数倍，实现医患资源的合理配置。AI 系统能通过机器学习不断更新患者情况，通过个人健康档案数据分析建立个性化健康管理方案。美国 Sense.ly 公司推出的“虚拟护士”助理——Molly，可跟随并辅助患者出院后的家庭康复和管理，临床测试表明，Molly 能节省医生近 20% 的工作时间。Alme Health Coach 公司推出的“虚拟护士”能通过了解病人饮食习惯、锻炼周期、服药情况等个人生活习惯，经数据处理后评估慢病患者的整体状态，并建议个性化健康管理方案，甚至可推导出患者不依从建议的心理根源。另外一家初创公司 Sentrian 利用 AI 技术分析生物传感器所传送的生物数据信号，以告知或提醒医生所监测的远程特殊病人情况。

AI 助力新药智能化研发

传统的新药研发的周期长，平均时间为 10 年；费用高，每款新药研发费约 15 亿美元；成功率低，约 5 000 种候选化合物中才有 1 种能进入 II 临床试验。目前市售药物种类远远不能满足人们的需求。而结合 AI 技术的药物研发将会显著提高研发效率并降低成本。目前，在药物研发中，AI 应用包括药物挖掘、新药安全有效性预测、生物标志物筛选等。借助深度学习，AI 已在心血管病药物、抗肿瘤药物和常见传染病治疗药物等多领域取得了新突破。

药物挖掘是 AI 应用最早且进展最快的领域。通过开发机器学习和计算机模拟，可以对药物活性、安全性和副作用进行预测，大大缩短药物研发周期与成本。目前，已涌现出多家 AI 技术主导的药物研发企业，借助深度学习，在心血管病药、抗肿瘤药物和常见传染病治疗药等多领域取得了新突破 。

基于海量数据信息，通过深度学习预测药物对不同疾病功效的准确率得到了显著提升。美国 Atomwise 是该领域较有代表性的公司，利用 IBM 的蓝色基因 /Q 超级计算机，从分子结构数据库中筛选出 820 万种候选化合物，而研发成本仅为数千美元，并且在几天之内找到多发性硬化症候选疗法；2015 年，Atomwise 软件平台基于现有候选药物，一周时间就成功找出能控制埃博拉病毒的两种候选药物，成本不超过 1 000 美元。2015 年，Google 公司联合美国斯坦福大学，利用基因组学、蛋白质组学信息研究药物功效和不良反应，通过大规模多任务神经网络进行药物发现；2016 年 10 月，美国国防部与“博格健康”制药公司合作，利用 AI 技术进行早期侵入性乳腺癌生物标记物筛选，通过数据识别未知亚型和已知亚型的药物靶点，有望为通过血液筛查乳腺癌提供帮助。另外，美国初创公司 TwoXAR 研发了 DUMA 药物人工智能平台；Insilico 公司致力于利用 AI 推动衰老和与年龄相关疾病领域的药物研发；Berg Health 公司通过 AI 开发了首例肿瘤药物，已经处于早期临床试验阶段，证明了 AI 技术助力新药研发的巨大潜力。

AI 引领康复医疗

AI 应用到康复医疗中最神奇的是通过智能外骨骼 + 脑机接口 + 虚拟现实（VR）实现自我意念控制，帮助瘫痪病人重新行走。而这一高级的 AI 应用使许多科幻电影正在变为现实。

1. 大脑意念控制假肢

为帮助截肢患者，美国国防部高级研究计划局资助 DEKA 项目，开展 AI 的研发。2014 年，美国 FDA 批准了由 DEKA 项目组研发的 LUKE 义肢，这是首例受大脑控制的假肢 Deka 获批上市（下图）。取名 LUKE 的原因是在《星球大战：帝国反击战》中，主人公卢克·天行者（Luke Skywalker）在交战中失去右手，随后接上了几乎以假乱真的义肢。LUKE 通过肌电图电极传输信

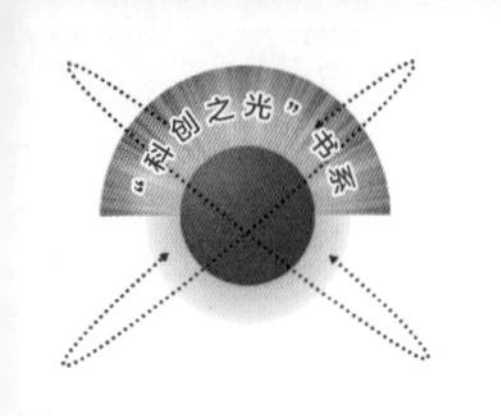

号来控制动作的义肢，按照大脑指令收缩而产生电信号，这种假肢装置可将肌肉电信号“翻译”成多达 10 种的肢体动作，将这些电信号传输到假肢中的计算机处理器，随后转化成可被机器执行的指令，再以运动传感器、压力传感器等设备来完成假肢的动作。这种假肢将能帮助失去肢臂的人解决生活中的许多不便，如拿钥匙开门、自己吃饭、拉拉链甚至刷牙梳头等，这些都是现有假肢不可能完成的任务。但是，这种假肢目前还仅能供肩关节、小臂中部或上臂中部断肢的患者安装，而在肘关节或腕关节部位断肢的患者还无法使用。

DEKA 手臂系统假肢

（图片来源：http：//www.dekaresearch.com/innovations/）

2. 直接对自身障碍部位进行意念控制

在电影《绿箭侠》中，被证明下半身永久瘫痪的 IT 女在植入一个神经芯片以后重新站了起来。而这种化腐朽为神奇的东西，也一直是瘫痪人士的梦想。据统计，全球有数百万人由于各种原因，导致四肢和大脑之间的信号通路中断，他们变得生活不能自理。为了帮助这些瘫痪者，科研人员利用脑-机接口技术直接对自身障碍部位进行意念控制。早在 2012 年，美国匹兹堡大学研究团队成功将一个芯片植入患者大脑，患者可以通过大脑控制与芯片连接的机械手臂。同样在 2012 年，美国西北大学的研究团队成功实现用大脑芯片控制小猴子的上肢。2014 年，美国俄亥俄州立大学的研究团队将可以获取大脑神经信号的芯片植入一名 24 岁四肢瘫痪患者 Ian Burkhart 的大脑，患者已经瘫痪的右手恢复了部分功能，患者可以倒水、刷卡，甚至玩儿弹吉他游戏。2016 年 4 月 13 日，这一研究成果刊登在《自然》杂志上（下图）。研究表明，瘫痪的原因是与大脑和肌肉之间神经信号通路受阻有关。在 Burkhart 的情况当中，大脑发送的信号在颈椎的地方中断了，无法传输到肌肉。而研究人员为脊椎受损的患者开发出的一种神经假肢技术，该技术能把人类的大脑与肌肉连接起来，使得瘫痪人士可以再次操控自己的肢体。利用这一技术，使 Burkhart 恢复了右手的部分功能。研究人员将豌豆大小微芯片植入 Burkhart 的大脑皮层，再通过特制的电极袖套控制他

瘫痪患者利用 AI 技术恢复了右手的部分功能
（图片来源：Nature http：//www.nature.com/news/first-paralysed-person-to-be-reanimated-offers-neuroscience-insights-1. 19749）

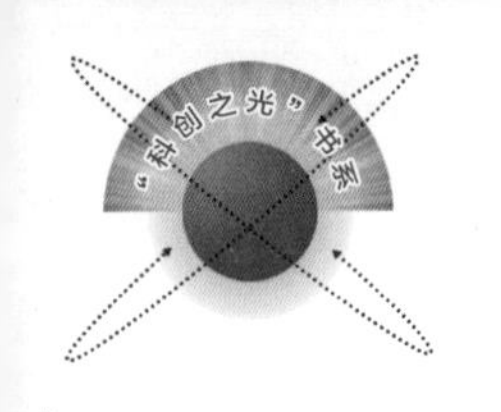

的手部，从而进行相应的运动。在过程中，Burkhart 不断在大脑想象握手的动作，接着大脑皮层的微芯片会将这系列的脑部活动输入电脑，然后电脑通过特定的算法将这些信号翻译出来，并传输到袖套上面刺激手部进行相应的运动。在不断的恢复训练中，Burkhart 已经可以慢慢地用手尝试拿东西了。

3. 通过意念控制机器人手臂

大脑智能芯片和控制系统是人工智能在医学工程领域应用最为广泛和实用的。它们不仅可以实现意念和情感上的制动和反馈，也是人脑利用人工智能来控制客观物体的大胆尝试（想象中的意念制动），这类似于"隔空取物"。

《科学：转化医学》刊登了美国匹兹堡大学的首次意念感知智能机器人人体临床试验。科学家们第一次实现了意念感知机器人手臂，利用植入大脑的特殊芯片，让患者的意念通过智能机器人手臂感觉周围环境，并且反馈触摸感再链接回到大脑意识中来（下图）。人工智能研究的核心问题是让机器人手臂有感触觉，

意念感知机器人手臂

（图片来源：UPMC/Pitt Health Sciences
http：//www.health.pitt.edu/）

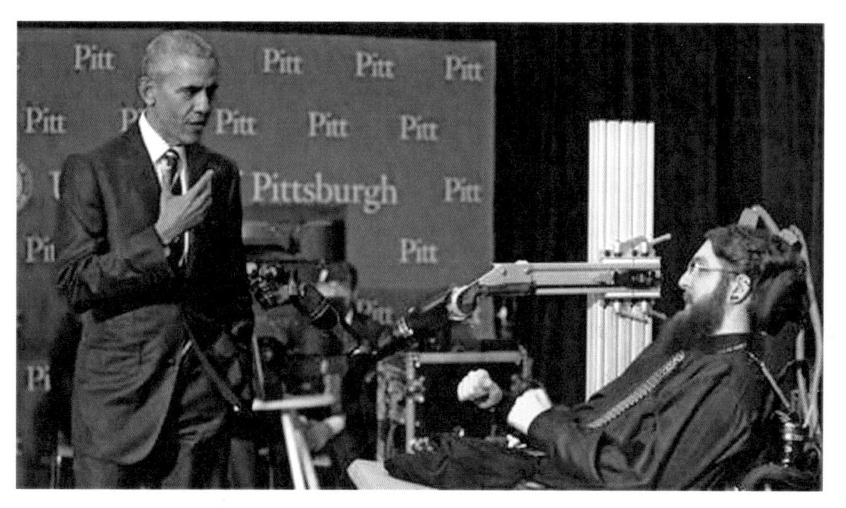

研究人员将意念制动机器人手臂第一次握手（机会）送给了美国前总统奥巴马：“总统先生您好！”“你好！ Copeland 先生。”Copeland 通过意念控制智能机器人手臂和奥巴马总统的手感触在一起了（握手感）。让这位见多识广的总统备感吃惊：“非常、非常神奇！”

（图片来源：Associated Press http：//www.ap.org/en-gb/）

并且试验者可以意念控制或接受反馈感觉。在试验测试中，研究人员将试验者眼睛蒙上，然后通过各种方式来触摸智能机器人手臂，试验者不仅感触到，而且还能判断出绝大多数的测试（成功率 84%）。

AI 与便携设备

目前，可穿戴设备和移动医疗设备大多只能检测脉搏和血压等简单生命指标，被动地提醒患者何时吃药，但无法主动监测和记录患者行为、环境和风险因素，并给出预防措施和建议。AI 技术与这些应用相结合，能够提供个性化的实时健康预警反馈与建议，监控个体行为，实现健康管理的目标。

1. AI+ 可穿戴设备颠覆糖尿病管理模式

由于目前全球糖尿病人数众多，而且缺乏非常好的管理治疗

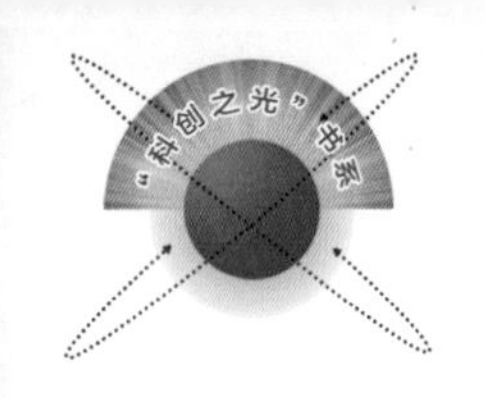

手段，因此学术界和工业界对糖尿病管理和治疗方法的研发热情非常高。通过人工智能与可穿戴设备结合可以监测糖尿病人的血糖，根据监测结果实现给药控制，颠覆了糖尿病管理的模式。

2016 年 3 月 21 日，《自然 · 纳米技术》杂志刊登了 Dae-Hyeong Kim 团队发明的可监测并调节血糖水平的石墨烯腕带（下图）。这个腕带由两部分组成，其中一部分为血糖浓度监测区，另一个部分为治疗区（控制血糖浓度）。Kim 将石墨烯与金掺杂在一起，使石墨烯变成了可以检测皮肤温度和湿度，汗液 pH 和葡萄糖浓度的传感器。根据皮肤的温度和湿度，汗液的 pH 值和葡萄糖浓度，综合分析出血糖浓度，并将数据传递给移动设备。一旦监测区发现血糖浓度超标，位于治疗区的加热器就会激发微型针头，融化药物贮藏体的外膜，微型针头将会刺入浅表皮肤之下，将降血糖药物二甲双胍注入患者体内，实现控制血糖的目的。当然，为了避免注入人体的降血糖药物过多，治疗区针头表面的可融化外膜的融化是分时控制的。言外之意是，分片融化，一旦血糖得到控制，融化随之停止。最终实现智能调控血糖的浓度。目前在糖尿病领域的一系列研究如果一切进展顺利，在未来的 5 ～ 10 年里，糖尿病患者的健康管理将会是另外一番景象。

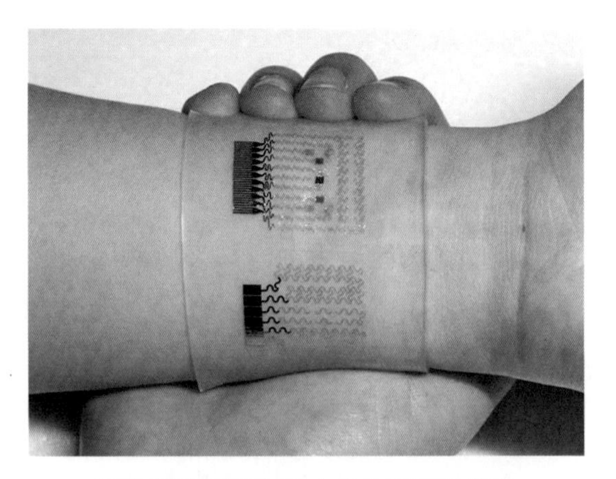

可监测并调节血糖水平的石墨烯腕带
（图片来源：Hui Won Yun/Seoul National University
http：//www.useoul.edu/）

2. 智能内衣检测乳腺癌

乳腺癌已经成为女性的一大杀手，全球有相当多的女性都因为乳腺癌得不到及时治疗最终失去宝贵的生命，大量的女性为了及时预防这一疾病，每年坚持进行定时检查，但是，乳腺癌测试既不舒服又麻烦，一家名为 Cyrcadia Health 的美国公司发明了一款能够帮助女性检测女腺癌的智能内衣。这款智能内衣名为 iTbra，能够及时检测乳房是否存在癌变的可能性。这款内衣内置了温度传感器，因为乳房当中如果存在肿瘤，那么肿瘤的温度组织将会高于正常的组织，这款智能内衣的最终版本还会通过组织的血流量和温度共同判断是否存在癌变组织。目前的 iTbra 智能内衣还处在原型设计阶段，测试之后还要经过 FDA 的批准才能上市。内衣内部的传感器能够和医生的移动装置进行连接，医生就能通过传感器的数据来对使用者进行监测。

而 2017 年，墨西哥 18 岁学生 Julian Rios Cantu 因设计了一款可以帮助检测早期乳腺癌的内衣而赢得了全球学生企业家奖。在 Cantu 13 岁时，他的母亲因乳腺癌进行了双乳房切除手术，Cantu 希望他的设计帮助其他女性抗击乳腺癌。他设计的内衣通过使用传感器对乳房表面和周围进行监测，提醒佩戴者尽早发现癌症早期出现的信号（下图）。这款被称为“EVA”的内衣使用

检测早期乳腺的 EVA 内衣原型
（图片来源：Cyrcadia Health
http：//cyrcadiahealth.com/）

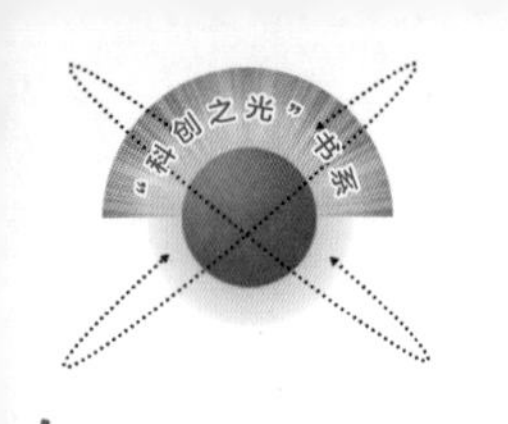

大约200个生物传感器来监测乳房温度、大小和重量的变化。目前Eva内衣尚处于原型阶段。

将可穿戴设备和人工智能结合的公司如雨后春笋，或许未来将会有一批人工智能的医疗设备或配件，像现在的电子血压计一样普及到我们每个人的家庭中来。

AI与医疗机器人

在现实中也有各式“大白”显著推动了现代医疗技术的发展，美国、英国、日本、法国、瑞士、以色列、韩国及新加坡等国的学术机构和公司，均设立了与医疗机器人相关的研究机构，开发出多种系统原型，部分已经形成商业化产品。其中，就包括微软公司的“KinectOne”体感器，目前已可以通过截取人体体表的颜色，来识别肌肉拉伸、体表温度和心率。这一点与大白扫描人体的能力有些类似。日本丰田公司也早在2011年就发布了4种应用在医疗护理领域的机器人，用于帮助由于下肢瘫痪等原因而行动不便的病人行走；日本安川公司发明的康复机器人，则可用以辅助病人自行恢复肢体损伤。此外，2013年1月，美国iRobot和InTouch Health两家公司更合作开发出第一台通过美国食品和药物管理局认证的医疗机器人RP-VITA，该机器人可以对心血管、神经外科、心理等疾病以及怀孕妇女和急救患者进行评估和诊断。

目前全球最成功及应用最广泛的手术机器人是达芬奇手术机器人，正式名称为“内窥镜手术器械控制系统”，其技术源于美国斯坦福研究院（SRI）。达芬奇手术机器人由手术台以及可远程控制的终端两部分组成。手术台机器人有三个机械手臂，在手术过程中，每个手臂各司其职且灵敏度远超于人类，可轻松进行微创手术等复杂困难的手术。终端控制端可将整个手术二维影像过程高清还原成三维图像，由医生进行监控整个过程。达芬奇手术机器人通过模仿外科医生的手部动作，再通过控制台的指令来进入病人体内进行手术操作，以实现精确微创手术（Minimally invasively surgery），最大程度减轻手术患者因手术创伤而引起的痛苦，并减少相应恢复时间和住院成本。

小贴士

达芬奇手术机器人得名于欧洲文艺复兴时期的著名画家达·芬奇在图纸上画出的最早的机器人雏形。研究人员以此为原型设计出了用于医学手术的机器人。2000年达芬奇手术机器人被美国药监局正式批准投入使用认证，成为全球首套可以在腹腔手术中使用的机器人手术系统。

由于达芬奇手术机器人的主要核心来自三个关键技术：可自由运动的手臂腕部EndoWrist、3D高清影像技术、主控台

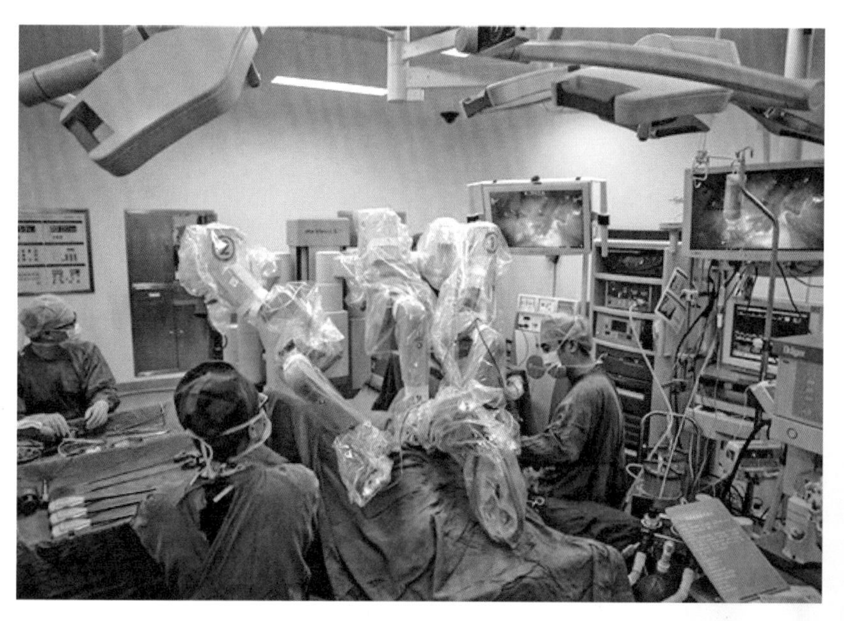

达芬奇手术机器人
（图片来源：http：//www.jhcb.com.cn/ShowArticle.jsp?id=124245）

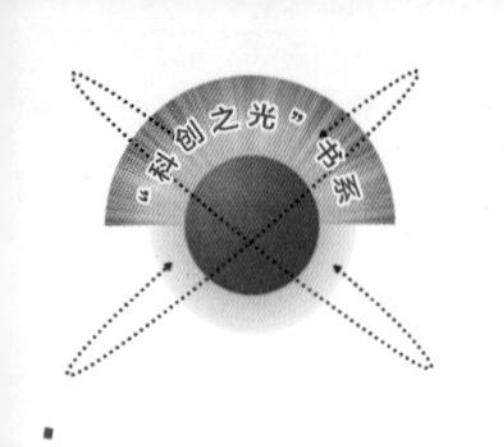

的人机交互设计。所以，本质上，达芬奇手术机器人最重要的核心还是医生。因此，达芬奇手术机器人实际上只能称之为外科医生的辅助设备，利用人工智能数据帮助医生做出更好的判断，而不能替代外科医生的存在。至少目前的技术尚不足以支撑无人手术。但可以预见随着 AI 的发展，这是完全有可能实现的。

随着人工智能的发展，一些其他类型的机器人也开始出现在市场当中。日本厚生劳动省已经正式将“机器人服”和“医疗用混合型辅助肢”列为医疗器械在日本国内销售，主要用于改善肌萎缩侧索硬化症、肌肉萎缩症等疾病患者的步行机能。除此之外，还有智能外骨骼机器人、眼科机器人和植发机器人等。

思考：人工智能能代替医生吗

在人工智能快速应用于医疗领域之时，人工智能是否能代替医生的大讨论也如火如荼的进行着，医生、科技人员、产业投资人众说纷纭。

有观点认为，人工智能替代不了医生。他们认为人工智能最大的作用在于整合海量的信息，从中筛选出有价值的数据，是作为医生诊断的辅助。而到真正的治疗阶段，则更多需要医生对患者面对面的沟通、交流，来确定合适的治疗方案。而患者也更需要医生亲切的关怀，是有血有肉的交流方式，而不是机器冷冰冰的问答。

据业内人士表示，人工智能在医学领域中发挥的作用还是取决于当前的医学研究水平，也就是说，人类医学水平有多高，人工智能的有效性就会有多高。而未来，机器也是为医生的诊断提供建议，而采取哪种方式治疗还需要医生来决断。

此外，人工智能并不等同于智慧，其缺乏人类的情感。对于医学来说，临床经验、逻辑思维也是十分重要的。这样的能力不是靠储存多少海量的医学数据、病历档案就能够提高的，而是需要直觉、情感、思考、分析等积累起来；但这些人工智能并不具备，所以其很难替代医生的智慧。

况且，就人工智能的技术而言，实现诊断，乃至治疗这一阶段，其精确性还不够。简单而言，人工智能就是一组参数不确定的函数，参数的确定需要海量的数据来完成。数据越多，参数的范围也就会越小，人工智能在医学上的精确性也就越高。但目前来说，要达到精确性极高的程度，需要的数据量将是一个难以估算的程度。

另一方面，业内有不少人士对人工智能的保密性持怀疑态度。在信息化高速发展的时代，遭黑客攻击，信息泄露的现象也屡见不鲜。如何保障患者的隐私，也是困扰医学人工智能发展的一个问题。

也有观点认为："看好人工智能的人会说 YES，因为用不了几年人工智能真的会取代那些平庸的医生，取代那些 Below average（低于平均水平）的医生，但是暂时不会取代那些 Above average（高于平均水平）的医生。不看好人工智能的保守医生会说 NO。其实未来最需要 AI 的是 Below average 的医生，也是最不理解和最不接受人工智能的人。人工智能不是万能的，但是它的确会在某些学科和领域超过人类的能力，取代医生的工作甚至是完全取代医生。如果用于诊断疾病、判断预后的数据或图像可标准化、量化、结构化的话，基本上可用人工智能来完成。在确立算法后，可让机器不断地学习和积累，逐步完善，最终战胜人类。从目前的应用来看，人工智能应用比较好的领域是皮肤科、病理科和影像科。在这些领域，机器比人可靠，更精准，而且它还不会疲劳，随着算法的不断进步和数据的不断积累，人工智能的水平会越来越高，会从现在的帮助人类做判断，演变到代替人类做判断。那些非标准化、充满不确定性以及人工操作的临床工作，还是人工智能无法替代的。"

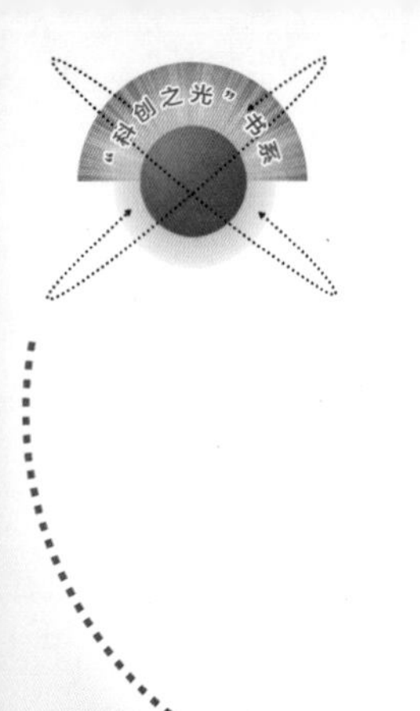

从技术发展阶段来看，当前的人工智能只相当于3～5岁小孩的能力和智商，无法与医学博士相比，但是它的发展非常快，潜力非常大，需要我们慢慢去教它。人工智能的发展趋势是已经确定了的，但究竟人工智能与医生的关系会发展成什么样，还需要我们在发展中探索。

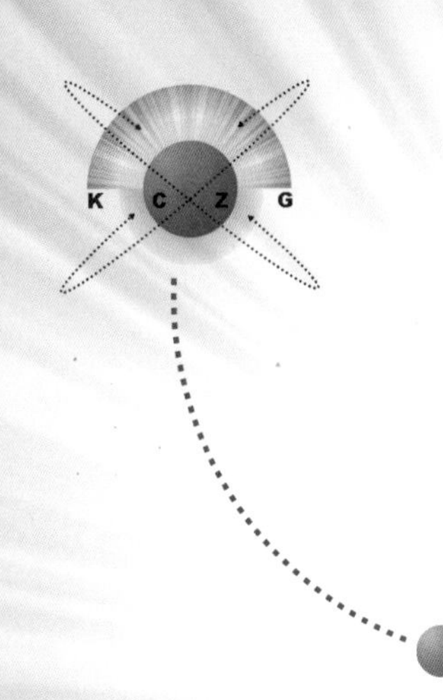

人工智能机器人世界杯

——人工智能的检验平台

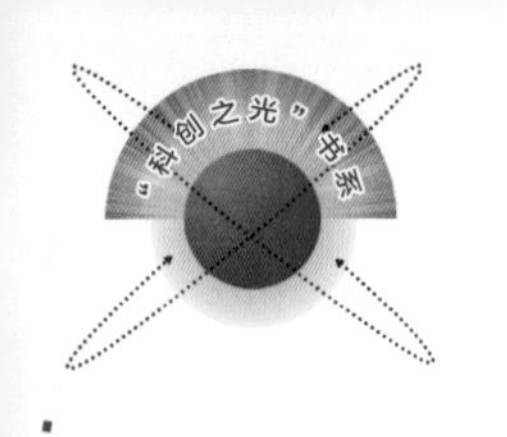

AlphaGo 与人类的围棋较量，直接检验了在静态环境下的人工智能，然而，能否检验在动态环境下的人工智能呢？

对于这个问题，早有人涉足了，这就是机器人世界杯赛。顾名思义，机器人世界杯，就是在同一平台中，各路机器人的公平竞赛，是检验人工智能各方面技术的一个综合平台。

机器人可以说是人工智能实现的最佳结合点，先来看一下在伊朗进行的一场比赛。

别开生面的小型足球机器人比赛

这是 2008 年 4 月 6 日在伊朗 Qaziv 举行的 2008 RoboCup 伊朗国际公开赛的 RoboCup 小型足球机器人的决赛现场，全场观众达到了数千人，现场异常热闹，不输给部分人类足球赛的现场。比赛一开始，双方的球员就展开了场上争抢，不久，上海大学 Strive 队（中文名“自强队”）的 1 名队员带球吸引了伊朗 Roborate 队的所有队员，立即把球拨给另外 1 名队员，只见第 2 名队员朝对方球门大力踢球，球进了，场上的比分改写为 1∶0，上海大学 Strive 队以 1 球领先，观众热烈鼓掌。几分钟后上海大学 Strive 队以一个挑球攻进了伊朗 Roborate 队的大门，场上的比分改写为 2∶0，上海大学 Strive 队以 2 球领先，但是伊朗 Roborate 队的机器人不甘示弱，趁上海大学 Strive 队稍不注意，快速反击，打进 1 球，2∶1，这也是上海大学 Strive 队在这次大赛中的第一个失球。此时双方的争抢进入白热化。在全场观众掌声雷动下结束了上半场比赛。

下半场，易边再战，上海大学 Strive 队调整了战术，采用机器学习（目前人工智能领域的一个热点）策略，进行全面攻击，这一招果然奏效，只见一名前锋队员连续几次发边线球遭到对方堵截以后，改用挑球策略，看到球越过对方守门员的头顶，球应声入网，及其漂亮。场上的比分改写为 3∶1，上海大学 Strive 队

小型足球机器人比赛现场

领先2球。此后伊朗Roborate队全力反攻，在上海大学Strive队的后场展开激烈争夺，上海大学Strive队趁对方大乱之际，再次偷袭成功：4∶1，虽然，此后伊朗Roborate队还有几次进攻的机会，但是上海大学Strive队的守门员表现出色，再无失球。最终上海大学Strive队以4∶1干净利落的战胜了伊朗Roborate队，蝉联冠军，赢得了全场观众的掌声。

这个场景不是大家熟悉的各大联赛，更不是电影中的少林足球，而是一场别开生面的机器人足球比赛。机器人足球对大多数人而言还是个新生事物，越来越多的人对之发生了强烈的兴趣，那么机器人足球究竟是怎样进行的呢?

小贴士

RoboCup伊朗国际公开赛是国际上举办地区性公开赛之一，有来自世界各地的优秀参赛队伍同场竞技，上海大学Strive队也参加了多届，获得过3次冠军。

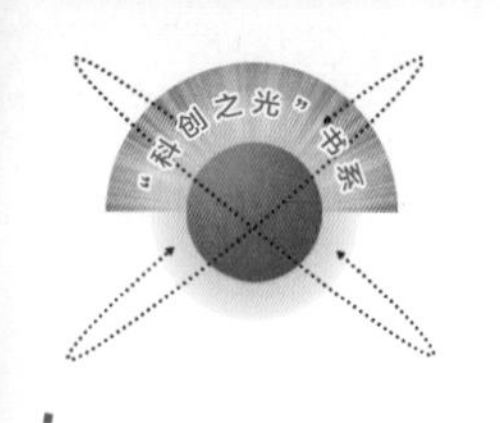

赛后当地记者采访上海大学 Strive 队队员

机器人世界杯赛

机器人足球是将人们喜欢的足球运动和人工智能领域多智能系统结合的产物。有关专家预言，机器人足球比赛的最终目标是实现 2050 年的人机大战，即在“可比”的条件下，机器人足球冠军队和当时的人类世界冠军队进行比赛，并要赢得比赛。这是从事机器人足球事业的科技工作者所面临的十分艰巨的挑战。机器人足球涉及的研究领域十分广泛，有图像采集、图像处理、图像识别、知识工程、专家系统、决策系统、轨迹规划、自组织与自学习理论、多智能体协调、小车机械、机器人学、机电一体化、无线通信、精密仪器、实时数字信号处理、自动控制、数据融合等。如果 21 世纪 50 年代机器人足球冠军队真能战胜当时的人类世界冠军队，将充分表明人类的科学技术综合能力有了质的飞跃。

国际上机器人足球比赛分为 RoboCup（全称为 Robot World Cup，即“机器人世界杯”）和 FIRA 两大系列，每一系列比赛中，又主要分为仿真组、小型组、中型组（自主式）、仿人组（人形机器人）等。每年都要进行一次比赛。中国最早参加了 FIRA 国际比赛，东北大学代表队和哈工大代表队都取得了好成绩。中国还参加了 RoboCup 系列的国际比赛。在 2001 年和 2002 年的 RoboCup 比赛中，清华大学代表队获得了仿真组世界冠军。另外，机器人足球还参加了科技申奥主题活动。这说明机器人足球在中国获得良好的发展。

要使机器人足球系统正常的踢球，就要具备四个基本组成部分，即足球机器人躯体运动系统、视觉处理系统、通信系统及计算机主控系统。

机器人的躯体运动系统就好比是足球运动员的身体，不但要求它结实，还要能跑得快、抗碰、抗摔、准确地处理球。目前，由于技术的原因，足球机器人还不能真正用脚“踢”球，在比赛中，足球机器人是用躯体直接去推球或用躯体的一部分去弹球。

视觉处理系统相当于足球运动员的“眼睛”，足球机器人的视觉处理系统把比赛场地的敌我双方的态势都反映到计算机中，然后用计算机图像软件进行处理。利用模式识别技术，对数字图像进行特征提取等操作，形成自己的计算机内数据的表达，即敌我双方机器人的位置和角度。

通信系统就像人的“嘴和耳朵”。为了实现伙伴之间的合作和协调，机器人踢完球后，必须向其他队员发出相关信息，同时自己也可以准确、可靠地接收到别的队员的信息。

在这四个基本组成部分中，计算机主控系统是最为关键的，它相当于人的“大脑”，是人工智能的实践者。计算机主控系统根据现场的敌我双方的比赛态势，决定我方机器人处于进攻还是防守。然后决定机器人的队形和机器人离足球的远近，决定是主攻还是助攻、主防还是助防。根据每个机器人的任务决定相应的动作。

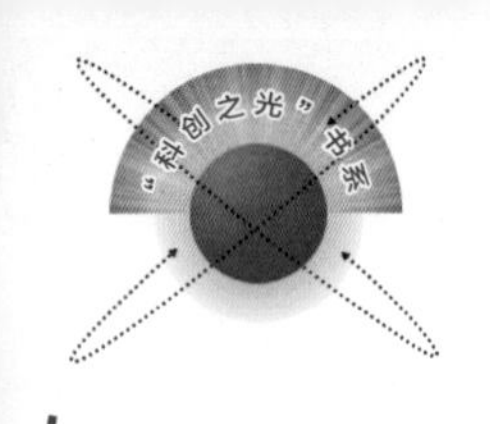

机器人足球比赛和人类足球一样也有严格的比赛规则。就如本章开头所叙的RoboCup小型组的比赛而言，赛场长6.1米、宽4.7米，场地画有中线、中圈和门区。每队由不超过5个机器人小车组成机器人足球队。它们的任务就是将橘红色的高尔夫球（即机器人所踢的足球）踢入对方的球门而力保本方不失球或少失球。比赛规则与一般足球比赛相似，也有点球、任意球和门球等。只是因机器人所带的电池容量限制，每半场为15分钟，中间休息5分钟。下半场结束时若为平局，则有5分钟的延长期，也实行突然死亡法和点球大战。明显不同之处在于球场四周有围墙。不过，随着科学技术的不断发展，机器人制造技术的不断进步，在今后，球场四周的围墙很快就会被取消。

机器人足球是人工智能领域与机器人领域的基础研究课题，是一个极富挑战性的高技术密集型项目。有人说，20世纪80年代是计算机时代，20世纪90年代是计算机网络时代，而21世纪是智能机器人的时代，机器人足球比赛正是在这一大环境中诞生的。现在的社会正在向数字时代迈进，而数字时代的标志就是声控技术、语音技术，还有无线通信技术能真正普遍使用。机器人足球是一个机器人足球队与另一个机器人足球队攻球的比赛，这种比赛的最大特点是在整个比赛过程中，人不允许介入控制。机器人球队完全通过人们事先编制的合作与协调策略程序进行比赛。因此，机器人足球队的进攻与防守能力不但取决于机器人本身的硬件水平，而且还取决于在各种复杂的动态环境下如何应付环境的变化，队员之间如何合作与协调的人工智能技术水平。机器人足球中包含着在21世纪要重点攻克的机器视觉与听觉等传感技术，机器人之间互相联络与沟通所需的无线通信技术，对机器人足球队进行学习与培训及开发比赛策略用的仿真技术，模仿人的行动决策的智能控制技术，能制造出强壮机器人的机电一体化设计技术，各机器人之间合作与协调所必需的分布式多智能技术，以及嵌入式计算机与人机接口等许多关键技术。实际上，机器人足球是多种综合技术的较量，因此，机器人足球被称为"方寸间的技术战争”。

机器人足球是在复杂的动态环境下，众多机器人通过相互合作与协调完成任务的，因此，可以说它是一个机器人社会的缩影。随着科学技术的迅速发展，21 世纪中叶，将是人类社会与机器人社会共存的时代，在那时，机器人社会为人类社会服务，不但创造财富，而且还可用机器人部队保护自己或打击侵略的敌人。从这个意义来说，机器人足球又促进了机器人社会的早日到来，机器人足球拉开了机器人社会的序幕。

RoboCup 小型足球机器人比赛是 RoboCup 赛事的一种比赛。RoboCup 源于 1992 年，加拿大不列颠哥伦比亚大学的教授艾伦·麦克沃森（Alan Mackworth）在论文 *On Seeing Robots* 中提出训练机器人进行足球比赛的设想。同年 10 月，日本研究人员在东京“关于人工智能领域重大挑战的研讨会”上，对制造和训练机器人进行足球比赛以促进相关领域研究进行了探讨，并草拟了规则和足球机器人和模拟系统的开发原型。

1993 年 6 月，日本研究者浅田埝（Minoru Asada）、YasuoKuniyoshi 和北野宏明（Hiroaki Kitano）等人决定创办机器人比赛，命名为 RoboCup J 联赛。随后得到国际研究者的响应，并扩展成国际性项目，改名为机器人世界杯，简称为 RoboCup。

1997 年 8 月，第一次正式的 RoboCup 比赛和会议在日本的名古屋与 IJCAI-97 联合举行，比赛设立机器人组和仿真组两个组别，来自美国、欧洲、日本、澳大利亚的 40 多支球队参赛，观众达 5000 余人。

之后每年进行一届的比赛，下表为历届比赛日期与比赛地点，从表中可以看出，机器人世界杯赛优先考虑与人类的世界杯足球赛举办国，如 1998 年的法国，2006 年的德国，2014 年的巴西，或者与欧洲杯同期举行，如 2004 年的葡萄牙，或者考虑与奥运会举办国，如 2000 年的澳大利亚，2008 年的中国等，最近一次的中国赛事，是 2015 年的合肥 RoboCup 机器人世界杯赛，在那届大赛上本书主编之一陈万米担任大赛的副主席。

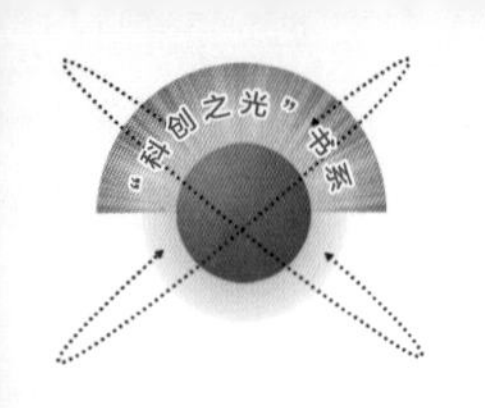

历届机器人世界杯比赛

届 别	比赛时间	地 点
第一届	1997年8月23～29日	日本名古屋
第二届	1998年7月2～9日	法国巴黎
第三届	1999年7月27～8月6日	瑞典斯德哥尔摩
第四届	2000年8月26～9月3日	澳大利亚墨尔本（中国科大首次参赛）
第五届	2001年8月2～10日	美国西雅图（清华大学获得仿真组冠军）
第六届	2002年6月19～25日	日本福冈（清华大学蝉联仿真组冠军）
第七届	2003年7月2～12日	意大利帕多瓦
第八届	2004年6月28～7月4日	葡萄牙里斯本
第九届	2005年7月13～19日	日本大阪
第十届	2006年6月14～20日	德国不来梅(上海大学首次参赛）
第十一届	2007年7月1～10日	美国亚特兰大
第十二届	2008年7月14～20日	中国苏州（中国首次举办世界杯）
第十三届	2009年6月29～7月5日	奥地利格拉茨
第十四届	2010年6月19～25日	新加坡
第十五届	2011年7月5～11日	土耳其伊斯坦布尔
第十六届	2012年6月18～24日	墨西哥墨西哥城
第十七届	2013年6月24～30日	荷兰埃因霍温
第十八届	2014年6月18～24日	巴西 João Pessoa
第十九届	2015年7月18～24日	中国合肥
第二十届	2016年6月30～7月4日	德国莱比锡
第二十一届	2017年7月25～31日	日本名古屋

本书主编之一陈万米在 2015 合肥 RoboCup 机器人世界杯赛上

2015 合肥 RoboCup 机器人世界杯比赛一角（队员与机器人休息区）

RoboCup 足球机器人赛事与计算机下棋有着诸多的不同，如下表所示，可见机器人足球赛的要求更高，更需要机器人具有思考与学习的能力。

计算机下棋与足球机器人系统的比较

	计算机下棋	足球机器人
环 境	静 态	动 态
状态改变	依次动作	实 时

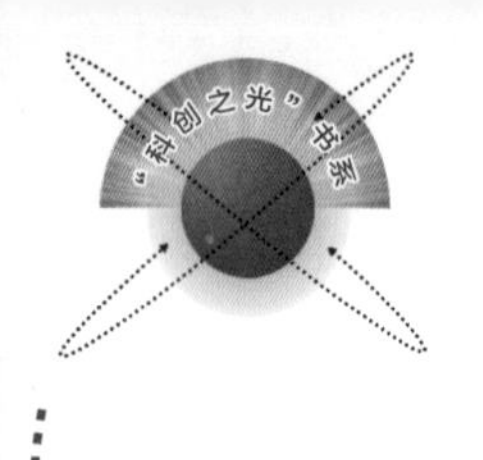

（续表）

	计算机下棋	足球机器人
可用信息	完　全	不完全
传感信息特征	符　号	非符号
控制方式	集　中	分　布

除了 RoboCup 小型足球机器人赛事之外，还有其他更多的 RoboCup 赛事，让我们一起来看看吧！

RoboCup 仿真组

RoboCup 仿真比赛是一个能为多智能体系统和模拟智能进行研究，教育工具。比赛是在一个标准的计算机环境中进行的，提供了一个完全分布式控制，实时异步多智能体环境。通过这个平台，测试各种理论，算法和 Agent 体系结构。在实时异步，有噪声的对抗环境中，研究多智能体的合作对抗问题。当然，仿真组的比赛使用的机器人并非是真的机器人。一个机器人是 Agent，拥有自己的大脑，是一个独立的“主体”。而一个球队实际是程序组成的。服务器的工作就是计算并更新球场上所有物体的位置和运动，发送视觉和听觉信息给球员，接收球员的命令。RoboCup 仿真组是完全基于软件程序的开发而没有实体的机器人，这是不同于 RoboCup 其他组的重要方面。因此，研究人员可以把精力完全投入到机器人的上层决策中，而无需考虑硬件问题。同时，仿真组比赛所需的仿真平台的开发还可以促进计算机仿真技术的发展。

现在的 RoboCup 仿真组包括 2D 仿真、3D 仿真。其中 3D 仿真经过了多次调整，从原先在 2D 仿真的基础上增加一维，从平面到了空间，意味着足球可以在空中运动，机器人也需要站立，

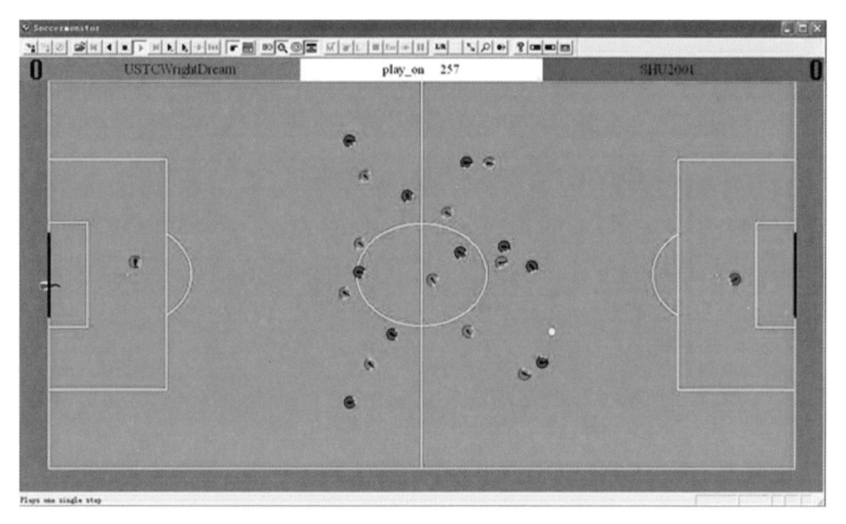

RoboCup 仿真组（2D）赛事

即仿人型机器人，2007 年起改为类人型 Nao（法国 Aldebaran Robotics 公司设计制造）的仿真组，下图显示了仿真 3D 组使用的智能体模型的发展。

仿真 3D 组使用的智能体模型的发展

RoboCup 仿真组（2D）项目比赛，中国科学技术大学多次获得世界冠军。

RoboCup 仿真组（3D）项目比赛，中国东南大学多次获得世界冠军。

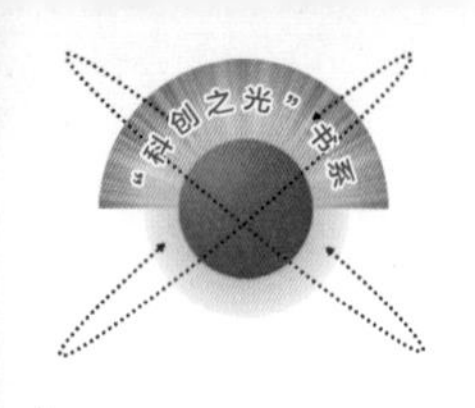

RoboCup 中型组足球赛

RoboCup 小型组足球机器人比赛，用的是高尔夫球，RoboCup 仿真组则完全在电脑（计算机）上的模拟，现在，有一种被称为 RoboCup 中型组的赛事，用的是真正人类所踢的 5# 标准足球。

RoboCup 中型足球机器人比赛，当前的比赛规则允许每支球队最多 6 个直径不超过 50 厘米的中型足球机器人在 18 米 ×12 米的场地上使用橙色足球进行比赛。所有的传感器都由机器人自身携带，机器人能使用无线网络与队友、场外 Coach 教练机进行通信。除了机器人上下场外，不允许人类对比赛进行额外的干预。因此机器人是全分布式的和全自主的，机器人需要能够完全自主的通过传感器信息完成目标识别和自定位，决定自身采取的动作，控制电机和其他执行机构以完成比赛。每场比赛分成两个 15 分钟的半场。比赛过程由人类裁判控制，裁判具有绝对的权威贯彻比赛规则的执行。同时有一个助理裁判负责操作裁判盒程序，根据主裁判的判罚发出相应的指令如比赛开始、暂停、开球、任意球等给比赛双方球队的场外 Coach 机，场外 Coach 机再将指令通过无线网络发送给场上比赛的机器人。

根据当前的规则，比赛开球时的人类对机器人的摆位也将被禁止，机器人必须自主进入场地比赛等。同时 RoboCup 中型足球机器人还有进一步修改规则的计划，如允许机器人色标和车体使用任意颜色，比赛用球改为任意 FIFA 足球，机器人根据裁判哨音和手势进行比赛等。

RoboCup 中型足球机器人的比赛场景如下图所示，其为 2006 年德国比赛现场。

RoboCup 中型组足球机器人比赛项目，中国北京信息科技大学多次获得世界冠军。

中型足球机器人的国际比赛场景（2006 年德国比赛现场）

中型足球机器人的国内比赛场景（2009 年上海大学比赛现场）

RoboCup 类人机器人足球赛

在 RoboCup 类人机器人比赛中，使用的机器人有像人体一样的机械结构，并相互配合完成踢球的动作。动态行走、跑步、踢

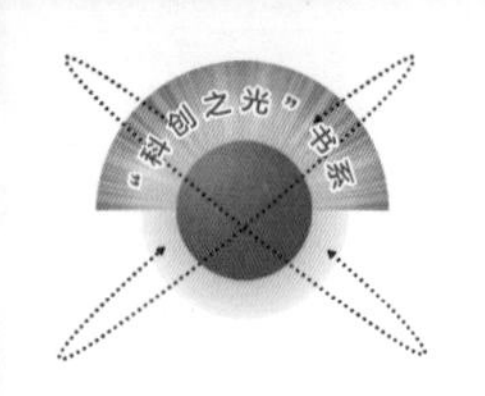

球的同时需保持自身平衡。还需视觉系统寻找识别球、队员、场线（用于定位）。并使用策略完成进攻。但由于制作机器人的条件受限，目前根据机器人的尺寸大小，分为 Kidsize（孩子组），Teensize（青少年组），Adult（成人组）等组别。

比赛中的类人机器人 Kidsize 组

类人型足球机器人 Teensize 组

RoboCup类人型足球机器人赛开始于2002年的日本福冈机器人世界杯，比赛内容从2对2足球比赛、点球大战（PK）、竞速、绕柱行走和传球等项目，发展到目前的3对3的足球赛事，尽管机器人在比赛中情况百出，也往往会吸引很多观众。

类人型足球机器人 Adult 组

中国的清华大学等队经常参加该项目的国际大赛。

小贴士

机器人与人类进行对抗赛，先决条件是机器人具有人形，所以该项比赛是有看点，尽管现在的机器人仍然显得比较“嫩”，但是它也在一步步地进步。

RoboCup 标准平台组

在RoboCup机器人世界杯赛中，有一个项目非常特别，其他

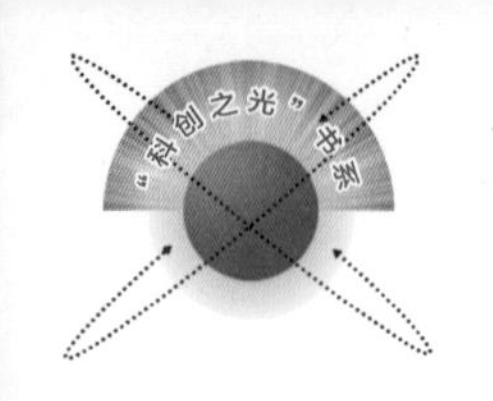

各组机器人在比赛中，外形各异，而该组比赛双方的机器人，粗粗一看，外形长得一模一样，只是颜色不同。

RoboCup 国际委员会考虑到设立一个组别，各队使用同一种机器人平台，比的是各自的策略与算法，该组又被称为标准平台组。

2008 年之前，标准平台组采用索尼公司的四腿机器狗（Aibo）。2008 年之后标准平台组的比赛统一使用法国 Aldebaran Robotics 公司的 Nao 机器人的平台。

四腿机器狗（Aibo）在比赛中

法国 Aldebaran Robotics 公司研制的 Nao 机器人

设立标准平台组，可以让 RoboCup 参与者受益于以下特点：

（1）标准的比赛平台；

（2）不需要进行繁杂的硬件开发；

（3）各参赛队交流共享代码；

（4）全自主机器人；

（5）不需要离线计算；

（6）比赛中没有队员的人为干预；

（7）裁判的干预极小；

（8）可控视觉；

（9）无全景视觉；

（10）主动感知；

（11）无线通信；

（12）比赛激烈，充满各种不确定性；

（13）发表科技论文数量为各项目之最。

家庭机器人组 RoboCup@Home 组

除了用于机器人足球比赛之外，RoboCup 国际委员会也考虑将智能机器人引入家庭服务中，自 2006 年起，一项新的比赛项目诞生了，这就是 RoboCup 家庭组比赛，该赛事重在真实世界中的应用以及同自主机器人之间的人机交互。其目的在于激励机器人在日常生活中辅助人类方面的实用性应用的发展。它是全世界主要的家庭机器人赛事。

拥有全自主机器人的任何人都能参加比赛。家庭组比赛包括一系列在家庭场景中完成的测试，以及用来展示机器人最好能力的公开挑战赛。在测试过程中，只允许与机器人进行自然的交互（比如：语音，姿势）。所有的测试都在尽可能真实的起居室场景中进行。场景包括当地（传统）的家具，非特殊的照明条件，可以改变位置的家具，地板上的玩具等。

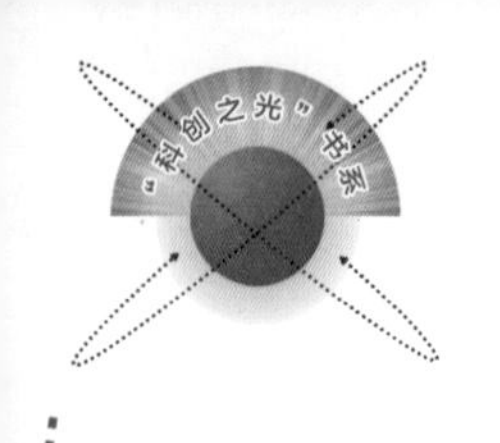

2015 年机器人世界杯中的家庭机器人参赛合影

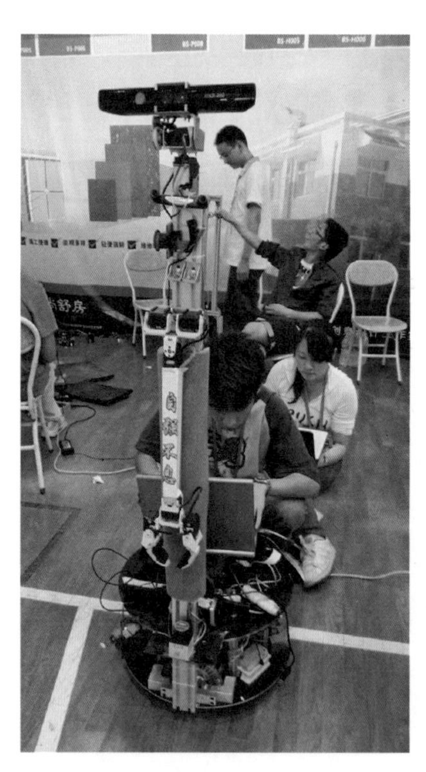

上海大学的阿曼达机器人（左），外国参赛队的机器人（右）在比赛休息中

RoboCup 青少年组

RoboCup 青少年组比赛（RoboCup Junior，RCJ）是国际机器人世界杯比赛（RoboCup）的重要组成部分。目标是通过组织机器人比赛，来推动世界范围内的机器人研究和教育。RoboCup 的教育和普及理念主要是通过 RCJ 活动来实现的。目前，RCJ 虽然是 RoboCup 的组成部分，但是组织管理相对独立。RCJ 国际理事会是最高管理机构，负责相关的一切技术问题，管理问题，以及世界范围内的推广和普及。

自从 2000 年在澳大利亚墨尔本首次举办 RCJ 比赛以来，RCJ 每年举办一次国际比赛，时间地点和 RoboCup 国际比赛保持一致。大约有来自世界 30 多个国家的 300 多支青少年队伍（800 人左右）参加比赛。目前 RCJ 国际比赛包括四个项目：机器人救援、机器人足球、机器人舞蹈以及 Cospace。从年龄段上来说，RCJ 比赛分为两个组：14 岁以下的初级组，以及 14～19 岁的高级组。19 岁以上的学生，只能参加 RoboCup 大学组的比赛了。从 2006 年开始，为了更好地鼓励来自全世界孩子的合作与分享，每次国际比赛都要求来自多个不同国家的青少年组成超级联队，通过合作，一起设计并制作机器人，进行比赛。

从 2002 年开始 RCJ 活动在中国就逐步开展起来，很多有识之士都为 RCJ 在中国的早期发展作出了重要贡献。机器人作为青少年科技教育活动的主要平台，推动青少年科技教育、科学素养、动手能力等综合素质的培养与提高，已经成为教育领域的热点之一。各种机器人竞赛活动的举行，进一步推动了机器人教育的发展。RCJ 机器人世界杯比赛由于其无与伦比的国际影响力和宽广的国际舞台，已经成为所有机器人竞赛活动中最具吸引力的竞赛之一。作为国际机器人研究领域的顶级学术竞赛活动，RCJ 国际比赛的成绩，得到了欧美，日本等顶级高校的认可。自 2009 年以来，每年都有多名优秀的中国学生，由于参加 RCJ 国际比赛，特别是在 RCJ 国

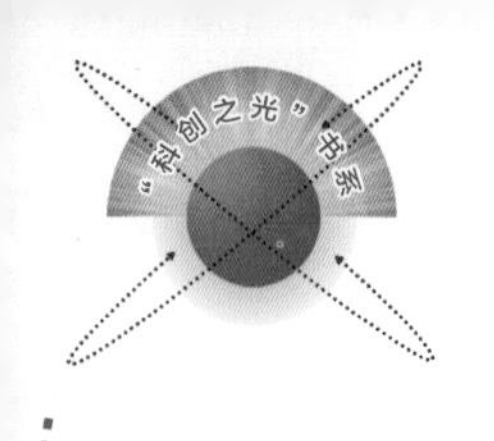

RCJ 之舞蹈比赛

际竞赛中取得了优异成绩，从而被美国顶级大学录取。

国内目前已经拥有的良好氛围，为 RCJ 活动在中国未来的发展创造了重要基础和环境。目前 RCJ 中国的活动已经成为 RCJ 在所有国家活动中，参与人数最多的活动。通过 RCJ 的国际平台，能进一步推动国内青少年与国外青少年的交流与合作，提高中国学生在国际机器人舞台上的影响力，让更多的中学生有机会在 RCJ 比赛这个国际大舞台上展现自己，从而有更多机会被国际顶级学府发现并录取。

RCJ 之足球比赛

RCJ 之舞蹈比赛

RoboCup 其他赛事

近年来，RoboCup 又从工业应用角度增加了如 @work 组等，在此不多述叙，有兴趣的读者可以自行参考其他参考书。

陈万米接受央视采访

机器人世界杯赛的举行，一方面可以有效的检验人工智能的最新发展，另外，可以给广大的学生提供学习、交流、实践的机会。2011 中国机器人大赛暨 RoboCup 公开赛在兰州举行，大赛结束后，中央电视台做了以“大赛落幕 90 后选手表现出色”的专题，在“朝闻天下”节目播出。央视记者采访上海大学陈万米时，陈万米如是说：“机器人大赛不仅仅是个交流、切磋的方式，最重要的是同学们得到了全面素质的提升，……比赛仅仅是个平台，通过自己去亲自做，有些不知道的，他自己可以查资料或者请教，或者在实验中不断失败，然后再取得成功。”

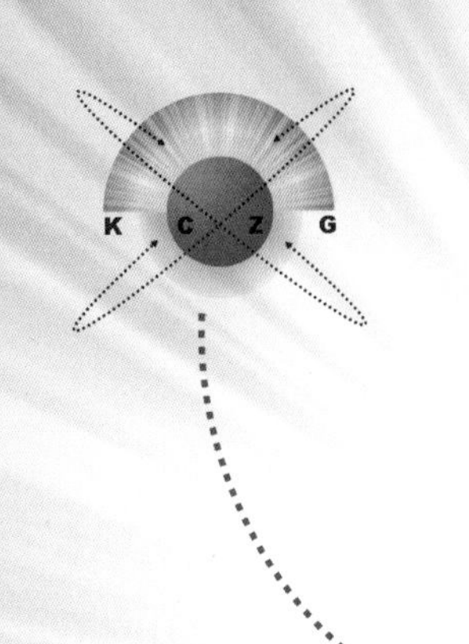

人工智能的未来

——人工智能会超越人类吗

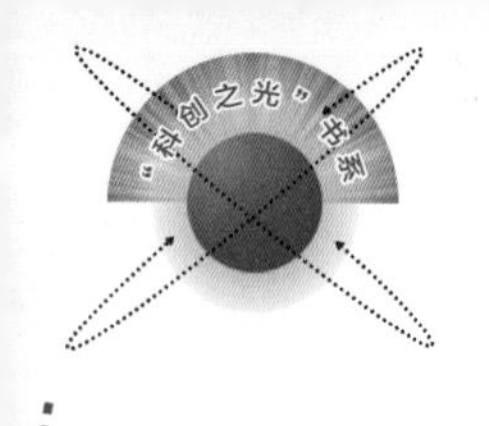

人工智能不具有本能特征

很多人认为，当人工智能发展到一定阶段之后，在概念、思维方式甚至自我意识与欲望等方面，均会与人类相同或超越，实际上远未达到。

首先，从输入输出的系统概念来说，若输入信息的类型不同，得到的输出特征量很可能是不同的。受限于人类生理上的听觉和视觉限制，如依托的是人类无法看到的紫外线和狗能听到的其他频域声音，则机器给出的特征量输出也可能是不同的，但这也属于智能的另一类表现。

另一个即是“本能”的特征。简单地说，本能即是自发的、直觉的感受或反应，如开心 / 不开心等。对人来说，非常简单的本能，如品尝美食、呼呼大睡、跟有魅力的异性聊天等都都会获得开心的感受，而计算机想要获得类似的概念及感受则非常困难。再比如，美丽的概念，我们看到美丽的人、美丽的景色、美丽的建筑，都会有一种自发的感觉：“哇，好美！”这些都是人类自发的本能。

本能是大自然赋予生物面向自身生存的变化行为能力，生物通过自身的本能变化来适应大自然，从而求得生命本身的延续。对于人工智能来说，解决其本能模拟的问题是其在理解人类功能的路途上的重要一步。

但是，前面还有很长的路要走。

“奇点”的概念

英国著名科学家斯蒂芬·霍金在2014年底回答记者采访问题时说：“如果我们开发出了完全的人工智能，那么也许它将意味着人类的终结。”他还说：“人工智能发明是人类历史上的一个里程碑，但是同时，它也有可能成为我们历史上的最后一个里程碑。”

同样，在 2017 年全球移动互联网大会 GMIC 上，霍金通过视频发表演讲，谈了关于人工智能的看法。他认为人工智能在未来是否会威胁到人类还不好说，现在应该从研究中规避这种风险。他认为，人工智能无论如何了不起，都必须遵守一条规则：按照人类的意愿去工作。

这类担忧或者争论中，最为极端的例子是关于“奇点”是否会到来的争论。这个概念是由著名实业家雷·库兹韦尔提出。他认为：“与生命融合的人工智能”是可以通过人工智能、遗传基因工程学、纳米技术这三项技术实现的。

所谓“奇点”，指的是人工智能能够自动地制造出超越自身能力的那个时刻。

在数学上，我们知道，0.99 乘以 0.99，再乘以 0.99……，10 000 次以后，所得结果是：10^{-44}，接近于 0；同理，1. 01 乘以 1. 01，……，10 000 次以后，所得结果大得惊人，10^{43} 次方。

所以，如果真有人工智能技术制造出了哪怕比自身只超越一点点的人工智能，那么从那个时间开始，人工智能将进入一个全新的阶段。

关于“奇点”之后的事情，人们很难想象。到那个时候，工作都可让机器来做，生产效率在不断提高，那么，这时候的人该去做些什么呢，人的生存价值在哪里呢？

其实，人类社会的生存是依托于社会成员之间相互的沟通，并通过获取现实世界事物的特征量，汲取传承的文化信息，并根据优胜劣汰的自然法则而进行“系统的生存”。

利用深度学习，人工智能可以“发现世界的特征量并学习相关的特征表示”，但距离人工智能拥有自身的意念并进行自身的改造，仍有太多的路要走。别忘了，人是有生命的智能体。现阶段，我们应充分利用好人工智能技术，并设想好最坏的情形，由社会进行公开的讨论，来让其最大程度地造福人类！

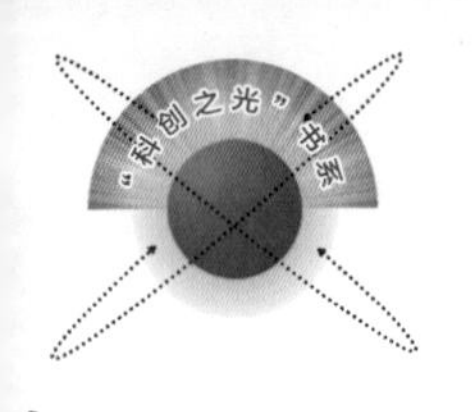

人工智能会超越人类吗

关于人工智能的讨论如火如荼，特别是2016年末至2017年初那场举世瞩目的“围棋人机大战”。短短7天，网名为Master的神秘“网络棋手”在人机大战中击败15位世界冠军，斩获60连胜。2017年5月23~27日，AlphaGo又在浙江乌镇3∶0战胜了目前等级分第一人、世界冠军、中国棋手柯洁九段。人们在关注结果的同时，也不免产生疑问：人工智能真的会超越人类吗？

关于这个问题，在《人民日报》《科技日报》《解放日报》《文汇报》等均有不同的报道和讨论。大家看法比较一致的是，人工智能发展的黄金时代到来了。“最近人工智能取得的成果，确实是之前十几年我们完全想不到的。”微软亚洲研究院首席研究员刘铁岩这样说，“但这是表面的，如果把这张魔术的台布展开，你就会发现它千疮百孔，各种各样非常基础的问题并没有解决。更有意义的，还是冷静审视技术本质，为人工智能持续发展保驾护航。”

从人工智能的技术突破看，在语音、图像识别等方面，在特定领域、特定类别下，计算机的水平已经逼近甚至超过人类。

但人工智能真的会超越人类吗？《人民日报》总结得很好，近半个多世纪的研究表明，机器在搜索、计算、存储、优化等方面具有人类无法比拟的优势，然而在感知、推理、归纳、学习等方面尚无法与人类相匹敌。

需要承认的是，随着人工智能的普及，一些传统行业会受到影响，一些工种会被机器取代，一些人可能因此而失去工作。但我们更应该以一种更加积极、开放的态度来对待人工智能，就像对待日用品一样。让我们把自己变成新技术的拥有者和使用者，不断想办法来提升自己，这才是我们更应该考虑的问题。

人工智能的社会平台特征

人工智能不管发展到什么程度，均只属于带有附属技术特征的人类劳动工具。工具性质决定了其对人类整体的战胜问题不值得讨论，也是不可能实现的。将来任何人类个体如果不认真学习整体社会的智能理论和智能工具方法，是无法在今后的整体性、平台性社会生产中起到足够作用的。如今，作为一类具有平台性特征的工具，人工智能的算法已做到对自然之美的合理借助，并在此基础上进行了合理的多层思考及拓展，其统一性和多样性已有了很好的体现。

作为智能工具的开发者，人类应该主动思考人工智能技术的本质社会特征。这里，任何人都应该有讨论资格，任何不同层次和不同方式的讨论及内容都是需要的，这正是一个开放的智能型社会所必需的基本平台特征。

作为人类本体意识对外部世界的响应，人工智能的特征及功能本质上就是人类对自身本体意识及功能的主动拓展。硬要将自然人、社会人、时代人之间划一条无法逾越的鸿沟，分清谁能战胜谁，这样的工作从本质上讲是没有意义的。因此，主观与客观、物质与意识之间的关系决定了人类通过本体意识认识自身以及主动提升的水准，并且不会因为其自身的发展而导致真正的整体灭亡。人机关系中的人类本身就是一个不断发展的整体，其部分功能在某个历史时刻被自身主动开发的智能工具所超越，这本身就证明了人类整体智能的自我进化及不可战胜的特征。每一次循环，都能够做到人机关系中人类目标的主动提升、研究方法的主动改进、检测及反馈模式的主动优化。而机器智能执行环节本质上都属于人类主动进化之后的被动功能提升。因此，机器战胜人类的说法，仅仅是将未来的工具特征与当代人类个体功能相比较得到的结果，是忽视人工智能历史特征及发展记录，忽视人类整体的发展特征而得到的片面结论。

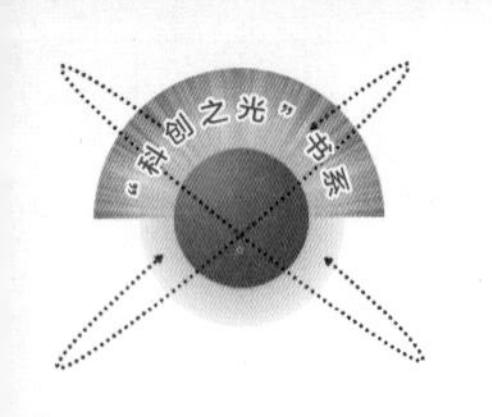

讨论智能工具的社会平台含义，其实并未摆脱一般性工具社会含义的讨论范畴。智能工具的深度理性提升，自然需要考虑各类相关的哲学问题；其感性创新，与各类文学、艺术、美学等社会科学形态有千丝万缕的联系；如果关注智能思维过程的习惯性特征，可借助心理学的研究成果；如果需讨论其所涉社会结构及关系秩序的运转模式，就要思考相关社会、宗教、政治、伦理等领域；如果需探索知识的传承与再现，教育学、传播学等学科成果可以借鉴。至于社会运行规范的模式定义及惩戒策略的研究成果，则有助于对智能工具的法学含义的探讨；当关注社会信息交流的模式及方法，以及社会发展事件的特征记录，语言学、历史学甚至考古学就变得重要了；最重要的是，如果要全面讨论智能工具的社会生产力发展特征，经济学的知识必不可少。

作为智能工具的研究者，除了与工具开发直接相关的技术问题之外，其工具替代模式对原有社会各方面的影响是必须考虑的。作为平台性、普适性的智能工具，其对社会形态及发展模式的影响，体现在行业构造提升、劳动形式提升及劳动平台提升等方面。其所造成的社会淘汰效应，源于智能工具的发展所造成的生产力及生产关系之间的相互影响作用，是社会生产力发展所造成的部分人类生存价值的缺失。关键是“部分”两字——这是人类整体生产关系进步对人类个体所提出的与发展潮流相对应的功能要求，这正是人类整体的自我超越。

当然，智能工具本身的善恶特征、先进特征，均属有历史意义的相对性概念。要做到在发展进程中以较小的过程代价来得到最优的发展效应，对人工智能的发展进程进行合理的规划，即对生产力进步模式进行合理的限制及促进是必须的。这时，我们就必须系统地考虑在当前历史状态及国家运行模式下，在相关智能技术实现的物理及时间限制条件下，在执行人员群体及社会结构条件下，如何对人工智能的依存技术进行合理的边界限制，以最终获得社会生产力的全面及全程最优发展。这包括：“对道德约束条文及法律条文如何进行合理设定”“对全球公约及团体条约如何讨论”“从道德角度看，失控会全面发生吗”“对智能工具开发的道德戒律可能全面实现吗”，等等。

只有从整体及历史发展的角度进行思考，人工智能的社会平台特征才有讨论的意义。

阿西洛马人工智能原则

由物理学家史蒂芬·霍金、SpaceX 和 Tesla Motors 创始人埃隆·马斯克等有关专家教授，于 2014 年创立的未来生命研究所（Future of Life Institute），在 2017 年 1 月阿西洛马会议之后，正式发布了“阿西洛马人工智能原则”，以寻求规范人工智能在经济生产力、道德和安全领域应该遵守的基本原则。

这个原则已经由认可这些定律的专家在上面签署了自己的名字，包括 1200 名人工智能或机器人研究人员以及另外 2342 名专家（数据截至 2017 年 5 月 12 日），其中有机器人学家、物理学家、经济学家、哲学家，以及著名物理学家霍金和特斯拉创始人马斯克。

“阿西洛马人工智能原则”是建立在对所有人工智能的发展对人类产生影响的长期观察思考后的一次集中表达。该原则应该被更多想了解人工智能的人，以及更多本领域内的研究人员所熟知和遵守，尽管其中一些具体的原则表达还不太全面。

人工智能继续在发展中，可以相信，在“阿西洛马人工智能原则”的指导下，人工智能将会实践，源自人类，挑战人类，并最终服务人类。

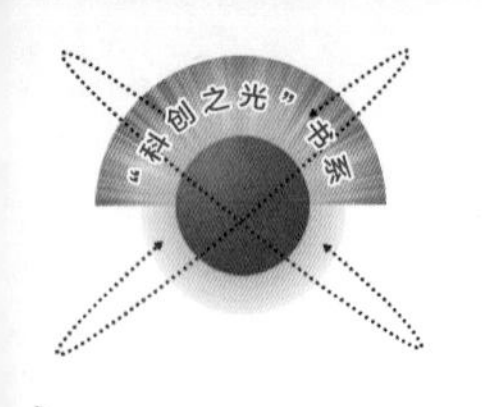

附录　阿西洛马人工智能原则

（根据英文原文翻译）

一、研究问题（Research Issue）

1. 研究目标

人工智能研究目标不能不受约束，必须发展有益的人工智能。

2. 研究资金

人工智能投资应该附带一部分专项研究基金，确保其得到有益的使用，解决计算机科学、经济、法律、伦理道德和社会研究方面的棘手问题：

（1）如何确保未来的人工智能系统健康发展，使之符合我们的意愿，避免发生故障或遭到黑客入侵？

（2）如何通过自动化实现繁荣，同时保护人类的资源，落实人类的目标？

（3）如何更新法律制度，使之更加公平、效率更高，从而跟上人工智能的发展步伐，控制与人工智能有关的风险？

（4）人工智能应该符合哪些价值观，还应该具备哪些法律和道德地位？

3. 科学政策联系

人工智能研究人员应该与政策制定者展开有建设性的良性交流。

4. 研究文化

人工智能研究人员和开发者之间应该形成合作、互信、透明的文化。

5. 避免竞赛

人工智能系统开发团队应该主动合作，避免在安全标准上出现妥协。

二、伦理与价值（Ethics and Values）

6. 安全性

人工智能系统应当在整个生命周期内确保安全性，还要针对这项技术的可行性以及适用的领域进行验证。

7. 故障透明度

如果人工智能系统引发破坏，应该可以确定原因。

8. 司法透明度

在司法决策系统中使用任何形式的自动化系统，都应该提供令人满意的解释，而且需要由有能力的人员进行审查。

9. 责任

对于先进的人工智能系统在使用、滥用和应用过程中蕴含的道德意义，设计者和开发者都是利益相关者，他们有责任也有机会塑造由此产生的影响。

10. 价值观一致性

需要确保高度自动化的人工智能系统在运行过程中秉承的目标和采取的行动，都符合人类的价值观。

11. 人类价值观

人工智能系统的设计和运行都必须符合人类的尊严、权利、自由以及文化多样性。

12. 个人隐私

人类应该有权使用、管理和控制自己生成的数据，为人工智能赋予数据的分析权和使用权。

13. 自由和隐私

人工智能在个人数据上的应用决不能不合理地限制人类拥有或理应拥有的自由。

14. 共享利益

人工智能技术应当让尽可能多的人使用和获益。

15. 共享繁荣

人工智能创造的经济繁荣应当广泛共享，为全人类造福。

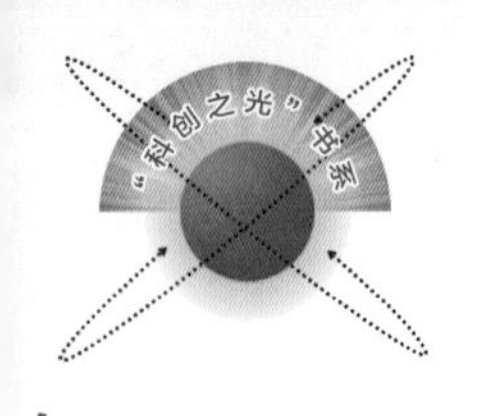

16. 由人类控制

人类应当有权选择是否及如何由人工智能系统制定决策，以便完成人类选择的目标。

17. 非破坏性

通过控制高度先进的人工智能系统获得的权力，应当尊重和提升一个健康的社会赖以维继的社会和公民进程，而不是破坏这些进程。

18. 人工智能军备竞赛

应该避免在自动化致命武器上开展军备竞赛。

三、更长期的议题（Longer-term Issues）

19. 能力警告

目前还没有达成共识，我们应该避免对未来人工智能技术的能力上限做出强假定。

20. 重要性

先进的人工智能代表了地球生命历史上的一次深远变革，应当以与之相称的认真态度和充足资源对其进行规划和管理。

21. 风险

针对人工智能系统的风险，尤其是灾难性风险和存在主义风险，必须针对其预期影响制定相应的规划和缓解措施。

22. 不断自我完善

对于能够通过自我完善或自我复制的方式，快速提升质量或增加数量的人工智能系统，必须辅以严格的安全和控制措施。

23. 共同利益

超级人工智能只能服务于普世价值，应该考虑全人类的利益，而不是一个国家或一个组织的利益。

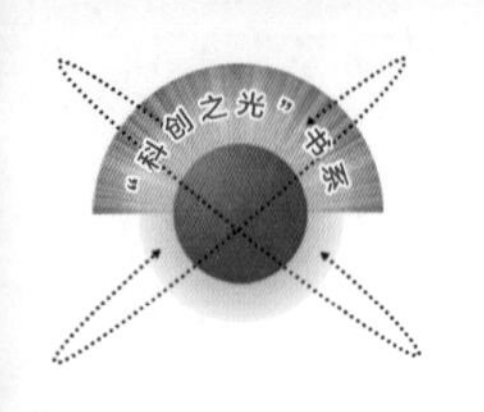

参考文献

[1] 刘培奇.新一代专家系统开发技术及应用[M].西安：西安电子科技大学出版社，2014.

[2] 武波，马玉祥.专家系统[M].北京：北京理工大学出版社，2001.

[3] 王亚南.专家系统中推理机制的研究与应用[D].武汉理工大学，2006.

[4] 王雪文，张志勇.传感器原理及应用[M].北京：北京航空航天大学出版社，2004.

[5] 陈杰，黄鸿.传感器与检测技术[M].北京：高等教育出版社，2010.

[6] 蔡自兴.机器人学[M].北京：清华大学出版社，2010.

[7] 邵美珍，黄洁，等.模式识别原理与应用[M].西安：西安电子科技大学出版社，2008.

[8] 陕粉丽.人工智能在模式识别方面的应用[J].长治学院学报，2007，24(2).

[9] 侯媛彬，杜京义，汪梅.神经网络[M].西安：西安电子科技大学出版社，2007.

[10] 丛爽，陆婷婷.用于英文字母识别的三种人工神经网络的设计[J].仪器仪表学报，2006，27(6).

[11] (加)David L. Poole，Alan K.Mackworth. 人工智能：计算 Agent 基础[M].董红斌，董兴业等译.北京：机械工业出版社，2015.

[12] (美)James Allen. 自然语言理解[M].刘群，张华平等，译.北京：电子工业出版社，2005.

[13] 贲可荣，张彦铎.人工智能[M].北京：清华大学出版社，2013.

[14] 王宏生，孟国艳.人工智能及其应用[M].北京：国防工业出版社，2009.

[15] 王珏.机器学习及其应用[M]，北京：清华大学出版社，2006.

[16] 麦好.机器学习实践指南[M]，北京：机械工业出版社，2014.

[17] 周志华.机器学习[M]，北京：清华大学出版社，2016.

[18] 维克多.迈尔-舍恩伯格.大数据时代[M].杭州：浙江大学出版

社，2012.
[19] 周涛 . 为数据而生 [M]. 北京：北京联合出版公司，2015.
[20] 吴军 . 智能时代 [M]. 北京：中信出版集团，2016.
[21] 张为民 . 云计算：深刻改变未来 [M]. 北京：科学出版社，2009.
[22] 祝伟斌 . 智能家居将是安防行业下一个爆发点 . 中国安防，2017，3：74-78.
[23] 王珏 . 智能家居未来发展畅想 . 中国公共安全：学术版，2013，18：78-80.
[24] 陈国嘉 . 智能家居：商业模式 + 案例分析 + 应用实战 . 北京：人民邮电出版社，2016.
[25] http：//www.sohu.com/a/135458847_478131 "人工智能 + 智能家居"才是智能家居公司的出路 .
[26] 庄晓波，刘彦妍 . 智能照明综合评述和探讨 . 光源与照明，2015，1：31-36.
[27] 曹小兵 . 家居智能照明现状与发展趋势探析 . 灯与照明，2016，2：1-4.
[28] 苏州科达科技股份有限公司 . 基于生物识别的人工智能带给安防的变化 . 中国公共安全，2017，2：34-36.
[29] 张亮 . 基于 ZigBee 技术的智能家居环境监测系统 . 武汉科技大学，2009.
[30] 李大兴，夏革非，李文龙，等 . 智能家居能源管理系统 . 电力系统及其自动化，2016，28（S1）：186-193.
[31] 陈思远，刘烜，沈超，等 . 基于可穿戴设备感知的智能家居能源优化 . 计算机研究与发展，2016，53（3）：704-715.
[32] 张燮树 . 养老护理员 [M]. 北京：中国劳动社会保障出版社，2014.
[33] 黄群，冯新凌 . 基于老年人行为特征的家居智能照明产品交互设计探究 . 学研探索，2017：132-133.
[34] http：//beta.library.sh.cn/SHLibrary/newsinfo.aspx?id=209 科技点亮生活：人工智能与智慧城市 .
[35] 中国智能城市建设与推进战略研究项目组编 . 中国智能城市建设与推进战略研究 [M]. 杭州：浙江大学出版社，2015.
[36] http：//newseed.pedaily.cn/u/lbc/201705111332250.shtml 当出行平台遇到人工智能，人类交通系统将如何改善 .
[37] 潘慧琳 . 智慧城市：以人为本，实现城市的无限"智慧". 决策探索，

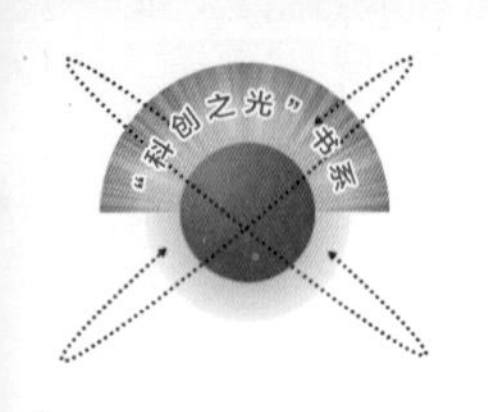

2017，4（下）：4-9.

[38] 刘晓新 . 从智能建筑到智能建设——打造升级版的智能城市平台 . 中国建设信息，2015，6：57-59.

[39] 张永民 . 智慧城市将迎来"人工智能"新时代 . 中国建设信息化，2016，9：58-60.

[40] 余贻鑫，刘艳丽 . 智能电网的挑战性问题 . 电力系统自动化，2015，2：1-5.

[41] 梅生伟，朱建全 . 智能电网中的若干数学与控制科学问题及其展望 . 自动化学报，2013，39（2）：119-131.

[42] 何光宇 . 智能电网基础 . 北京：中国电力出版社，2010.

[43] 李博，高志远，曹阳 . 智能电网支撑智慧城市关键技术 . 中国电力，2015，48（11）：123-130.

[44] 人工智能，改变智慧城市不止一点点 . https：//www.zhihuichengshi.cn/XinWenZiXun/xinxinews/23953. html.

[45] http：finance.sina.com.cn/roll/2016 -10 -13/doc -ifxwvpqh7325522.shtml 杭州启用"城市大脑"首度用人工智能治理城市 .

[46] 何晓亮 ."AI+ 医疗"：人工智能落地的第一只靴子？科技日报，2017-2-16（006）.

[47] 娄岩 . 物联网技术在智能建筑中的应用研究 . 电子科技大学，2014.

[48] 岑晓光 . 基于物联网的智能建筑设计方法研究 . 华南理工大学，2015.

[49] Dermatologist -level classification of skin cancer with deep neural networks. science，2017，542（2）：115-120

[50] 智能内衣 iTbra：及时监测是否存在乳腺癌组织 . http：//wearable.yesky.com/227/48721727. shtml.[2017-02-13]

[51] 青少年发明能检测早期乳腺癌的内衣 http：//smart.huanqiu.com/roll/2017-05/10628119. html.[2017-05-09]

[52] 人工智能对于医疗行业究竟起到怎样的作用？ https：//www.jiemian.com/article/1075931. html.[2017-01-17]

[53] 段涛：人工智能会取代医生吗？ http：//www.eeff.net/wechatarticle-44490.html.[2017-03-28]

[54] 陈万米，张冰，朱明，等 . 智能足球机器人系统［M］，北京：清华大学出版社，2009. 10.

[55] 陈万米，等 . 机器人控制技术［M］，北京：机械工业出版社，2017. 2.

[56] 陈万米 . 竞赛机器人的创新与实践［M］，上海：上海大学出版社，

2014. 6.
[57] 陈万米，等 . 神奇的机器人 [M]，北京：化学工业出版社，2012. 4.
[58] 松尾丰著，赵函宏，高华斌译 . 人工智能狂潮：机器人会超越人类吗？北京：机械工业出版社，2015.
[59] http：//whb.cn/zhuzhan/kandian/20170528/93294. html. 奇点先生 .
[60] 汪镭，吴启迪 . 人工智能的社会平台特征 . 文汇报，2016-7-29（W02）.